RECHERCHES

ANATOMIQUES, PHYSIOLOGIQUES ET MICROSCOPIQUES

SUR LES DENTS

ET

SUR LEURS MALADIES

COMPRENANT

1° MÉMOIRE SUR L'ALTÉRATION DES DENTS DÉSIGNÉE SOUS LE NOM DE CARIE ; — 2° SUR L'ODONTOGÉNIE ; — 3° SUR LES DENTS A COURONNES RÉUNIES ; — 4° DE L'ACCROISSEMENT CONTINU DES DENTS INCISIVES CHEZ LES RONGEURS.

PAR

J.-E. OUDET,

Docteur en médecine, membre de l'Académie impériale de médecine, des Sociétés médicales de Bruxelles, Stockholm, etc., Chevalier de la Légion d'honneur et de l'ordre de Gustave Wasa.

Avec une Planche.

PARIS

J.-B. BAILLIÈRE ET FILS,

LIBRAIRES DE L'ACADÉMIE IMPÉRIALE DE MÉDECINE,
rue Hautefeuille, 19.

Londres | **New-York**
HIPP. BAILLIÈRE, 219, REGENT-STREET. | BAILLIÈRE BROTHERS, 440, BROADWAY.

MADRID, C. BAILLY-BAILLIÈRE, PLAZA DEL PRINCIPE ALFONSO, 14.

1862

RECHERCHES

ANATOMIQUES, PHYSIOLOGIQUES ET MICROSCOPIQUES

SUR LES DENTS

ET

SUR LEURS MALADIES

RECHERCHES

ANATOMIQUES, PHYSIOLOGIQUES ET MICROSCOPIQUES

SUR LES DENTS

ET

SUR LEURS MALADIES

COMPRENANT

1° MÉMOIRE SUR L'ALTÉRATION DES DENTS DÉSIGNÉE SOUS LE NOM DE CARIE ; — 2° SUR L'ODONTOGÉNIE ; — 3° SUR LES DENTS A COURONNES RÉUNIES ; — 4° DE L'ACCROISSEMENT CONTINU DES DENTS INCISIVES CHEZ LES RONGEURS.

PAR

J.-E. OUDET,

Docteur en médecine , membre de l'Académie impériale de médecine , des Sociétés médicales de Bruxelles, Stockholm, etc., Chevalier de la Légion d'honneur et de l'ordre de Gustave Wasa.

Avec une Planche.

———————— ⋆◦⊙◦⋆ ————————

PARIS

J.-B. BAILLIÈRE ET FILS,

LIBRAIRES DE L'ACADÉMIE IMPÉRIALE DE MÉDECINE.

rue Hautefeuille , 19.

Londres	**New-York**
HIPP.ᵉ BAILLIÈRE, 219, REGENT-STREET.	BAILLIÈRE BROTHERS, 440, BROADWAY.

MADRID, C. BAILLY-BAILLIÈRE, PLAZA DEL PRINCIPE ALFONSO, 14.

1862

PRÉFACE

L'ouvrage que je publie se compose d'une série de mémoires dont plusieurs ont été l'objet de lectures faites au corps savant auquel j'ai l'honneur d'appartenir; de là la forme académique que je leur ai donnée. Ils peuvent, à certains égards, être considérés comme la suite et le complément des articles DENTS et DENTITION, que j'ai insérés, en 1835, dans le *Dictionnaire de médecine*, et c'est à ces derniers que je renvoie pour les détails dans lesquels je n'ai pas cru devoir entrer.

Ces mémoires embrassent dans leur ensemble les questions qui intéressent le plus la science de l'organisme dentaire. Dans le premier, qui leur sert d'introduction, j'examine les dents sous le point de vue de leur constitution anatomique et des phénomènes physiologiques qui en découlent. Je montre la liaison qui existe entre les faits physiologiques et les faits anatomiques, et, remontant plus haut, j'en découvre la raison dans la disposition première des organes qui leur ont donné naissance.

Cette méthode que j'ai consacrée, en 1822 et 1823, dans mes travaux sur la dentition des rongeurs, est l'application des principes de l'anatomie philosophique à l'étude des dents. Que faisaient alors les auteurs? Assimilant le système dentaire aux autres systèmes organiques, ils se bornaient à en décrire les formes extérieures et à marquer les modifications qu'il offre dans sa texture. Les naturalistes, entrant dans des détails plus minutieux, exposaient en outre, successivement, dans chaque animal ou dans chaque ordre, le nombre, la configuration extérieure, la situation et le mode de succession ou de mutation des dents. Ces descriptions avaient, je le reconnais, leur importance; elles fournissaient à la zoologie des caractères précieux pour ses classifications, mais elles empruntaient une désignation inexacte lorsqu'elles prenaient pour titre le nom d'*Anatomie comparée*.

Il ne pouvait en être autrement. A l'époque dont je parle, la question de la nature des dents était loin d'être résolue. La plupart des anatomistes les considéraient comme des os, opinion qui, même aujourd'hui, trouve encore parmi quelques-uns d'entre eux des adhérents. Cependant les faits ne manquaient pas; mais, privés d'une juste appréciation, ils étaient à l'état de matériaux bruts attendant que la physiologie et l'anatomie comparative vinssent leur donner leur valeur scientifique.

C'est que les dents appartiennent à un système organique à part, différant des autres organismes et qu'on ne saurait leur appliquer les procédés d'observation auxquels on a recours pour ces derniers. Dépendances du système tégumentaire, toutes les modifications qu'elles affectent dans leur configuration, dans leur texture et leur mode d'accroissement, sont décidées d'avance par les organes chargés de les produire. C'est donc à ces organes qu'il faut, avant tout, s'adresser pour en trouver l'explication.

Dans les mémoires qui suivent, je me suis proposé de déterminer le caractère des altérations des dents et de décrire plus particulièrement celle de ces altérations qu'on désigne sous le nom de *carie*. Ici, j'avais à parler d'états pathologiques sur lesquels bien de fausses idées ont été émises. Les auteurs étaient tellement persuadés que les os et les dents appartenaient à un même système organique, que par une conséquence qui devait leur paraître rationnelle, ils les réunissaient dans le même cadre nosologique. Pour eux donc, il suffisait de substituer un mot à un autre pour composer un traité de pathologie dentaire.

L'anatomie comparative et la physiologie, en dévoilant la nature des dents et en leur assignant la place qu'elles doivent désormais occuper parmi nos tissus, ont détruit pour toujours ces idées empruntées à des analogies trompeuses. Les lumières que ces sciences m'avaient fournies m'ont permis, en 1835, de rassembler en un corps de doctrine nouvelle tout ce qui a trait aux maladies de l'appareil dentaire. Ce travail est peut-être le plus complet de tous ceux que j'ai publiés, et cependant, je dois le dire, c'est celui qui m'a exigé le moins de temps et dans lequel j'ai rencontré le moins de difficultés. C'est que pendant douze années que j'avais employées à des recherches sur l'anatomie et la physiologie des dents, j'avais amassé les matériaux qui plus tard m'ont servi à éclairer l'histoire de leurs maladies.

Ne faisais-je pas de la pathologie, quand je démontrais expérimentalement que l'ivoire était une production de la pulpe? que, privé de vaisseaux et de nerfs, il ne pouvait être le siége d'aucun acte organique? lorsque, soumettant des animaux à l'usage de la garance, j'observais que cette substance colorait seulement les couches de l'ivoire formées pendant son administration et respectait celles qui les avaient précédées? Ne faisais-je pas de la pathologie quand je concluais de ces expériences que l'ivoire ne tient à l'organisme général que par l'acte fonctionnel qui lui a donné naissance, et, qu'une fois produit, il demeure étranger aux influences que cet organisme exerce d'une manière si puissante sur les autres tissus? Enfin, j'ai fait de la pathologie, lorsque, tenant compte de la nature de la membrane qui enveloppe les racines, j'établissais que, considérée comme organe de production, elle avait une complète analogie avec le périoste, opinion que, plus tard, le microscope est venu confirmer, en démontrant la constitution osseuse des tumeurs qui se développent à la surface des racines.

On trouvera donc tout naturel que j'aie fait précéder le tableau des altérations des dents par l'étude des substances qu'elles affectent. Dans un premier chapitre, qui comprend la composition et les caractères physiologiques de l'ivoire, je parle de sa perméabilité, du fluide d'imbibition qui le parcourt et est non seulement un des éléments de sa vitalité, mais remplit, en outre, un rôle important dans la conservation des dents. A l'appui de cette dernière assertion, je rapporte l'analyse chimique de ce fluide que je dois au talent et à l'obligeance de M. le professeur Wurtz qui y a reconnu des qualités alcalines très prononcées. J'insiste sur les phénomènes de sensibilité que l'ivoire manifeste, sur la nature de ses principes constituants, qui prouve, contrairement à l'opinion de quelques naturalistes, que cette substance possède une organisation qui lui est propre et se trouve en rapport avec les usages auxquels elle est destinée.

Dans le chapitre qui suit, je traite de la structure de l'ivoire. Ici ma tâche était difficile. Depuis vingt-cinq ans, les micrographes, et, parmi eux, des anatomistes d'un grand mérite, se sont emparés de ce sujet et l'ont soumis à de nombreuses expérimentations. Mais combien les couleurs sous lesquelles ils l'ont présenté sont loin de se ressembler? Et comment sortir de ce véritable dédale où les opinions les plus contraires sont exprimées avec une affirmation magistrale? Cependant, plus je multipliais mes recherches et plus je les trouvais généralement en parfaite harmonie avec celles des auteurs qui m'avaient précédé ou qui m'ont suivi dans cette voie. Nous étions donc tous à peu près d'accord sur les faits matériels que le microscope montre à nos yeux; pourquoi différions-nous sur l'interprétation donnée à ces faits? C'est qu'il est des questions, et elles sont nombreuses, que le microscope, malgré sa puissance, ne peut à lui seul décider et qui réclament le concours des autres moyens d'observation. Un simple coup d'œil jeté sur certaines hypothèses publiées pendant le cours souvent interrompu de l'impression de ce travail, justifiera cette opinion en même temps qu'il me donnera l'occasion de réparer des lacunes regrettables.

Des anatomistes également recommandables, invoquant, chacun de son côté, l'inspection microscopique, sont loin de s'accorder sur les rapports primitifs des follicules dentaires avec le tissu gingival. Quelques-uns, et de ce nombre est Raschkow, affirment que les follicules sont, dès le principe, complétement séparés de la gencive, et n'y tiennent par aucun lien intermédiaire. Or, une telle opinion, partagée dans ces derniers temps par des hommes d'un talent incontestable, aurait-elle été avancée si on eût tenu compte de certaines dispositions anatomiques qu'il y a longtemps nous avons fait connaître. Disons d'abord que les recherches auxquelles on s'est livré sur ce point ont été entreprises sur de jeunes embryons, c'est-à-dire dans des conditions qui rendent l'observation toujours très difficile et souvent trompeuse. C'est pourquoi j'avais choisi de préférence, pour résoudre cette question, les follicules des dents permanentes qui, se montrant à un âge beaucoup plus avancé, permettent, par leur volume plus considérable, d'être plus facilement étudiées (1). En suivant le développement de ces follicules, j'ai pu m'assurer que dès l'origine ils étaient intimement unis aux gencives. Ce n'est que plus tard, lorsque la pulpe qu'ils renferment a acquis un certain volume, qu'ils s'éloignent peu à peu des gencives, jusqu'à

(1) *De l'accroissement continu des incisives chez les rongeurs*, etc., p. 13, 1850.

en être séparés par un intervalle assez considérable. Mais dans ce mouvement de progression qu'ils exécutent, ils ne cessent de se maintenir dans leurs connexions premières, seulement ces connexions, par les progrès de la dentition, cédant au mouvement de déplacement des follicules, se sont allongées et constituent alors autant de cordons s'étendant de la gencive à l'extrémité libre de chaque follicule.

Telle est l'explication que je donnais, en 1835, sur la nature et le mode de formation de ce que les auteurs ont appelé improprement les *gubernacula dentium*, et que j'ai désigné sous le nom d'appendices folliculaires. Quant à leur office, ils sont tout à fait étrangers au mouvement de locomotion qui porte les dents au dehors; ils n'ont d'autre destination que de maintenir avec le système muqueux des connexions qu'on retrouve constamment dans toutes les productions du système tégumentaire.

On rencontre le même dissentiment sur les organes qui concourent à la formation des substances dentaires et sur la part qu'ils y prennent.

Le plus grand nombre des micrographes admettent aujourd'hui l'existence d'un corps particulier, indépendant de la membrane interne, lequel serait chargé de la production de l'émail. Raschkow, qui en a tracé avec beaucoup de soin les caractères microscopiques, lui a donné le nom d'*organe de l'émail*.

Je ne puis entrer dans les détails que comporterait l'examen d'une telle opinion, je me bornerai à dire que, d'après les considérations anatomiques les plus positives, je ne saurais admettre en dehors de la membrane interne du follicule, un agent spécial pour la formation de l'émail. S'il n'en était ainsi, à quoi servirait cette membrane qu'on trouve constamment en rapport avec les points de l'ivoire qui doivent être recouverts d'émail et qui est absente là où, comme on le voit pour les incisives des rongeurs, une portion de ces dents en est complétement privée? Il n'existe pas d'organe de l'émail dans le sens de Raschkow; ce que cet habile micrographe et les auteurs qui professent sa doctrine ont pris pour tel, n'est que le résultat des changements qui ont lieu dans la membrane interne en vue des fonctions qu'elle aura à remplir. Lorsque cet acte est près de s'accomplir, la membrane émaillante devient le siége d'une activité vitale qui appelle vers elle l'afflux des liquides. Un travail organique s'opère dans sa texture, ses vaisseaux augmentent de volume, en même temps qu'elle acquiert une grande épaisseur. Eh bien, c'est cet état de turgescence de la membrane interne, décrit avec tant d'exactitude par Hunter, que les auteurs, par une fausse interprétation, ont pris pour un corps particulier et distinct de cette membrane. Les phénomènes organiques qui se manifestent en elle ne sont, au reste, qu'une répétition, sous une forme différente, il est vrai, de ce qui se passe dans la pulpe, quand est arrivé le moment de la formation de l'ivoire.

De même que pour l'émail, on a créé pour le cément ou substance corticale, un organe spécial qui serait également indépendant des membranes du follicule. Kölliker le place *entre la pulpe et l'organe adamantin,* d'autres auteurs entre la membrane interne et ce qu'ils appellent l'organe de l'émail. Il me serait fort difficile de concilier entre elles ces assertions qui prétendent l'une et l'autre reposer sur l'inspection microscopique. J'ignore à quels caractères on a pu s'assurer que le corps que l'on observait était réellement l'organe du cément, et comment ce corps qu'on dit avoir découvert dans le follicule, pourra, plus tard, quand les racines seront formées, fournir la substance osseuse qui les entoure. En admettant cette hypothèse, il faudrait de toute nécessité anatomique créer pour les racines, comme on l'a fait pour la couronne, un autre organe du cément, ce qui, à la vérité, ne me semblerait pas plus difficile dans ce cas que dans l'autre. Quant à moi, je ne reconnais la présence de l'organe qui donne naissance au cément que par le produit de sa fonction, lequel se décèle par des caractères microscopiques irrécusables. Or, soit que je suive la substance corticale dans les anfractuosités des dents à couronnes réunies (dents composées des auteurs), soit que je l'observe à la surface externe de la couronne et des racines, comme je la trouve toujours et partout en rapport immédiat avec la membrane externe du follicule, comme je la vois en ressentir les influences pathologiques, j'en conclus que c'est cette dernière qui la produit.

On ne s'en est pas tenu là. Suivant Huxley, ni la capsule, ni la membrane interne ne contribueraient directement en aucune sorte au développement des tissus dentaires, quoiqu'elles puissent, dit-il, le faire indirectement. Il en serait de même pour la pulpe dont les éléments histologiques ne prendraient aucune part *(excepté seulement pour le cément)* dans le développement des tissus dentaires; tous ces tissus, cément, émail, ivoire, se formeraient *au-dessous de la membrane préformative* entre elle et la pulpe qu'elle recouvrait primitivement.

Ainsi, c'est sur des indications aussi contestables, sur lesquelles les auteurs sont loin de s'accorder et où l'observation est sacrifiée à des idées purement spéculatives, qu'on a refusé aux membranes du follicule toute participation à la production du cément et de l'émail, et qu'on a créé, pour cette hypothèse, deux agents spéciaux dont l'un n'est que le résultat d'un développement organique qui s'est effectué dans la texture de la membrane interne, et dont l'autre, jusqu'ici, avait échappé aux recherches des plus habiles micrographes.

Quant à la pulpe, que dire d'une opinion qui la regarde directement étrangère à la production de l'ivoire, Huxley ne faisant exception que pour le cément et sans doute pour l'émail, qui, d'après lui, seraient déposés entre cet organe et la membrane qui lui servait d'enveloppe. De telles assertions, où la confusion le dispute à l'inintelligibilité, sont tellement contraires à ce que l'on sait sur ces actes de l'organisme qu'elles auraient eu, ce me semble, besoin de quelque chose de plus que d'être énoncées. Je ne les discuterai pas, car les vues imaginaires sur lesquelles elles reposent échappent à toute discussion. Toutefois, je ne puis m'empêcher de le dire, ce qui m'a toujours frappé dans ces théories hasardées et si souvent contradictoires sorties de l'école microscopique, c'est le ton affirmatif avec lequel elles sont présentées ; c'est surtout l'absence de considérations anatomiques et physiologiques propres à les appuyer, et cela à ce point que, si on ne connaissait le mérite de leurs auteurs, on pourrait être disposé à les croire étrangers aux enseignements donnés par ces sciences.

Il est loin de ma pensée de refuser toute importance à des recherches poursuivies avec tant de patience par des micrographes d'un grand talent ; mais plus je rends de justice à leurs travaux et plus je regrette que, cédant à l'entraînement des idées du jour, ils aient cru pouvoir s'affranchir d'un concours qui leur était indispensable. Quand on a à traiter des questions aussi difficiles que celles qui se rattachent à la nature d'un organisme, on n'a pas de trop de tous les procédés d'investigation que la science met à notre disposition. Si le microscope nous permet d'en saisir les formes extérieures, là s'arrête son office. C'est à l'anatomie et à la physiologie qu'il appartient de pénétrer dans la profondeur de l'organisation et d'aller y découvrir le caractère des actes qui s'y accomplissent ; en un mot, de nous apprendre ce que ces formes représentent. Dans ce concert d'efforts, tous dirigés vers un but commun, les faits s'éclairent les uns par les autres et le contrôle qu'ils exercent et subissent tour à tour guide l'observateur et l'empêche de s'égarer.

Sans doute, cette marche exige un long labeur et est entourée de nombreuses difficultés. Elle ne se prête pas complaisamment à ces inspirations soudaines d'une imagination ardente à créer des idées nouvelles ou à éclairer des mystères qui nous échapperont toujours ; mais je suis convaincu que ce n'est qu'en la suivant qu'on peut obtenir des succès certains et durables. Car, quelles que soient les prétentions qu'on élève, on ne parviendra jamais à transformer en récréations microscopiques les études sévères et laborieuses de l'anatomie et de la physiologie.

Je ne saurais donc trop le répéter : la question de la structure de l'ivoire n'est pas exclusivement microscopique ; elle se rattache au même degré à l'anatomie et à la physiologie, dont le microscope n'est qu'un des moyens d'étude employés par elles. Aussi, est-ce sous ces divers rapports que je l'ai traitée, soit que j'aie eu à faire connaître les dispositions matérielles de cette substance, soit que j'aie cherché à démontrer par la physiologie expérimentale, la composition et les usages des canalicules qui la parcourent, sa texture et son mode d'accroissement. Or, en procédant de cette manière, je suis arrivé à ce résultat : que les observations microscopiques, dégagées de toutes vues spéculatives, s'accordent parfaitement avec les saines données de l'anatomie et de la physiologie et qu'elles leur prêtent un utile et indispensable concours.

Après avoir fixé les conditions anatomiques et physiologiques de l'ivoire, j'en déduis, comme conséquence, le caractère particulier qu'elles impriment à ses maladies. Dans cette partie de mon travail, je me suis proposé, d'une part, d'établir les bases d'une méthode ; de l'autre, d'en faire l'application. Mais, à peine ai-je touché à ce sujet qu'une première difficulté s'est élevée. Que peut être une maladie chez des substances qui se trouvent privées de vaisseaux et de nerfs? Pour répondre à cette question, il faut nécessairement se placer en dehors des définitions que les auteurs de pathologie nous donnent sur le mot *maladie*. Et puisque, d'après son mode d'organisation, l'ivoire est incapable de produire par lui-même aucun acte physiologique ni pathologique, on est conduit à s'adresser au lien principal par lequel il tient à l'économie : à sa vitalité. Les dents sont malades parce qu'elles sont vivantes; comme le sont les fluides qui parcourent le système circulatoire. A ce point de vue, elles occupent en pathologie le même rang qu'en anatomie. Placées au dernier degré de l'échelle des tissus organiques, la maladie, chez elles, se montre sous sa forme la plus simple et la plus générale. Elle y exprime tout à la fois son caractère essentiel et sert de point de départ à l'étude des autres maladies.

Passant en revue les diverses lésions des substances dentaires, je me suis attaché à prouver que chacune d'elles, prise à part, n'était que la forme pathologique d'un état normal. A cet égard, j'ai pu me croire fondé à avancer qu'en traitant des maladies des dents, je n'avais fait autre chose que de la physiologie. De même, j'ajouterai, comme corollaire, que les désordres qui surviennent dans leur texture servent, à leur tour, de démonstrations aux principes posés par l'anatomie et la physiologie.

Je me suis plus particulièrement arrêté à la carie qui occupe une place si importante parmi les altérations des substances dentaires. J'ai puisé, dans ce que j'en ai dit, en 1835, la plus grande partie des considérations qui se rapportent à son étude. J'y ai joint le résultat des recherches microscopiques auxquelles je me suis livré, lesquelles me paraissent avoir quelque intérêt sous le double point de vue de son étiologie et des caractères anatomo-pathologiques des désordres qui l'accompagnent.

Mais les dents ne constituent qu'une portion d'un grand système organique dont toutes les dépendances sont régies par des lois physiologiques qui leur sont également applicables. Cette communauté de principes, je l'ai poursuivie et retrouvée dans les maladies qui affectent les autres productions tégumentaires. Par les exemples que j'ai cités, on a vu que ces dernières s'y montraient sous les mêmes formes, avec les mêmes caractères et entraînaient après elles les mêmes conséquences que nous observons tous les jours dans les altérations des dents. Sur ce point, la pathologie comparative, en confirmant le jugement porté par l'anatomie et la pathologie, est venue consacrer, à son tour, la théorie que j'ai expérimentalement formulée en 1822. Que faut-il de plus pour en asseoir les bases durables?

Deux mémoires terminent ce travail.

Le premier a pour sujet une question d'odontogénie qui m'a paru tellement obscurcie, dans ces derniers temps, par les micrographes qui s'en sont occupés, que j'ai cru devoir la placer sur son véritable terrain. A des vues hypothétiques et contraires aux faits les mieux établis, j'ai opposé les considérations les plus pressantes de l'anatomie et de la physiologie et j'en ai conclu que l'ivoire était le produit d'une sécrétion, d'une transsudation à la surface du bulbe dentaire et non le résultat d'une transformation et d'une véritable ossification de ce bulbe. Par cette démonstration, la théorie émise par Rau, acceptée ensuite par Hunter, a reçu une consécration nouvelle.

Enfin, le dernier mémoire est consacré à la description des dents *à couronnes réunies*, désignées jusqu'à présent sous le nom de *dents composées*, quoiqu'on les rencontre également et dans les dents simples ou privées de racines et dans celles qui en sont pourvues. Dans ce mémoire, j'ai pris pour terme de comparaison les molaires de l'éléphant et des ruminants et ai cherché à les ramener à la constitution d'une simple molaire chez l'homme. Mais c'est principalement sur les molaires du lièvre, du lapin et de beaucoup d'autres rongeurs qui possèdent également la faculté de croître continuellement, qu'ont porté mes recherches. J'ai fait connaître avec le plus de soin que j'ai pu la composition anatomique de ces dents et expliqué le mécanisme de leur accroissement. Ce mémoire, qui comble une lacune de la science, est la suite et le complément des expériences, que j'ai publiées sur la dentition des rongeurs.

Tels sont les points principaux que j'ai exposés dans cet ouvrage. Ils résument en partie les travaux que j'ai poursuivis pendant plus de quarante ans sur l'organisme dentaire.

Dans la carrière scientifique où je me suis trouvé engagé par ma position professionnelle, j'ai eu la malheureuse fortune de tomber sur un sujet difficile que Hunter avait étudié avec une grande prédilection et pour lequel il a consacré les plus belles années de sa vie. Après un tel maître, la tâche était périlleuse. Notre illustre G. Cuvier, qui l'entreprit, y échoua lui-même et s'y montra inférieur à l'habile physiologiste qui l'avait précédé. Et cependant sur combien de questions Hunter n'avait-il pas laissé la science incertaine ou obscure? Que de vérités, émises par un pressentiment de son génie plutôt qu'appuyées sur une observation et des déductions rigoureuses, n'ont-elles pas été repoussées, faute de démonstration?

Qu'on ne s'étonne donc pas qu'il ait été si peu compris de son temps. Aussi, s'il m'est souvent arrivé de me rencontrer avec lui, je dois dire que j'y ai été bien plus amené par mes propres recherches, que je n'avais été convaincu par l'enseignement qu'il nous a transmis. Ayant été presque le seul à soutenir par la voie des expériences plusieurs de ses opinions les plus attaquées, je me suis trouvé lié avec lui dans une telle conformité de prin-

cipes qu'en payant à sa mémoire un juste tribut de respect et
d'admiration pour les services qu'il a rendus à la physiologie
dentaire (1), j'ai pu croire que je parlais d'une œuvre commune
que ce grand maître m'avait laissé le soin de continuer et de terminer. Tel est le jugement qu'une commission de la Faculté de
médecine de Paris portait, en 1836, sur mes travaux. Après le
témoignage d'une si haute bienveillance, je m'estimerai heureux,
aujourd'hui, si les travaux qui les ont suivis obtiennent la même
faveur des savants auxquels je les soumets.

(1) Préface placée en tête de la traduction du *Traité des dents* de J. Hunter, 1839.

INTRODUCTION A L'ÉTUDE

DU

SYSTÈME DENTAIRE

Mémoire lu à l'Académie impériale de médecine,

Le 31 janvier 1854.

Messieurs, parmi les motifs qui m'amènent à cette tribune, il en est un surtout que je dois vous faire connaître.

Depuis les derniers travaux que j'ai eu l'honneur de communiquer à l'Académie, une direction nouvelle a été imprimée à l'étude de l'anatomie et de la physiologie. A la science de Haller, de Hunter et de Bichat, a succédé une autre science qui, s'éloignant des procédés d'observation employés par ces grands maîtres, a cru pouvoir leur substituer la seule autorité d'un instrument, précieux sans doute, mais qui, tombé déjà une fois devant l'incrédulité des uns et la défiance des autres, court peut-être aujourd'hui le danger de subir de nouveau le même sort par l'exagération de ses prétentions. Cette science, vous l'avez nommée, c'est l'anatomie microscopique. Née des investigations ingénieuses de Leuwenhoeck et de Malpighi, elle a, après un long silence, reparu de notre temps, et s'est annoncée, en 1835, par les belles recherches de Retzius et de Purkinje sur la texture des substances dentaires. Mais, ainsi qu'il arrive presque toujours, tandis que Retzius, tout en développant sous nos yeux le merveilleux arrangement des tissus qui composent les dents, respectait les vérités physiologiques conquises par la science, ses successeurs, plus hardis ou plus confiants, ne pensèrent pas devoir imiter la même réserve. De là se sont produites les théories les plus diverses sur la structure et le mode de formation des dents. Ces théories, après avoir été exposées dans des ouvrages spéciaux, n'ont pas tardé à se faire jour dans la plupart des sociétés savantes de l'Europe, et ont remis en discussion des points que l'on avait regardés jusqu'alors comme définitivement décidés.

J'ai pensé que l'Académie ne devait pas demeurer étrangère à ce mouvement de la science. Depuis dix-neuf ans, l'anatomie microscopique s'est emparée des questions les plus importantes de la physiologie des dents; il est bien temps, ce me semble, que l'anatomie comparative et la physiologie proprement dite viennent y prendre part.

Toutefois, comme dans les discussions auxquelles je me livrerai, j'aurai besoin, presque à chaque pas, d'invoquer le secours de certains principes que je n'ai fait autrefois qu'exposer devant vous, j'ai pensé qu'il m'importait, pour être compris, de les rappeler à votre attention avec les développements nouveaux que je leur ai donnés, et les applications auxquelles, depuis, ils m'ont conduit. Ce sera l'objet des considérations générales que je vais vous lire, lesquelles serviront, de cette manière, de trait d'union entre mes travaux précédents et ceux que j'aurai bientôt l'honneur de vous soumettre.

Naguère, dans une préface placée en tête de la traduction du *Traité des dents* de J. Hunter, par M. le docteur Richelot, je saluais avec admiration l'un des plus grands génies que l'Angleterre ait vus naître. En présence d'un travail aussi remarquable, ma pensée embrassait également les belles recherches entreprises sur le même sujet par Corse, Tenon, Blacke, et je me demandais quels progrès importants l'anatomie et la physiologie des dents

avaient faits, depuis, pendant le cours de près de vingt-cinq années.

Toutefois, j'étais obligé de reconnaître que l'ouvrage de Hunter, malgré la grande publicité qu'il a reçue, était loin d'avoir eu
sur la science l'influence qu'il aurait dû exercer; que la plupart
des vérités avancées par ce célèbre physiologiste avaient été plutôt pressenties que démontrées; que presque toutes ses propositions avaient été combattues avec l'apparence du succès, ou traitées de paradoxes, tant on les trouvait faiblement appuyées et en
dissidence complète avec les idées généralement reçues.

Et puis, où conduisait la théorie de Hunter? A prouver que les
dents n'étaient pas des os. C'était certainement un grand pas de
fait vers la vérité, mais il laissait encore beaucoup d'incertitudes,
et pour le plus grand nombre des esprits, le doute, même le
mieux éclairé, est plus pénible qu'une erreur universellement
accréditée.

La question de la nature des dents restait donc, après Hunter,
tout entière indécise. Il n'avait cependant rien négligé pour l'élucider, ni les investigations les plus minutieuses de l'anatomie, ni
les secours si précieux de la physiologie expérimentale.

Il avait étudié beaucoup mieux qu'on ne l'avait fait avant lui
les organes qui concourent à la formation des dents, et avait indiqué la part que chacun d'eux prend à cet acte de l'organisme.
Il avait suivi avec un grand soin la production des substances
dentaires chez l'homme, et, le premier, il avait assigné à ces
substances leur véritable caractère. Les considérations dans lesquelles il entre sur ce point alors si obscur de la science attestent
un profond esprit d'observation. On y voit avec étonnement per-
cer des idées d'un ordre élevé que les faits relatés ne semblaient
point, par eux-mêmes, comporter. Quelques pas de plus, et Hunter
donnait à sa théorie son complément et sa démonstration.

Mais si son génie fut forcé de s'arrêter, ce fut moins devant les difficultés du sujet, que parce qu'il lui manqua les lumières d'une science qui ne devait naître que plus tard.

C'est à l'anatomie comparative, et à elle seule, qu'il appartenait de résoudre les questions soulevées par Hunter ; non à cette science qui, sous le titre d'anatomie comparée, se borne à exposer dans chaque animal ou dans chaque ordre le nombre, la situation, la configuration et la texture des dents, leur mode de mutation, de succession, et puis, tirant la barre, recommence le même travail pour les autres ordres ou pour d'autres animaux. Cette étude, je suis loin de contester son utilité et de méconnaître les services qu'elle a rendus à la zoologie dans l'établissement de ses classifications. Nous lui devons le tableau le plus complet et le plus fidèle que l'on ait jamais tracé du système dentaire ; et elle a pu, par les indications précieuses qu'elle fournissait, s'élever, sous les inspirations de G. Cuvier, à des déterminations d'un haut intérêt, et qui s'étendent souvent à l'ensemble de l'organisme. Mais vouloir lui attribuer d'autres mérites, et prétendre que l'on fasse ainsi réellement et complétement de l'anatomie comparée, c'est, je l'avoue, ce qu'il m'est impossible d'admettre.

Toutes ces descriptions, qu'elles se succèdent dans une histoire générale des dents, ou qu'elles soient contenues dans des monographies spéciales, ne se tenant entre elles par aucun lien qui les rattache les unes aux autres, ont le grave défaut de ne se prêter à aucune distribution méthodique qui en règle la marche et en marque les progrès. Mais ce qui les frappe surtout d'un vice radical, c'est qu'ayant à traiter d'un organisme qui, par sa nature et ses fonctions, appartient aux productions du système tégumentaire, elles s'adressent exclusivement à des formes et à des phénomènes extérieurs très variables, et qu'elles omettent l'organe qui en est la cause et qui seul est capable d'en donner la raison.

L'anatomie comparative (1) ou physiologique dont je veux parler, et qu'il conviendrait mieux de désigner sous le nom d'anatomie générale, procède autrement et obéit à d'autres principes. Unie étroitement à la physiologie, ce n'est pas à des substances nées d'un travail de sécrétion qu'elle vient demander le secret des actes qui ont présidé à leur développement, ou la cause des formes diverses sous lesquelles elle se manifestent. Sans doute, de même que l'anatomie comparée, elle observe avec soin ces formes, mais elle ne s'y arrête pas; car ce qui la préoccupe d'abord et avant tout, ce ne sont pas les différences qui existent entre les dents, mais les rapports qui les unissent les unes aux autres au milieu des combinaisons si variées auxquelles elles se prêtent. Or, ces rapports, elle va les chercher dans la profondeur même de leur organisme. Ils lui apprennent que, quelles que soient les différences qu'elles présentent dans leur texture, dans leur composition anatomique ou dans leur mode d'accroissement, toutes les dents commencent par un follicule qui naît dans le système muqueux, et dont le bulbe s'entoure d'une substance calcaire ou cornée. C'est ce qui constitue ce que j'ai appelé, en 1823, la première période ou période générale de la dentition, parce qu'elle est commune à tous les êtres pourvus d'un système dentaire. Ainsi se trouve ramené à son unité de composition primitive et à ses connexions constantes l'organisme dentaire. Telles sont aussi les bases de la définition des dents comme à cette époque je la formulais. Pour l'anatomie comparative, les dents sont donc des productions du système muqueux; pour l'anatomie comparée,

(1) Cette expression est plus grammaticale que celle d'anatomie comparée; je ne les emploie ici l'une et l'autre que pour mettre en opposition les principes différents qui, sur mon sujet, ont régi jusqu'à ce jour ces deux sciences.

elles n'étaient encore, en 1835, c'est-à-dire douze ans après, « que des instruments mécaniques plus durs que les os, placés, dans les animaux vertébrés, à l'entrée du canal alimentaire, pour saisir, couper, déchirer, briser ou broyer les substances nutritives avant leur transmission de la bouche ou de l'arrière-bouche dans l'œsophage, ou pour opérer avec facilité la déglutition en les accrochant successivement. Elles peuvent encore servir à l'animal d'arme offensive ou défensive. »

Ces définitions parlent assez d'elles-mêmes pour marquer déjà la distance qui sépare ces deux sciences.

Cependant cet organisme, qu'elle avait résumé en des termes si simples; ces bulbes qui partout lui avaient offert une configuration et des rapports presque identiques, vont bientôt éprouver des changements sensibles; une seconde période succédera à celle que nous avons indiquée ci-dessus. Ces changements, en même temps qu'ils s'effectueront dans l'organe producteur, s'annonceront au dehors par des phénomènes remarquables qui rompront l'uniformité qui régnait primitivement entre toutes ces petites coiffes qui enveloppaient le bulbe dentaire. L'anatomie philosophique observera avec soin ces modifications, elle en suivra les progrès et les étudiera non isolément, mais en les comparant les unes aux autres, afin de rattacher chacune d'elles aux dispositions anatomiques qui les ont fait naître.

L'anatomie comparée s'en tenait aux caractères extérieurs des dents, afin de faire ressortir les différences qui les séparent; pour l'anatomie comparative, ces différences l'intéressent certainement au même degré que les analogies : mais ce qu'elle recherche d'abord et principalement, c'est l'acte organique qui les a déter-, minées; car lui seul peut en donner l'explication et en faire connaître la véritable signification.

Je l'avais comprise ainsi lorsque, dirigé par l'induction et met-

tant à profit les lumières que la physiologie expérimentale venait
de me fournir, je publiai, en 1822 et 1823, les premiers travaux
qui, je ne crains pas de le dire, aient été entrepris sur ce sujet.
Que l'on ne croie point qu'à cette époque je ne me sois pas
trouvé, comme les anatomiste qui m'avaient précédé, en présence
de grandes difficultés. D'un côté, je voyais des dents qui étaient
recouvertes d'émail dans toute leur longueur, tandis que d'autres
en étaient privées dans une certaine partie de leur étendue; ici
leur développement était invariablement limité; ailleurs j'en rencontrais qui possédaient la double faculté de croître continuellement et de se reproduire à l'instar des productions cornées; d'une
autre part, je trouvais réunies, sous un titre commun, des dents
qui avaient des caractères très différents, ou séparées par des dénominations spéciales des dents qui ne me paraissaient pas s'éloigner de la plupart des autres par des dispositions essentielles, etc.
Assurément je fus frappé de ces dissemblances, de ces contrastes
si grands; je dus en tenir compte; mais je ne voulus pas, à
l'exemple de mes devanciers, qu'ils restassent comme autant de
lignes de démarcation tranchée que la nature aurait posées entre
ces dents. Loin de là, je ne les acceptai que comme des formes
diverses d'un travail qui devait se retrouver partout le même.
J'étudiai ce travail et dans les organes chargés de l'exécuter, et
dans les lois qui le dirigent. Dès lors, toutes ces formes extérieures si compliquées, sous lesquelles ils étaient cachés, se déroulèrent d'elles-mêmes simplement et naturellement, et trouvèrent leur explication comme leurs nécessités dans la disposition
première de ces organes et dans l'exercice même des lois auxquelles ils sont tous également et invariablement soumis.

Je venais d'entrer dans une voie nouvelle et de mettre en pratique, pour la première fois et à mon insu, les principes d'une
école célèbre, l'anatomie philosophique. Cette école, que le génie

d'Aristote avait pressentie, et dont Vicq d'Azyr avait tracé la route, était alors accueillie avec défiance quand elle n'était pas repoussée avec dédain. Elle avait le tort, qu'on pardonne si difficilement, d'attaquer des idées universellement reçues, et le malheur, plus grand encore, de rencontrer pour adversaires les hommes les plus illustres et les plus puissants de la science. Pendant qu'elle préludait aux luttes que plus tard elle eut à soutenir, je m'élevais, de mon côté, contre la direction vicieuse suivie par l'anatomie comparée dans l'étude générale des dents. Je montrais qu'elle s'attachait trop exclusivement à des caractères extérieurs secondaires, et qu'elle négligeait presque complétement l'organe qui en est la source, et les modifications anatomiques qu'il subit lui-même ; qu'en individualisant ses recherches, elle leur ôtait tout moyen d'appréciation et de généralisation, de même qu'en marchant sans le concours de la physiologie, elle se privait du seul guide qui pût l'éclairer et la conduire.

J'aurais compris une telle méthode, si toutes les dents étant taillées sur le même patron, une description commune eût pu leur être également applicable; mais il est loin d'en être ainsi. Aucun organisme ne varie autant que les dents par les formes diverses dont elles se revêtent. Ces formes peuvent même être portées à un tel degré de discordance que plus d'un auteur s'est demandé si les organes qui les offraient appartenaient réellement tous à un même système. Ainsi, quand on voyait les incisives des rongeurs croître d'une manière continue, n'était-il pas permis, tant qu'on s'en est tenu à ce phénomène extérieur, de penser qu'elles avaient plus d'affinité avec les cornes qu'avec les dents, telles du moins qu'on les considérait généralement; et dans ces derniers temps, n'a-t-il pas fallu que E. Geoffroy Saint-Hilaire vînt animer d'une haute philosophie les dissections qu'il avait faites avec le concours d'un habile anatomiste, pour démontrer la composition du bec des oiseaux, et son analogie avec les productions dentaires (1). Or, par quels moyens est-on parvenu à résoudre ces deux questions? Par l'induction et l'observation comparative.

Pour les incisives des rongeurs (2), les dégageant du fait si remarquable qui les distingue, je me dis d'abord qu'elles devaient être des dents au même titre que toutes les autres, et qu'elles devaient en posséder les caractères essentiels.

Partant de ce principe, je recherchai non en quoi elles en différaient; mais par quels rapports elles leur ressemblaient. Ces rapports communs, je ne pouvais pas évidemment les trouver dans des caractères et des phénomènes extérieurs qui sont si opposés, et qui d'ailleurs ne sont eux-mêmes que secondaires.

C'est à l'organe qui en est la source, qui, au point de vue physiologique, constitue la partie la plus importante de la dent et décide d'avance de sa constitution future, que je m'adressai; et pour que ces recherches fussent réellement de l'anatomie comparative, je les poursuivis tout à la fois et en même temps sur des dents qui, par leur texture ou leur mode d'accroissement, paraissaient le plus différer entre elles; je veux indiquer, pour les mammifères, les incisives des rongeurs, les dents de l'homme et les molaires des ruminants.

Ces recherches, qui ont fait l'objet de plusieurs mémoires que j'ai lus à l'Académie en 1822, 1823 et 1824, m'ont conduit d'abord à établir qu'envisagée sous le point de vue de leur constitution anatomique et des phénomènes qu'elles manifestent dans leur accroissement, la production des dents affectait deux formes

---

(1) *Système dentaire des mammifères et des oiseaux*, par E. Geoffroy Saint-Hilaire. Paris, 1824.

(2) *Expériences sur l'accroissement continu et la reproduction des incisives des rongeurs*. Deux mémoires publiés par l'auteur en 1822 et 1823.

entièrement distinctes. Dans l'une, la pulpe dentaire, semblable
aux bulbes des autres substances tégumentaires, dépose à sa surface une enveloppe solide, la couronne, qui croît sans interruption au devant d'elle, et conserve toujours avec cet organe ses
rapports primitifs. A cette forme appartiennent les dents que j'ai
désignées sous le nom de dents simples, lesquelles comprennent
les incisives des rongeurs, les molaires de certains de ces animaux, les défenses de l'éléphant, de l'hippopotame, du sanglier,
du morse, etc. Dans la seconde forme, la pulpe, sous une configuration différente, commence à se revêtir d'une couronne ; mais
lorsque cette dernière a acquis un certain développement, la
pulpe s'étend en s'amincissant vers le fond de l'alvéole, et donne
naissance à un corps nouveau, la racine. Ces dents, que pour
cette raison j'appelle dents composées, comprennent les dents de
l'homme, des carnivores, des ruminants, les molaires d'un grand
nombre de rongeurs, celles de l'éléphant, etc. Cette classification,
qui s'adresse à ce que l'organisme dentaire nous offre de plus remarquable dans ses conditions anatomiques et physiologiques,
diffère essentiellement de l'ancienne division adoptée par tous
les auteurs. Que nous enseignent-ils ? Ils divisent les dents en
dents simples, dont la couronne est extérieurement recouverte
d'émail, et en *dents composées*, dans lesquelles l'émail forme
dans l'intérieur de la couronne des replis plus ou moins profonds,
et tels que dans quelque sens qu'on la coupe, on atteint plusieurs
fois les substances qui la constituent. Dans la première classe se
trouvent placées les dents de l'homme, des carnivores, des rongeurs, etc. ; la seconde comprend les dents du cheval, les molaires des ruminants, de l'éléphant, etc. Ainsi c'est uniquement
sur le mode de distribution de l'émail, selon qu'elle a lieu à la
surface de la couronne ou qu'elle s'étend plus ou moins dans son
intérieur, qu'a reposé pendant plus de cinquante ans la division

des dents admise même encore aujourd'hui dans tous les ouvrages qui traitent de ces productions ; c'est d'après une disposition aussi secondaire, bornée à une seule partie de la dent, et qui est tellement étrangère à l'acte général de la dentition qu'on la rencontre également dans les dents qui possèdent des racines et dans celles qui en sont privées, c'est, dis-je, d'après une semblable disposition qu'on a réuni d'un côté, sous le titre commun de dents simples, les incisives des rongeurs qui ne se composent que d'une couronne qui croît continuellement au devant de son bulbe, avec les dents de l'homme et de la plupart des mammifères, qui sont formées tout à la fois et d'une couronne et d'une racine qui en limite l'accroissement, et qu'on a pu, d'un autre côté, faire des molaires des ruminants et des éléphants une classe particulière des dents, bien qu'elles tinssent à la plupart des autres par les liens les plus intimes.

Ce n'est pas que je conteste que la manière dont se comporte l'émail par rapport à l'ivoire ne puisse être prise en considération dans une distribution des dents. Mais ce caractère ne saurait évidemment s'appliquer qu'à une seule partie de la dent et non à la totalité de cet organe. Qu'on s'en serve, comme sous-division, pour établir une distinction entre les couronnes selon que l'émail en revêt la surface ou qu'il s'introduit dans leur intérieur, je le conçois et je l'accepte ; mais vouloir lui accorder une plus grande valeur et le prendre pour base d'une classification générale, ce serait, je le dis avec la plus intime conviction, perpétuer dans l'anatomie comparative une confusion que je me suis tant efforcé de faire disparaître. Nous allons montrer quelle influence fâcheuse une telle classification a exercée sur la science.

Dans tous les traités généraux ou spéciaux, non seulement on a considéré les dents de l'homme comme des dents simples, mais encore on les a constamment placées en tête du système dentaire et prises pour terme de comparaison. Il en est résulté que voyant en ces dents l'expression réelle de l'organisme dentaire, c'est presque exclusivement chez elles qu'on a étudié cet organisme. Partant de cet idée, les auteurs ont eu constamment en vue, dans leurs recherches, de faire concorder les faits qu'ils recueillaient chez les autres animaux avec ce qu'ils observaient chez l'homme. Il n'est pas un seul ouvrage, il n'est pas une seule monographie qui ne porte la marque fatale d'un principe aussi faux. Ce sont toujours les dents de l'homme qui servent de point de départ, et c'est d'après la manière dont on interprète les phénomènes qui se passent en elles que sont établies les opinions si diverses qui ont régné tour à tour sur la nature et le mode de développement des dents. Hunter, dans le travail remarquable qu'il nous a laissé sur les dents des ruminants, et plus particulièrement sur les molaires de l'éléphant, Hunter lui-même ne commence-t-il pas par annoncer que pour rendre intelligibles les faits qui se rapportent à la structure de ces dents, il est nécessaire de connaître d'abord le mode d'après lequel la plus simple dent de l'espèce humaine et des animaux carnivores est formée? Louable erreur d'un homme dont le génie l'avertissait déjà que l'organisme dentaire ne pouvait être étudié isolément, et que, pour arriver à la connaissance des dents dont la structure est compliquée, il fallait rechercher d'abord cette structure dans les dents où elle est plus simple et plus facile à découvrir. On a déjà pressenti à quelles conséquences un tel préjugé devait entraîner. Les dents de l'homme, comme nous l'avons dit, ne sont pas des dents simples. Loin de là, la dentition subit chez elles une complication et des modifications tellement grandes, qu'elles en cachent et en dénaturent le véritable caractère. En effet, que nous montrent-elles? A l'intérieur, nous trouvons une pulpe qui, à mesure qu'elle s'entoure de substance éburnée, s'allonge, diminue de volume, et finit par disparaitre quand la dent a acquis tout son développement. Je suis bien éloigné de contester ces changements qu'on observe dans la pulpe pendant l'accroissement des dents de l'homme et de toutes les dents composées; mais s'en tiendra-t-on à ce fait, et le prendra-t-on pour base et pour point de départ dans une théorie générale de la dentition? Qu'on y fasse attention; si l'on s'engage dans cette voie, on sera nécessairement conduit à penser avec Valcherus Coïter, que la substance principale de la dent (l'ivoire) est la pulpe ossifiée, opinion qui a été reproduite de nos jours par Raschow, Schwann, Henle, Owen, et même accueillie avec faveur dans le premier de nos corps savants. Cependant, comment pourra-t-on, je le demande, concilier cette doctrine avec ce qui s'observe dans la formation des incisives des rongeurs et de toutes les dents simples, dont la pulpe, bien loin de perdre de son volume, s'accroit au contraire jusqu'à une certaine époque de la vie de l'animal, et se maintient, dans la suite, toujours dans les mêmes dimensions, quoique, pendant ce temps, elle n'ait pas cessé d'accomplir les fonctions auxquelles elle est destinée, et de fournir continuellement de la substance éburnée?

A l'exemple de nos devanciers, nous adresserons-nous de préférence aux caractères extérieurs des dents humaines? Qu'y voyons-nous? Un corps semblable aux os par ses propriétés physiques et chimiques, implanté d'une manière fixe et permanente dans les mâchoires à l'aide de racines, et limité dans son accroissement. Cette définition est certainement vraie pour les dents de l'homme; mais à quelles inexactitudes n'entrainerait-elle pas, si l'on prétendait la donner pour exemple d'une détermination rigoureuse? Et que parlé-je d'inexactitudes? Cette définition, prise dans une acception générale, ne renfermait pas un mot qui ne fût une grave erreur, n'exprimait pas un seul fait qui ne fût à l'instant démenti par des centaines de faits contraires. Si ces caractères constituaient les dents, on ne devrait donc plus considérer comme telles les dents de l'ornithorhynque, les fanons de la baleine et le bec des oiseaux, qui sont aussi des productions dentaires, parce qu'ils sont composés d'un tissu corné; on ne devrait plus reconnaître les dents d'un grand nombre de poissons qui demeurent fixées dans la membrane muqueuse, et que, pour cela, Hunter appelait *dents cuticulaires*, et de Blainville *dermodontes*. Enfin, il faudrait refuser le nom de *dents* aux incisives des rongeurs et aux défenses de beaucoup d'animaux, parce qu'elles sont privées de racines et qu'elles possèdent la faculté de croître toujours.

Cette démonstration en dit assez pour que je n'insiste pas davantage. Qu'elle me suffise en ce moment pour oser vous exprimer que si je reconnais comme faisant partie du système dentaire les corps qui, chez l'homme, s'élèvent à la surface des os maxillaires, ce n'est pas en considération des caractères extérieurs et des phénomènes physiologiques qu'ils manifestent quand ils ont acquis tout leur développement, mais bien parce que l'étude et la connaissance d'un organisme plus simple m'ont permis de dégager les dents humaines des formes qui les compliquent, et de pouvoir, par là, remonter à une période de leur développement, qui leur est commune non seulement avec la simple incisive d'un rongeur, mais encore avec toutes les productions dentaires. En un mot, quand je prononce le nom de *dent*, ma pensée me représente cet organisme sous les traits caractéristiques d'une défense d'hippopotame, d'une incisive de rongeur, d'un fanon de baleine ou d'une dent de squale; et je trouve pour parties analogues le poil, la corne, l'ongle et toutes les substances qui naissent sur le tissu tégumentaire.

Et cependant, c'est encore par les dents de l'homme, qu'on

persiste à considérer comme des dents simples, que commence la description du système dentaire. Ne les retrouvons-nous pas placées à ce titre, et malgré les avertissements que nous avons donnés il y a longtemps, en tête de l'examen particulier des dents des mammifères, dans un des derniers et des plus remarquables ouvrages qui aient été publiés sur l'anatomic comparée (1)? N'est-il pas évident qu'en procédant ainsi il ne doive naturellement venir à la pensée du lecteur de prendre les dents de l'homme pour le type de l'organisme dentaire. Dès lors son esprit devra tendre à généraliser les faits que cet organisme lui manifeste, et il lui deviendra impossible de ne pas tomber dans les conséquences fâcheuses où une telle généralisation devra nécessairement le conduire. On aura voulu lui donner la description spéciale des dents humaines; mais, en réalité, on aura fait l'histoire générale des dents.

Ce n'est pas tout. Après avoir décrit les dents de l'homme, des carnivores, on arrive à l'ordre des rongeurs. En suivant cette marche, procède-t-on avec méthode, et se montre-t-on fidèle à cette règle logique qui prescrit de passer toujours, dans l'exposition des faits, des plus simples au plus compliqués? Comment, après avoir attribué à toutes ces dents la même simplicité de composition, pourra-t-on comprendre les phénomènes remarquables qui vont tout à coup surgir de la dentition des rongeurs? L'intelligence ne risquera-t-elle pas de s'égarer, lorsque le fil qui la dirigeait viendra subitement à se rompre?

Ce n'est pas que je ne conçoive qu'il est une anatomie où ces défauts se trouvent cachés par la manière dont elle procède, qu'ils peuvent passer inaperçus quand, étudiant isolément et abstractivement les dents, on se renferme exclusivement dans

(1) G. Cuvier, *Leçons d'anatomie comparée*, 1836, t. IV, p. 246.

leurs caractères extérieurs. Je conçois très bien que de telles descriptions qui se succèdent sans s'enchaîner, qui ne sont gênées
ni par celles qui les précèdent, ni par celles qui les suivent, ont
l'avantage de conserver dans leurs mouvements une liberté et
une indépendance qui les rendent plus faciles. Toutefois, qu'on
le sache, elles n'achètent cet avantage, si c'en est un, qu'au prix
d'un sacrifice que rien, à mon sens, ne saurait compenser. Je re-
connaîtrai volontiers que, par cette voie, il soit possible d'arriver
à des descriptions spéciales d'un véritable intérêt, et qui se recommandent souvent par des recherches fort utiles pour la zoologie. Mais il leur manquera toujours le lien physiologique, seul
capable de les animer et de leur imprimer ce caractère scientifique si indispensable quand la science à laquelle elles appartiennent s'appelle l'anatomie comparative.

Je le dirai donc, si l'anatomie et la physiologie des dents ont
été aussi longtemps le sujet de vives controverses; si tant d'hypothèses, tant de théories erronées ont été produites; si l'anatomie comparée a éprouvé dans sa marche tant de difficultés, il ne
faut pas en chercher d'autres raisons que celles que nous venons
de faire connaître. C'est là le grand et le principal obstacle qu'elle
a rencontré. C'est parce que Hunter, quand il se livrait à ses recherches si intéressantes sur les fanons de la baleine, avait présent à sa pensée le mode d'après lequel se forme, comme il le
dit, la plus simple dent de l'espèce humaine et des animaux carnivores, qu'il ne s'aperçut pas que ces fanons lui offraient le lien
d'union et de transition entre le système dentaire et les productions cornées de la peau.

La physiologie expérimentale, en dévoilant la composition
anatomique des incisives des rongeurs, en nous donnant l'explication des phénomènes si remarquables qu'elles manifestent dans
leur accroissement, nous a appris que ces dents représentent

l'organisme dentaire sous sa forme la plus simple, la plus générale, et j'ajouterais la plus vraie s'il m'était permis de me servir
d'une telle expression; que, par conséquent, elles devaient désormais servir tout à la fois de point de départ et de lumière
pour éclairer l'étude du système dentaire. Ainsi s'est ouverte pour
l'anatomie comparative une route nouvelle, ou plutôt c'est à dater
de ce moment qu'elle a réellement pris naissance.

En commençant la description des dents par les incisives des
rongeurs, les défenses de l'éléphant, etc., on a l'avantage d'étudier tout d'abord l'organisme dentaire sous ses traits les plus
constants et les plus faciles à saisir. On y fait voir comment un
organe dépendant du système muqueux, d'une forme conique et
partout unie, procède à la production de ces dents. On suit les
progrès de leur accroissement, et ce n'est que lorsqu'on est parvenu à en assigner le véritable caractère qu'on arrive aux dents
d'une composition plus compliquée. Mais déjà l'on est préparé à
cette étude nouvelle par celle qu'on vient de faire. Le cône, que
la pulpe des rongeurs représente, avait sa base en arrière et son
sommet en avant. Eh bien, que la direction de ce cône soit
changée, et des racines naîtront, lesquelles arrêteront le mouvement d'accroissement de la couronne. Leur pulpe formait un seul
corps lié dans toutes ses parties, que cette pulpe soit divisée plus
ou moins profondément, et l'ivoire et l'émail se déposeront dans
ses interstices de la même manière qu'ils étaient déposés à la surface de la pulpe des incisives des rongeurs; on verra, de plus, une
troisième substance, le cément, s'ajoutant à eux, venir les recouvrir dans les diverses circonvolutions qu'ils forment, et entrer
ainsi dans la composition de la couronne.

Irons-nous plus loin? Chez les rongeurs, les pulpes et leurs
membranes sont isolées et libres. Cependant, que les premières
se fondent ensemble, que les secondes s'unissent soit entre elles,

soit avec les parties voisines, et aussitôt des organisations nouvelles vont apparaître ; elles pourront même acquérir des proportions et des formes telles qu'elles en aient longtemps imposé sur
leur véritable nature. Mais, avec le fil conducteur qui nous dirige,
toutes ses complications, quelque grandes qu'elles soient, se dissiperont de même que se sont dissipées les autres, et, comme ses
dernières, elles seront, à leur tour, ramenées à la constitution
primitive d'une simple incisive de rongeur.

Ces idées, ce n'est pas la première fois, Messieurs, que je les
expose ; elles ont été publiées dans plusieurs de mes écrits. Si
elles sont devenues pour moi une conviction profonde, c'est que
l'Académie les a accueillies avec faveur, les a encouragées, et
qu'elles ont obtenu l'assentiment d'anatomistes illustres. Sans
doute, les applications que j'en ai tirées ne sont pas encore très
nombreuses ; mais par les résultats qu'elles ont produits, et dont
je vous laisse à apprécier la valeur, il peut m'être permis, sans
trop de témérité, d'avoir quelque confiance dans leur avenir. Déjà
elles ont pris une extension plus grande.

Veuillez bien m'accorder à ce sujet une courte digression.

En suivant comparativement, chez les rongeurs et chez l'homme,
les changements que la pulpe éprouve pendant le cours de leur
dentition, j'étais arrivé à ce résultat que, tandis que la pulpe de
l'incisive du rongeur conservait pendant toute la durée de cet
acte fonctionnel son même volume et sa conformation première,
la pulpe de la dent humaine diminuait, au contraire, de volume,
et s'allongeait en un mince pédicule vers le fond de son alvéole.
Ce fait, assurément, était aussi simple que vrai. Cependant, quelques auteurs, lui donnant une interprétation que j'ai plus d'une
fois repoussée, l'ont pris comme l'expression de la disposition
primitive de ces pulpes, et ont, d'après cela, désigné sous le nom
de pulpe sessile la pulpe des incisives des rongeurs, et sous celui

de pulpe pédiculée la pulpe des dents de l'homme. Ces auteurs auraient évité une telle méprise si, tenant compte de la distinction que j'avais établie, ils eussent fait attention que les désignations dont ils se servaient s'appliquaient à des phases du développement de ces dents qui ne se correspondent nullement. En effet, dans l'origine, et pendant toute la durée de la première période de la dentition, qui seule leur est commune, la pulpe d'une dent humaine ne diffère pas sensiblement de la pulpe d'une incisive de rongeur. Chez l'homme, elle remplit, à cette époque, la cavité largement ouverte de la couronne, et présente là une surface tellement étendue qu'il faudrait un grand effort d'imagination ou d'illusion pour la comparer à un pédicule. Ce n'est que plus tard, et par l'effet de la pression qu'exerce sur elles la substance éburnée sans cesse produite à leur surface, que la forme conique de ces pulpes se prononce de plus en plus, et de telle sorte, qu'à une certaine époque de la dentition, le cône qu'elles représentent se termine, chez le rongeur, en un filament mince dirigé vers la gencive, et chez l'homme, en un pédicule qui se prolonge dans un sens opposé. Cette considération m'avait d'abord préoccupé, mais elle disparut devant le fait anatomique que je venais de découvrir; je veux parler de l'absence des racines dans les incisives des rongeurs.

Depuis, les recherches auxquelles je me suis livré sur l'origine et le développement des follicules dentaires (1), en me confirmant dans mes premiers doutes, m'ont fait envisager la question sous un point de vue nouveau. Elles m'ont amené à me demander si cette configuration de la pulpe, a laquelle je m'étais arrêté, était la cause unique des phénomènes différents que nous offre l'accroissement des dents, ou si elle ne se combinait pas elle-même

_____

(1) *De l'accroissement continu des incisives chez les rongeurs*, 1850.

avec une disposition particulière de leur appareil vasculo-ner-
veux. Cet appareil, en effet, ne se comporte pas de la même manière dans les dents composées et dans les dents simples. Pour
les dents composées ou à racines, les vaisseaux et les nerfs, réunis ensemble, n'arrivent à la pulpe que sous la forme de cordons distincts, simples ou multiples, selon que la dent qu'elle
produira devra avoir une ou plusieurs racines. Pour les dents
simples, ou privées de racines, il en est autrement. Les vaisseaux
et les nerfs pénètrent dans la pulpe en grand nombre, et par des
orifices disséminés sur la surface de la base de cet organe. C'est
un point dont j'ai pu, grâce à l'obligeance de M. le professeur
Valenciennes, aisément m'assurer sur la pulpe des défenses de
l'éléphant. Eh bien, qui n'entrevoit le rôle important que doit
jouer pour ces dents une telle disposition, et quelle influence elle
peut exercer sur la circulation qui s'opère dans leur principal
organe de production?

Mais reprenons notre sujet.

Ainsi, au-dessus des combinaisons variées auxquelles est soumis le système dentaire, s'élève un fait capital qui les précède,
les domine et les enchaîne les unes aux autres en les rappelant
sans cesse à leur origine commune. Ce fait, la dentition des rongeurs, qui résume en elle les conditions imposées à tout organisme dentaire, sert tout à la fois d'introduction et de guide à
l'étude de l'anatomie comparative des dents. Il nous apprend
comment le même organisme, tout en conservant ses caractères
physiologiques primitifs et essentiels, peut, par de légères modifications, donner lieu à des résultats très différents. Eh bien,
c'est à cette source que, dorénavant, l'observation doit puiser les
lumières propres à éclairer et à assurer sa marche au milieu des
difficultés qu'elle peut avoir encore à surmonter. Aujourd'hui que
la nature des dents est, pour les bons esprits, une question com-

plétement résolue, que les considérations les plus puissantes de l'anatomie comparative et de la physiologie se réunissent pour assimiler ces organes aux autres productions du système tégumentaire, ce n'est plus comme on l'a fait jusqu'à présent, sur leurs formes extérieures que doivent porter uniquement les investigations du physiologiste, mais sur les circonstances qui les déterminent.

En conséquence, dans chacune des modifications que lui manifeste le système dentaire, il lui importera, avant tout, de rechercher avec soin à quelles dispositions anatomiques particulières il devra les rattacher. Ce n'est qu'en suivant cette marche, que j'ai tracée dès mes premiers travaux, qu'il pourra apporter dans la description et la distribution des faits, cet ordre méthodique et cette appréciation sans lesquels aucune science d'observation ne saurait exister.

Par ces considérations, que je n'ai émises qu'en vue du sujet que je traite, j'ai voulu, opposant entre elles deux écoles rivales, l'anatomie dite comparée et l'anatomie physiologique ou comparative, montrer combien les principes qui dirigent une science peuvent influer sur le caractère de ses travaux. J'ai cherché à prouver que l'observation elle-même, toute puissante qu'elle soit, est néanmoins soumise à des conditions qu'on ne saurait négliger sans s'exposer à la rendre stérile ou trompeuse ; que les faits qu'elle embrasse, pour être judicieusement appréciés, ont besoin d'être examinés dans ce qu'ils ont de fondamental, en ayant soin d'écarter tout ce qui, chez eux, n'est qu'accessoire et n'offre qu'un intérêt secondaire ; que cette régle, toujours si utile, est surtout commandée quand il s'agit d'un organisme qui, comme les productions dentaires, présente des dissemblances tellement grandes qu'on a pu longtemps douter de son unité. Je me suis plus particulièrement appliqué à faire sentir quelle im-

portance avait une bonne classification des dents; que son premier mérite, ainsi que son premier devoir, était de les distribuer
suivant l'ordre tracé par leur composition anatomique, en passant successivement et par degrés des dents les plus simples à
celles qui offrent une organisation plus compliquée. Mais, j'ajouterai que, pour marcher sûrement dans cette voie, les efforts du
physiologiste seraient impuissants s'ils n'étaient animés de cet
esprit philosophique qui s'applique à toutes les sciences. Il lui
faudra, dans les recherches auxquelles il se livrera, ne jamais
perdre de vue que les dents font partie d'un système qui diffère
totalement des autres systèmes de notre économie; que, résulat
d'une véritable sécrétion, elles ne sont que la traduction au dehors
du travail qui s'opère dans leur intérieur, et que c'est sur leur
organe producteur qu'il devra principalement porter ses moyens
d'investigation.

Il étudiera donc cet organe et dans ses caractères les plus constants et dans les modifications qu'il peut éprouver, tant dans sa
configuration et dans la disposition des vaisseaux et des nerfs
qui lui parviennent, que dans ses rapports avec ses propres membranes ou avec les parties qui l'avoisinent. Il le suivra dans
l'exercice des fonctions qu'il est chargé de remplir, et, par une
observation judicieuse, il s'appliquera à découvrir la liaison qui
existe entre chacun des états que nous venons d'indiquer et les
formes différentes que lui manifesteront les substances dentaires dans leur développement et dans le mode de leur arrangement.

Cette œuvre, l'anatomie comparative l'a tentée, si elle ne l'a
accomplie, pour les incisives des rongeurs, les dents de l'homme
et les molaires des ruminants, et en a posé les bases pour les
autres dents. Toutefois, elle serait ingrate, si elle oubliait ce
qu'elle doit aux travaux qui l'ont précédée et en ont facilité la

marche. Je ne parlerai donc qu'avec respect et reconnaissance de ce bel édifice de l'anatomie comparée, élevé en 1800 par G. Cuvier. Au milieu des fluctuations des théories physiologiques, il est demeuré debout pour nous montrer que les œuvres de l'anatomie possèdent cet heureux privilège de pouvoir acquérir un tel degré de précision et d'évidence qu'elles résistent aux épreuves du temps. Mais la science, qui a marché pour Hunter, a également marché pour G. Cuvier. Une direction nouvelle a été communiquée à l'anatomie comparée des dents, et je ne doute pas que, si cet illustre zootomiste eût pu revoir son ouvrage, il ne lui eût apporté des modifications devenues nécessaires.

On m'objectera peut-être que les investigations de l'anatomie comparative n'embrassent encore qu'un nombre peu considérable de dents. Mais que l'on veuille bien faire attention que ces dents représentent trois structures fort importantes, lesquelles comprennent, quoique dans des proportions inégales, la presque totalité des dents des mammifères, une grande partie des dents des poissons, et que l'une de ces structures, en se dépouillant de ses caractères physiques et chimiques, vient atteindre les dents de l'ornithorhynque et les fanons de la baleine, pour se fondre ensuite dans la composition du bec des oiseaux. Il ne resterait donc guère que les dents des reptiles et celles qui, en très grand nombre chez les poissons, se soudent à l'os maxillaire. Pour les premières, des recherches intéressantes ont été publiées par un habile naturaliste, M. E. Rousseau, sur quelques-unes et dans une bonne direction. Pour les autres, la physiologie et l'anatomie pathologique, qui m'avaient permis de constater, en 1835, sous le nom de *substance osseuse*, l'existence du cément à la surface des racines des dents de l'homme, fait que sont venues confirmer, plus tard, les belles observations microscopiques de Purkinje et de Retzius, la physiologie et l'anatomie pathologique, disais-je, nous ont mis sur la voie qui doit conduire à expliquer ce phénomène de soudure des dents. Il n'est autre, pour moi, que ces adhérences qui, chez l'homme, s'établissent souvent entre les racines et les parois alvéolaires, lesquelles reconnaissent pour cause l'ossification de la membrane corticale. Que l'on ajoute à cela ce que la physiologie expérimentale nous a appris sur la reproduction des incisives des rongeurs, et l'on aura les éléments d'une connaissance presque complète des dents.

C'est ainsi que, dans la science de l'organisme, aucun fait n'est isolé et ne peut être étudié à part. Tout s'y tient et s'y prête un appui mutuel. Chaque fait renferme en lui une lumière qui est propre à en éclairer d'autres. Or, c'est là l'esprit et le but le plus important de l'anatomie comparative.

Toutefois, bien des points sont encore inconnus ou incertains. J'appellerai donc aujourd'hui, comme je le faisais en 1823, le concours des zootomistes qui, placés dans des conditions favorables, sont mieux à même de les élucider ; et, s'il me faut exciter leur émulation, je leur dirai que le sujet est difficile et qu'il a déjà été illustré par les travaux de Hunter, de Tenon, de G. Cuvier et de Geoffroy Saint-Hilaire.

DE
L'ALTÉRATION DES DENTS

DÉSIGNÉE

SOUS LE NOM DE CARIE.

Bien que la carie des dents constitue un état pathologique, son étude se rattache à une question qui est essentiellement physiologique. Pour bien saisir les caractères de cette altération, il importe, avant tout, de déterminer avec soin la nature du tissu qu'elle intéresse plus particulièrement; ce sera le sujet de la première partie de ce travail; la seconde sera consacrée à la description de la carie.

DE L'IVOIRE.

1º COMPOSITION ET CARACTÈRES PHYSIOLOGIQUES DE L'IVOIRE.

En désignant, avec Hunter, sous le nom d'ivoire, la portion des dents appelée improprement osseuse, j'ai voulu substituer à une dénomination vicieuse, une expression qui ne pût donner lieu à aucune conséquence fausse, puisqu'elle est consacrée par l'usage pour indiquer la même substance chez un animal généralement connu. Ce n'est pas que je ne sente que cette désignation pèche en ce qu'elle ne saurait s'appliquer à toutes les productions dentaires,

dont quelques-unes, formées d'une substance cornée, diffèrent de
l'ivoire proprement dit par leurs caractères physiques et chimiques. Aussi aurais-je accepté le nom de dentine, proposé par R.
Owen, si je n'eusse craint d'introduire un mot nouveau dans le
langage médical.

L'ivoire constitue la partie principale des dents, car aucune de
ces productions ne peut exister sans que le bulbe ne soit revêtu
d'une enveloppe solide. Quoique sa substance soit très dure, elle
n'en est pas moins perméable aux liquides avec lesquels elle se
trouve en contact. Pour rendre sensible cette perméabilité de
l'ivoire que l'émail possède également, j'ai fait l'expérience suivante : après avoir agrandi la cavité dentaire d'une incisive de
bœuf, j'y ai versé une solution de proto-sulfate de fer ; puis, l'ayant
bouchée hermétiquement, j'ai plongé la couronne de la dent dans
une dissolution de cyanure jaune de potassium et de fer, et je l'ai
laissée séjourner plusieurs jours dans ce liquide. Au bout de ce
temps, j'ai découvert, dans l'intérieur de la couronne, des taches
bleues qui indiquaient, par cette coloration, les points où les deux
liquides s'étaient rencontrés après avoir traversé, chacun de son
côté, une portion de la couronne.

L'ivoire est formé d'une matière animale, *organique,* et de sels
calcaires. Cette constitution chimique, qu'il partage avec les os,
et dont on s'est tant prévalu pour réunir ces tissus dans un même
système organique, n'implique entre eux aucune autre analogie.
Elle est commandée par les usages auxquels ils sont également
destinés. En un mot, elle satisfait à une condition fonctionnelle,
mais elle ne saurait fournir un caractère hystologique. Aussi, chez
certains animaux, dont les dents n'ont que de faibles résistances à
vaincre, l'ivoire y est-il remplacé par une substance cornée.

Outre les deux éléments chimiques que nous venons d'indiquer,
l'ivoire contient, comme toutes les productions épidermiques, un

fluide d'imbibition fourni par la pulpe, qui le pénètre dans toutes ses parties et vient se répandre jusqu'à la surface de la dent. Sans cesse produit, il est sans cesse renouvelé, et, par ce mouvement non interrompu, il concourt à communiquer aux substances dentaires la vitalité dont elles jouissent. C'est à ce fluide qu'elles doivent la teinte brillante qui les anime, laquelle diminue, s'altère ou disparaît par les progrès de l'âge, les lésions de la pulpe, du cordon dentaire, etc. Certaines circonstances pathologiques mettent en évidence l'existence de ce fluide. Lorsque j'étais élève des hôpitaux, me livrant, pendant un temps très froid, à des dissections anatomiques, je fus fort étonné de trouver entièrement rouges les racines de deux dents que j'avais extraites du cadavre d'un homme mort d'une congestion cérébrale. L'émail ne participait nullement à cette coloration. Depuis, j'ai eu l'occasion d'observer la même chose sur une dent provenant d'un sujet qui avait succombé au choléra.

L'imbibition est donc une des conditions attachées à la vitalité des dents et qui les lie à l'organisme. A ce point de vue, les substances dentaires, comme toutes les productions tégumentaires, se trouvent, par rapport aux autres tissus, dans la même position que certains animaux placés aux degrés inférieurs de l'échelle des êtres vivants à l'égard des animaux d'un ordre supérieur. Privées, les unes et les autres, de vaisseaux, l'imbibition y remplace la circulation. Toutefois, elle nous offre ici un caractère particulier; tandis que chez ces animaux elle supplée à la circulation dans son acte essentiel, pour les dents, elle a une destination différente. Car je ne puis admettre qu'il se passe dans l'ivoire un véritable travail de nutrition, à moins qu'on ne veuille ici détourner ce mot de sa signification physiologique.

Certainement, c'est la pulpe qui est chargée de fournir le fluide d'imbibition; cependant, en réfléchissant à la grande quantité du liquide renfermé dans cet organe, je m'étais plus d'une fois demandé s'il était uniquement destiné à cet usage, et si sa composition chimique ne présenterait pas une grande analogie avec celle de l'ivoire. Les recherches que je dois au talent et à l'extrême obligeance de M. le professeur Wurtz, ne semblent pas avoir répondu à mes prévisions. D'après cet habile chimiste, le liquide des pulpes dentaires, examiné chez l'homme, est *fortement* alcalin, et contient en dissolution une quantité considérable d'une matière albuminoïde particulière. Cette substance est la modification de l'albumine, qui se forme par l'action des alcalis sur ce principe. Elle précipite par l'acide acétique, ce qui la distingue de l'albumine normale. Le liquide qui la tient en dissolution est incomplétement coagulé par la chaleur. Il est précipité d'ailleurs par les réactifs ordinaires de l'albumine, par les acides minéraux, le tannin, les sels métalliques, tels que le sous-acétate de plomb, le sulfate de cuivre et le sublimé corrosif. L'alcool le coagule en flocons épais.

En incinérant le liquide des pulpes dentaires, après l'avoir préalablement desséché, M. Wurtz a obtenu un résidu fortement alcalin, dans lequel il n'a pu découvrir que des *traces* de phosphate de chaux. La nature alcaline du liquide dont il s'agit exclut l'idée d'y admettre le phosphate de chaux à l'état de simple dissolution. Il paraît plus probable que ce sel est intimement combiné à la matière albuminoïde elle-même.

Par des lavages répétés, le tissu solide des pulpes a été réduit à l'état d'une matière fibreuse parfaitement blanche, et semblable, par son aspect et ses propriétés physiques, à la fibrine elle-même.

Il ressort de cette analyse un fait significatif: la forte alcalinité du liquide contenu dans la pulpe. Nul doute qu'en constituant ainsi ce liquide, la nature n'ait eu en vue la conservation de la dent. Remarquons, en effet, que les agents ordinaires de destruction des dents ne les atteignent que par les propriétés acides qu'ils possèdent ou peuvent acquérir par leur séjour dans la bouche. C'est afin de neutraliser cette influence nuisible, que mille voies, sous forme de canalicules, ont été ouvertes, qui donnent sans cesse passage au fluide fourni par la pulpe, et lui permettent de se répandre sur tous les points de la substance calcaire des dents.

Tels sont les éléments qui entrent dans la composition de l'ivoire. Aucun vaisseau, aucun nerf ne le pénètre. Cette proposition repose sur des faits si nombreux et si décisifs, que j'ai de la peine à comprendre que des physiologistes puissent encore admettre la vascularité de l'ivoire. Je ne reviendrai pas sur un sujet que j'ai traité longuement dans plusieurs de mes écrits. Je me bornerai à reproduire un seul argument, et cet argument, je l'emprunterai à l'anatomie comparative. Pour être conséquents à leur opinion, ces auteurs iraient-ils jusqu'à dire, des incisives des rongeurs, dont la substance s'use et se répare continuellement, que leur bulbe fournit sans cesse et tout à la fois de l'ivoire, des vaisseaux et même des nerfs? Mais ces dents vont bientôt être soumises au travail de la mastication. Comment, portant en elles tous ces éléments de l'organisme toujours si prompts à réagir contre la plus légère excitation, pourront-elles supporter la détrition qui les attend, sans éprouver la moindre atteinte, ne lui opposant que la faible résistance d'un corps qui obéit avec inertie aux lois de sa destruction?

Cet isolement de l'ivoire, qui le place en dehors du mouvement général de la circulation, fait qu'aucun travail de composition et de décomposition ne s'opère en lui; aussi ne participe-t-il pas au renouvellement moléculaire qui s'accomplit dans les autres parties de notre économie. Chez les animaux qui ont été soumis à l'usage de la garance, il conserve la couleur rouge qu'il a acquise pendant ce régime. J'ai trouvé cette coloration parfaitement prononcée sur un jeune porc, tué six mois après qu'on avait cessé de mêler de la garance à ses aliments.

Chaque couche de l'ivoire, une fois produite, demeure donc telle que l'a déposée la pulpe. Les pertes de substance qu'il éprouve ne se réparent jamais. C'est par la même raison que les influences morbides qui se font sentir avec tant de puissance sur les autres tissus, n'exercent sur lui aucune action. Qui ne sait que, dans le rachitisme, les dents conservent leur consistance, tandis que les diverses parties du squelette sont ramollies.

Cependant, quelques auteurs, assimilant la formation de l'ivoire au travail d'ossification qui a lieu dans les cartilages, prétendent qu'il parcourt dans son développement les mêmes phases que les os ; qu'il passe successivement de l'état gélatineux à l'état cartilagineux, et de ce dernier à l'état osseux. Pour le démontrer, ils se fondent sur ce qu'on observe dans la coupe verticale d'une dent en voie de formation. On reconnait, en effet, que le sommet des cornets de substance éburnée, qui répond à l'extrémité gengivale de la couronne, est épais et très dur ; tandis que leur base, très mince, se termine elle-même par une portion plus molle qui s'écrase avec la plus grande facilité sous le doigt. Mais que prouve ce fait ? Que les couches de l'ivoire, voisines de l'extrémité radiculaire de la dent, n'ont pas alors l'épaisseur qu'elles acquerront plus tard par l'apposition des couches nouvelles qui viendront se joindre à elles ; que très minces à l'endroit où elles consistent seulement en quelques lames, elles le deviennent encore davantage là où une seule de ces lames, dépassant les autres, réduit à sa propre ténuité la portion terminale de l'ivoire. En un mot, on retrouve ici ce qu'on remarque dans toutes les autres productions du système tégumentaire, dont l'accroissement est également le résultat de l'apposition les unes sur les autres des couches continuellement déposées à la surface de leurs bulles. C'est de cette manière, et non par une transformation qu'elle éprouverait, que la pellicule très mince qui termine la racine de l'ongle, prend peu à peu, et avec le temps, plus de consistance par les couches qui s'y adossent successivement, et finit par constituer l'extrémité libre et épaisse de l'ongle.

Toutefois, bien que l'ivoire ne tienne à l'organisme par aucun lien vasculaire ni nerveux, il n'en est pas moins un tissu organisé et vivant. Il est, en partie, formé par une matière animale, *organique*, laquelle provient d'un acte de l'organisme; il est pénétré par un fluide d'imbibition, résultat d'un acte de même nature; du côté de la pulpe, il se trouve étroitement uni à elle par les couches qu'elle fournit sans interruption et qui viennent à chaque instant se joindre à celles qui sont déjà formées; du côté des racines, il est, par sa face externe, en contact immédiat avec la membrane et la substance corticales. Enfin sa vitalité est démontrée par les maladies qui l'affectent.

L'ivoire n'est donc pas un corps brut, un produit inorganique, comme Hunter a pu le laisser croire, et comme l'ont avancé Cuvier et Geoffroy Saint-Hilaire. Il possède une véritable organisation qui est appropriée aux fonctions mécaniques qu'il a à exercer. Cependant, tout en consacrant cet état organique de la substance éburnée, je préférai l'exprimer par une autre désignation. A l'époque où je publiai mes premiers travaux, le mot organisation entraînait tellement avec lui l'idée de la présence de vaisseaux et de nerfs dans les corps qui en sont doués, que je dus éviter de l'appliquer à une structure qui s'en trouve tant éloignée. Et puis, à ce temps, qu'entendait-on par une organisation? Quels en étaient les caractères essentiels et généraux? Ils varient tellement de tissu à tissu; ils éprouvent dans leurs conditions diverses des modifications si profondes que, si on l'ignorait alors, je doute fort qu'aujourd'hui la science soit beaucoup plus avancée. Ce sont ces motifs qui m'ont porté et me portent encore à qualifier du nom de tissus vivants les productions dentaires et cornées. Outre l'avantage qu'il a de les dégager de toute idée spéculative, il indique le lien incontestable qui les rattache aux autres parties de notre économie et exprime le fait le plus certain et le plus tranché qui sépare les substances dites organiques des matières inorganiques.

Cette absence de vaisseaux et de nerfs dans l'ivoire, caractère qui lui est commun avec l'émail et les rend incapables d'exercer par eux-mêmes aucun acte de l'organisme, d'une part; de l'autre, la vitalité qu'ils possèdent néanmoins, sont les traits les plus saillants qui séparent les substances dentaires de toutes les autres parties de notre économie. Sous ce double rapport, on peut dire qu'elles participent à la fois, des propriétés des corps inorganiques et des propriétés des tissus vivants; ou plutôt elles forment le lien de transition des unes aux autres. Une telle disposition, qui s'applique à toutes les productions cornées, était rendue nécessaire, aussi bien pour leur propre conservation que pour les usages qu'elles ont à remplir. C'est elle qui leur permet de pouvoir supporter, sans en souffrir, l'action des corps avec lesquels elles sont habituellement en contact. C'est à la nature particulière de ces substances qu'elles doivent d'être placées, comme une barrière, entre le monde extérieur et l'organisation pour protéger cette dernière. Aussi, sous quelles formes qu'elles se montrent à la surface des téguments internes et externes, est-on sûr de les rencontrer partout où notre économie doit être en rapport avec un agent étranger.

Quoique privées de nerfs, les dents sont sensibles. Elles ressentent l'impression de la chaleur, du froid, des acides qui produisent sur elles ce sentiment connu sous le nom d'agacement. On sait la sensation pénible qu'on détermine, quand on promène la pointe d'une sonde sur le collet d'une dent ou sur une portion de la couronne qui a été dépouillée d'émail.

Mais la sensibilité des dents se manifeste surtout dans la faculté tactile qu'elles possèdent à un haut degré, et en vertu de laquelle elles perçoivent les qualités physiques des substances soumises à leur action. C'est cette faculté, que Graves a étudiée avec beaucoup de soin, qui leur permet de sentir les corps les plus petits, s'ils sont durs, et même la présence de corps moins résistants, comme un morceau de papier, une pétale de rose.

Les dents ne sont donc pas seulement des instruments de mastication, elles remplissent, en outre, une fonction spéciale, celle d'apprécier les qualités des corps avec lesquels elles sont en rapport et de nous avertir à l'instant même quand le bol alimentaire renferme quelque corps qui soit nuisible à leur propre substance.

Plusieurs auteurs ont argué de ces phénomènes de sensibilité que l'ivoire était pourvu de nerfs. Ces auteurs auraient, je crois, fait preuve d'un meilleur esprit, si, au lieu d'opposer entre eux deux faits également incontestables, l'absence des nerfs et l'existence de la sensibilité dans la substance éburnée, ils en eussent profité pour appeler l'attention des physiologistes sur un point encore obscur de la science. Ne sait-on pas qu'il est des parties chez lesquelles l'anatomie n'a pu reconnaître la présence des nerfs, et qui, cependant, donnent lieu, dans certaines circonstances, aux souffrances les plus fortes? Les tissus dits fibreux, qu'on incise, qu'on cautérise, sans déterminer de douleur, n'en causent-ils pas lorsqu'on les distend ou qu'on les tiraille? Les os, qui dans l'état sain sont insensibles, ne deviennent-ils pas le siége de vives souffrances quand ils sont malades? Les dents qui supportent impunément les efforts les plus violents, ne sont-elles pas douloureusement impressionnées par l'action des acides? Or, comment concilier tout cela avec les idées reçues? Et n'est-il pas raisonnablement permis de reporter ces manifestations de la sensibilité à la puissance qui veille sans cesse à notre conservation? N'est-ce pas elle qui préside à tous les phénomènes de l'organisme, qui les fait naître, en règle la marche et en fixe la durée ? N'est-ce pas cette puissance qui, contenant en une juste mesure les fonctions de la pulpe, proportionne dans les dents simples la production de l'ivoire aux pertes continuelles qu'elles subissent par l'usure ; qui, dans certaines circonstances, communiquant une plus grande activité à ces fonctions, leur fait réparer en peu de jours les graves dommages apportés à ces dents par des causes accidentelles, ou qui, ailleurs, les ralentit ou les arrête, quand l'accroissement de ces dents est parvenu à un terme qu'il ne doit pas dépasser.

Quant à moi, me renfermant dans mon sujet, je me bornerai à conclure des faits qui viennent d'être exposés, que la présence des nerfs dans nos tissus n'est pas une condition indispensable pour que ces derniers puissent transmettre les impressions qui leur sont communiquées

La pulpe est le siége principal de la sensibilité des dents. On a objecté que cet organe se trouve séparé de l'action des corps exté- rieurs par une épaisseur considérable de couches solides ; mais, comme l'a fait remarquer Cuvier, les poissons, qui ont leur laby- rinthe enfermé dans le crâne, entendent par les ébranlements qui leur sont communiqués.; or, c'est, ajoute-t-il, quelque chose de plus fort en sensibilité, que ce que les dents éprouvent.

Toutefois, n'exagérons pas le rôle qu'ici joue la pulpe. Il devait être très important pour Cuvier qui considérait les substances dentaires comme des corps inorganiques privés de vitalité. Mais je ne saurais l'accepter dans toute la portée physiologique que cet auteur lui a accordée. Je doute que l'ivoire ne serve qu'à trans- mettre matériellement l'action des corps avec lesquels il se trouve en rapport et qu'il demeure complétement étranger aux phéno- mènes de sensibilité dont il est le siége. Il m'est bien difficile de le croire quand je vois la surface d'une dent limée, qui ne pouvait d'abord supporter sans douleur le plus léger contact, la plus faible impression du chaud ou du froid, perdre en très peu de temps de sa sensibilité, et celle-ci s'éteindre bientôt complétement. Je ne puis surtout le croire, quand je vois, tous les jours, la cautérisation faire disparaître à l'instant même la vive douleur que font éprouver les dents usées, sous la sonde ou par le contact des corps sur lesquels elles doivent agir. Certainement on ne peut pas dire que la pulpe prenne une part qnelconque à ce dernier résultat, et il faut bien l'attribuer à des changements survenus dans l'ivoire par suite de l'opération chirurgicale.

Jusqu'à présent, je me suis occupé des caractères physiologiques de l'ivoire, il me reste, pour compléter cette partie de mon travail, à traiter de l'arrangement des éléments matériels qui entrent dans la composition de ce tissu et à déterminer son mode d'accroissement.

Ici je vais me trouver placé en présence de grandes difficultés. L'anatomie microscopique s'est, dans ces derniers temps, emparée presque exclusivement de ce sujet. Mais elle l'a étudié sous des faces et d'après des idées si diverses; tant d'hypothèses en ont surgi, qu'il me serait aussi impossible de les exposer sans sortir des limites qui me sont prescrites par la nature de ce travail, que de suivre toujours l'observation au milieu de ce véritable dédale. Je n'entreprendrai donc pas une telle tâche. J'écarterai avec soin les détails peu importants, pour ne m'attacher qu'à ce que les faits offrent de plus positif dans leur signification et de moins incertain dans les déductions qu'on en peut tirer.

2° STRUCTURE DE L'IVOIRE.

Il faut remonter à Leeuwenhoek et à Hunter, pour trouver les premières recherches qui aient été sérieusement entreprises sur la structure de l'ivoire : le premier, s'armant du microscope pour la découvrir ; le second, s'éclairant de la physiologie expérimentale ; mais tous les deux se renfermant exclusivement dans leurs procédés d'investigations. Eh bien, cette direction différente, donnée par ces maîtres habiles à leurs travaux, s'est continuée jusqu'à nos jours. De même que, pendant près d'un siècle, on a vu les physiologistes repousser, les uns par le dédain, les autres par incrédulité, les résultats obtenus par le microscope ; de même nous voyons, de notre temps, une école, passant sous silence les conquêtes faites par la physiologie, prétendre ravir à l'organisme ses secrets les plus cachés par la seule puissance de l'instrument qu'elle emploie.

Je n'imiterai pas cet exemple. Je profiterai également des lumières fournies par ces deux modes d'observation, et j'étudierai la structure de l'ivoire sous le double point de vue microscopique et physiologique.

Lorsqu'on soumet à un faible grossissement une lamelle très mince d'ivoire (1) provenant de la section verticale d'une dent, on la voit composée d'un grand nombre de fibres marchant parallèlement entre elles du centre de la dent à sa circonférence. A leur origine, ces fibres sont tellement serrées les unes contre les autres qu'on a quelque peine à les distinguer ; mais, à mesure qu'elles s'éloignent de la cavité dentaire, l'intervalle qui les sépare augmente et il l'emporte bientôt sur leur diamètre.

Par leur extrémité externe, elles aboutissent à la superficie de l'ivoire. Souvent elles sont alors tellement fines qu'elles n'apparaissent plus que comme de petites lignes qui finissent par devenir imperceptibles. Les fibres de la couronne touchent à celles de l'émail avec lesquelles on les voit fréquemment s'entrecroiser, ou dont elles ne sont séparées que par un espace très petit, rempli

(1) V. fig. 1 de la planche.

par une couche d'apparence granulée. Il n'est pas rare que quelques-unes d'entre elles pénètrent assez avant dans l'émail. A la racine, elles se terminent à une distance plus ou moins grande de la substance corticale, dans laquelle cependant quelques fibres viennent souvent se perdre.

Par leur extrémité interne ou centrale, les fibres de l'ivoire s'ouvrent dans la cavité dentaire, dont elles concourent à former les parois. Ces parois, examinées au microscope, représentent une surface criblée d'un nombre considérable de petits points ronds, offrant une grande analogie avec ce qu'on observe dans la section transversale d'une dent.

A un grossissement plus fort, les fibres apparaissent plus nombreuses. On en voit beaucoup de plus petites serpenter à leurs côtés, et qu'on pourrait croire s'en détacher. D'autres s'entre-croisent dans des sens différents, et donnent à leur ensemble l'aspect d'un réseau que quelques auteurs ont regardé comme le résultat des ramifications et des anastomoses des fibres.

A ce grossissement, les fibres de l'ivoire présentent des sinuosités formées par une série de renflements ovalaires placés les uns à la suite des autres, et inclinés, en sens inverse, à leur point de jonction. Retzius en a compté deux cents dans la longueur d'une ligne. Outre ces sinuosités partielles, on observe des courbures générales, beaucoup plus étendues, offrant trois et même quatre inflexions, lesquelles partagent en un nombre à peu près égal toute la longueur des fibres.

Ces sinuosités et ces courbures avaient beaucoup préoccupé Retzius, et cet habile anatomiste n'avait pu s'en rendre compte qu'en exprimant une simple présomption. Il appartenait à la physiologie de résoudre cette difficulté, en démontrant que les sinuosités et les courbures des fibres sont une conséquence des changements auxquels la pulpe obéit pendant la formation de l'ivoire.

On conçoit que si les mêmes points de la pulpe correspondaient toujours à la direction première des fibres qui en naissent, ces dernières devraient suivre une ligne droite. Mais il en est autrement. La pulpe exécute deux sortes de mouvements : l'un, organique, intestin, lui est communiqué par la circulation; l'autre, plus prononcé, est déterminé par le déplacement de cet organe, et est lui-même le résultat de l'allongement de la pulpe pendant l'accroissement de la dent. Au premier mouvement appartiennent les sinuosités des fibres, lesquelles répondent chacune à la production d'une pellicule éburnée. Le second mouvement, beaucoup plus marqué, donne lieu aux grandes courbures qu'on observe dans les fibres. La relation qui existe entre ces deux ordres de faits est telle qu'en suivant avec soin la direction des lignes que suivent les fibres, on peut remonter à *posteriori* aux changements concomitants qui ont dû s'opérer du côté de la pulpe.

Toutes les fibres sont contenues dans une espèce de gangue que l'on a appelée substance *intermédiaire* ou *fondamentale*. Elle constitue la portion la plus considérable de l'ivoire et remplit tout l'intervalle qui existe, soit entre les fibres, soit entre les extrémités de ces dernières et l'émail et le cément. Cette substance ne m'a pas paru avoir partout le même aspect. On lui attribue généralement la grande dureté que possède l'ivoire, sans doute par cette considération qu'on la rencontre en plus grande quantité vers la portion externe des dents.

Si la préparation qu'on examine provient d'une coupe transversale de l'ivoire faite près de la surface triturante de la couronne (1), on y aperçoit un grand nombre de points blancs, les uns, ceux qui en occupent le centre, d'une figure ronde, les autres, situés à la périphérie, d'une figure ovale, suivant que les fibres de l'ivoire

(1) V. fig. 2 de la planche.

ont été coupées perpendiculairement ou obliquement à leur longueur. Ces points blancs sont entourés d'une ligne noirâtre et présentent à leur centre un très petit point de même couleur. Ils sont séparés les uns des autres par une masse assez considérable de la substance fondamentale dont nous avons parlé ci-dessus.

Telle est, dans son expression la plus simple, et j'oserais presque dire la plus vraie, la disposition matérielle que l'ivoire nous montre sous le microscope. Qu'elle ait été étudiée et représentée par le burin à Stockholm, à Breslaw, en Angleterre ou en France, on la trouve partout décrite avec les mêmes caractères. C'est un point sur lequel nous sommes donc tous d'accord. Mais dès que l'on touche à l'interprétation des faits, aussitôt le dissentiment commence, et il ne tarde pas à arriver à ce degré, que le même fait, qui s'offrait à tous sous une forme semblable, sert néanmoins de base aux interprétations les plus diverses. Ainsi, pour les uns, les fibres de l'ivoire sont des corps solides et pleins; pour d'autres, ce sont des tubes ayant des parois distinctes remplis, soit d'un liquide transparent, soit de sels calcaires; pour ceux-ci, ce sont de véritables canaux vasculaires servant à transmettre les fluides destinés à la nutrition de l'ivoire; et pour d'autres, ils seraient des prolongements partant tous d'un organe commun contenu dans la cavité dentaire. Enfin, M. Dujardin, dont les expériences microscopiques datent de 1836, regarde l'ivoire comme une substance poreuse, homogène, creusée de canaux parallèles entre eux; mais il ne pense pas que les pores qu'elle présente soient les orifices d'autant de tubes ou de vaisseaux.

En présence d'opinions si divergentes, une réflexion nous saisit tout d'abord : comment le même objet, vu par tous d'une manière semblable, peut-il se prêter à des jugements si divers? Sans doute le microscope n'est pas plus infaillible que les autres procédés d'observation. Des erreurs peuvent naître de la préparation des pièces ; des modifications que l'ivoire peut éprouver dans sa texture par l'usure qu'on lui fait subir pour l'amener à l'état d'une lamelle très mince ; de l'élément nouveau qui lui est adjoint pour en augmenter la transparence. A ces causes d'erreur, nous ajouterons celles qui peuvent venir des illusions d'optique. Ainsi, par exemple, la séparation qui existe entre deux corps contigus l'un à l'autre, apparaît, au microscope, comme une ombre grisâtre ; eh bien, si l'on ne se met en garde contre cette illusion, n'est-il pas à craindre qu'on ne donne à cette ombre l'existence d'un corps réel.

Quelques personnes ont accusé le microscope de montrer tout ce qu'on veut découvrir avec cet instrument ; tandis que, d'un autre côté, on ne semble accorder de confiance qu'aux plus forts grossissements. Ces deux assertions me semblent également mal fondées. Le microscope ne montre que ce qui existe réellement ; et quand on a acquis une certaine expérience, il est facile de distinguer ce qui appartient au fait qu'on observe, de ce qui lui est étranger. Quant à ce qui regarde le degré de grossissement auquel on doit recourir, je suis persuadé que, pour le genre d'expérimentations qui m'occupent en ce moment, les grossissements modérés sont, en général, préférables, en ce qu'ils font voir les objets d'une manière plus nette et plus distincte.

Toutefois, je dois l'avouer, le microscope a introduit dans la science beaucoup plus d'hypothèses et d'erreurs que de vérités démontrées. Si je fais abstraction des corpuscules osseux découverts par Leeuwenhoek, et constatés depuis dans la substance corticale par Purkinjé et Retzius, je serais très embarrassé de dire quels progrès importants il a fait faire dans ces derniers temps, à l'anatomie et à la physiologie des dents. Mais peut-on justement en faire peser sur lui la responsabilité ? Est-ce le microscope qui a appris que l'ivoire était le résultat d'une ossification de la pulpe?

Une telle opinion se serait-elle produite, si on eût tenu compte de la constitution anatomique de la pulpe et des actes fonctionnels qu'elle accomplit tant chez l'homme que chez les animaux don t l'accroissement des dents est continu ?

Est-ce le microscope qui a montré à Owen des canaux et des fibres médullaires dans les dents de l'anarrhique, du brochet, etc., fait qui, s'il était exact, constituerait une solution de continuité dans la chaîne hystologique qui réunit toutes les productions dentaires en un seul et même système organique ? Cependant, que nous dit Retzius qui, le premier, en a donné la description ? que, chez ces animaux, la pulpe se divise après que la coquille dentaire a été formée, et que des couches nouvelles se forment ensuite autour de ces divisions. D'où cet habile anatomiste conclut que la substance qui se produit ainsi a la plus grande similitude avec la structure osseuse, et que les divisions de la pulpe ont également une parfaite ressemblance avec les fibres médullaires des os. Mais, je le demande, si nous dégageons le fait des inductions théoriques de l'auteur, en quoi diffère-t-il donc de ce que nous observons dans la formation des molaires des ruminants ? La pulpe de ces dents, après que le travail de la dentition a commencé, ne se partage-t-elle pas de même en un plus ou moins grand nombre de divisions, et ces divisions ne s'étendent-elles pas en longueur à mesure des progrès que fait l'accroissement des étuis de substance éburnée qui les entourent ? Eh bien, augmentez, d'une part, le nombre de ces divisions ; de l'autre, diminuez le volume des prolongements de la pulpe, et vous y retrouverez la disposition que Retzius et, après lui, Owen ont indiquée.

Enfin, est-ce le microscope qui a fait voir que les tubes de l'ivoire ont des parois membraneuses, lesquelles ne seraient elles-mêmes que des prolongements de la membrane de la pulpe ? que le cément procède de la partie du sac dentaire située entre le germe

et l'organe adamantin ? ou qui a découvert que, chez les musaraignes, la racine des dents se forme en même temps que la couronne, etc. ?

Ce qu'on est, je pense, en droit de reprocher aux auteurs qui
ont appliqué le microscope à l'étude de l'organisme dentaire, c'est
d'avoir trop souvent substitué l'interprétation à l'observation. Ainsi,
par exemple, quand on a avancé qu'on aperçoit des vaisseaux dans
la substance de l'ivoire, on a émis une opinion, mais on n'a pas
rendu le fait microscopique tel qu'il se présente, car rien n'indique,
à l'examen le plus attentif, que les lignes ou les fibres qu'on y
découvre, soient plutôt des vaisseaux que toute autre structure
qu'on leur a aussi attribuée. On se fût tenu, je crois, dans les
termes d'une méthode plus judicieuse, si, après avoir décrit le
fait tel que le microscope le montre, on eût exposé ensuite les considérations anatomiques et physiologiques qui portaient à regarder ces lignes ou ces fibres comme des vaisseaux. Je ne pense pas
qu'en suivant cette marche, on fût parvenu à démontrer la vascularité de l'ivoire; mais, ce dont je suis convaincu, c'est que la
question se serait trouvée placée sur son véritable terrain : d'exclusivement microscopique, elle serait devenue tout à la fois microscopique et physiologique.

C'est là, qu'on en soit assuré, où il faudra inévitablement en
venir toutes les fois qu'on voudra rechercher la structure intime
de nos tissus; et si, un jour, il est donné à l'homme de pénétrer
ce mystère profond, c'est au concours de ces deux procédés qu'il le
devra. On compromet donc grandement ce précieux instrument,
quand on prétend décider par lui des questions, que seul, il est
incapable de résoudre.

D'après ces réflexions, on ne sera pas étonné si je n'aborde
qu'avec une grande réserve un sujet où les illusions sont tellement
faciles qu'il faut sans cesse être en garde même contre ses pro-

pres observations, et s'il m'arrive plus d'une fois de recourir à d'autres lumières pour élucider certains points.

Quelle que soit l'opinion qu'on se forme sur la nature de ses éléments matériels, il est incontestable que l'ivoire est composé de deux parties essentiellement distinctes : 1° de fibres ; 2° d'une substance intermédiaire au milieu de laquelle elles marchent.

Mais que sont ces fibres ?

Cette question, que Schwann s'adressait, je me la suis long-temps adressée. Représentent-elles des corps solides et pleins ? ou sont-elles creuses et constituent-elles des tubes, des canalicules comme on les appelle ?

Les auteurs qui professent la première opinion se fondent sur l'aspect qu'offrent les fibres de l'ivoire, quand celui-ci a été sou-mis à l'action d'un acide peu concentré. Ces fibres se montrent, en effet, sous la forme de petits cordons gélatineux qu'il est facile de séparer les uns des autres. Mais cette démonstration est loin d'être satisfaisante. Nasmyth attribue à ces cordons une structure celluleuse qui apparaîtrait sous la forme de globules ou de grains de chapelet placés les uns à la suite des autres. M. Mandl a objecté que cette apparence provenait des bulles d'air contenues dans l'intérieur des fibres. Cet habile micrographe s'appuie sur ce qu'un séjour prolongé dans l'eau les dissipe entièrement.

J'ai déjà fait connaître, et j'avais d'abord partagé l'opinion de M. Dujardin. Mais je ne puis aujourd'hui l'accepter, bien que je reconnaisse qu'elle se rapproche, sous certains rapports, de l'ob-servation microscopique. Si, après avoir traité l'ivoire par de l'acide hydrochlorique affaibli, on enlève, dans la direction des fibres, une très fine lamelle de la matière gélatineuse qui en provient, et qu'on l'examine au microscope (1), on aperçoit sur les bords de cette

(1) V. fig. 3 de la planche.

lamelle, un nombre plus ou moins grand de fibres qui dépassent souvent de beaucoup les autres. Or, il me paraît bien difficile de ne voir que des pores ou des lacunes dans ces fibres dont la configuration se trouve si bien dessinée, et de ne pas regarder ces dernières comme des corps tout à fait distincts de la gangue qui les renferme.

Ainsi, jusqu'à présent, l'inspection microscopique nous a montré, sur les coupes verticales, l'existence des fibres de l'ivoire, mais rien ne nous indique encore la nature de ces fibres. Voyons ce que vont nous apprendre les sections pratiquées perpendiculairement à l'axe de la dent.

Nous avons dit que, lorsqu'on soumet au microscope une de ces lamelles, on y aperçoit un grand nombre de cercles blancs, assez épais, entourés chacun d'un cercle noir, et présentant à leur centre un très petit point de même couleur. On a inféré de ce fait que les cercles blancs représentaient la lumière d'autant de tubes, et les cercles noirs, leurs parois.

Examinons cette proposition, car elle est d'un grand intérêt dans la question que nous traitons.

Parmi les illusions auxquelles peuvent donner lieu les expériences microscopiques, j'ai signalé plus haut celles qui résultent de l'ombre produite par l'intervalle qui sépare deux corps contigus. C'est cette illusion qui en avait imposé à Cuvier, et lui avait fait prendre pour une membrane la ligne noirâtre qui marque la séparation existante entre l'ivoire et l'émail. C'est elle qui a fait considérer comme des faisceaux de fibres ces mèches noires qu'on rencontre dans l'émail, lesquelles ne sont, pour moi, que des lacunes, des fissures de cette substance. C'est elle, enfin, qui a trompé plusieurs auteurs sur la nature des corpuscules osseux qu'on trouve dans la substance corticale, corpuscules qui me paraissent n'être autre chose que des lacunes creusées dans cette substance. Eh bien! c'est la même illusion qui, donnant un corps à ce qui n'est qu'un reflet de lumière, a fait regarder les cercles noirs que nous avons mentionnés ci-dessus, comme constituant les parois des tubes ou canalicules de l'ivoire.

Partant de cette idée, on a été amené, par une conséquence forcée, à voir la lumière des tubes dans les cercles blancs et épais placés en dedans des cercles noirs. Mais rien ne justifie une telle assertion. Si on examine l'ivoire après qu'il a été dépouillé de ses sels calcaires, il est facile de se convaincre que l'épaisseur des fibres devenues gélatineuses par cette opération, correspond à l'étendue de la portion qui primitivement était blanche. Ce n'est donc pas elle qui peut former la lumière des tubes. Où donc cette dernière se trouve-t-elle?

C'est en étudiant les canalicules osseux, si bien décrits par mon savant et regrettable collègue, M. Gerdy, et en appliquant à cette étude les idées que j'ai déjà émises sur certaines dispositions de l'émail et de la substance corticale, que j'ai été conduit tardivement, et par cette voie détournée, à l'opinion que je vais exposer.

Quand on compare, au point de vue du fait anatomique qui m'occupe actuellement, une lamelle osseuse et une lamelle éburnée provenant d'une coupe transversale de ces tissus, on est frappé de la ressemblance qui existe entre elles. Sur toutes deux, on aperçoit des taches noires et rondes, reproduisant, à cela près de leur configuration, les lacunes que nous avons indiquées dans l'émail et le cément. Ces taches sont très larges dans les os; dans l'ivoire, elles sont réduites à un petit point noir situé au centre de chaque fibre. Or, s'il est vrai, comme le reconnaissent les anatomistes, et comme on peut s'en convaincre, même à la simple vue, que ces taches marquent, chez les os, les orifices des canalicules qui les traversent, est-ce dépasser les exigences d'une saine application, que d'admettre qu'elles sont également les orifices des canaux qui

parcourraient l'intérieur des fibres de l'ivoire. Une seule différence existe entre ces deux dispositions : pour les os, dont le tissu
est un et homogène, les canaux ont pour parois ce tissu, et ils se
dessinent par de simples pores creusés dans la substance osseuse.
Pour l'ivoire, le fait microscopique est semblable, seulement il
est plus compliqué. De même que les os, l'ivoire montre au centre
de chacune de ses fibres un orifice entouré d'un cercle blanc constitué par la paroi de cette fibre. Mais comme, outre les fibres dont
il se compose, il est formé d'une autre subtance qui lui sert de
gangue, il en résulte que les points par lesquels se touchent ces
deux substances, se réfléchissent, au microscope, sous la forme
d'un cercle noir.

Ainsi se trouve démontrée, par l'analogie et par l'explication du
fait microscopique, la nature des fibres de l'ivoire. Les petits points
noirs qu'on découvre, sur une section transversale de la dent, au
centre des cercles blancs, sont les orifices des canaux qui traversent
l'intérieur de ces fibres ; les cercles blancs en constituent les parois
et sont formés par la substance éburnée ; et le cercle noir qui les
entoure, n'est qu'un effet de lumière qui marque les points de contiguïté qui séparent les fibres de l'ivoire de la substance fondamentale.

Que contiennent et à quoi servent ces tubes ou canalicules ?
Sont-ils remplis en partie ou en totalité par des sels calcaires, ainsi
que l'ont avancé quelques auteurs ? Seraient-ils destinés, selon
d'autres, à transmettre les fluides nourriciers de l'ivoire ? Ce sont
des assertions qu'aucune observation exacte ne vient appuyer.
Pour moi, et j'en donnerai bientôt les raisons, je pense que leur
principal office est de donner passage au fluide d'imbibition.

Quant à la substance intermédiaire ou fondamentale, sa nature
n'est pas bien connue. Elle ne m'a pas paru présenter la même
composition chimique que la substance fibreuse. En traitant l'ivoire

par un acide affaibli, je n'ai pu découvrir entre les fibres aucune trace de matière gélatineuse, ou, du moins, s'il en existe, ce ne peut être que dans une faible proportion. C'est sans doute à cela que la substance fondamentale doit la dureté qu'elle possède. Au reste, je reviendrai sur ce point quand je traiterai de la carie des dents.

3° MODE D'ACCROISSEMENT DE L'IVOIRE.

C'est à Belchier (1) que revient le mérite d'avoir ouvert une voie nouvelle aux travaux qui, depuis lui, ont été entrepris sur le mode d'accroissement des os et des dents.

Cet habile chirurgien de Londres, dînant un jour chez un teinturier en toiles peintes, fut frappé de la couleur rouge des os d'un morceau de porc frais qu'on avait servi. Ayant appris que l'animal, dont les os étaient ainsi colorés, avait été nourri avec du son chargé d'une infusion de garance, il conçut l'idée de soumettre un coq à la même alimentation. Or, après seize jours de ce régime, l'animal étant mort, il trouva que tous ses os étaient rouges, tandis que les autres tissus avaient conservé leur couleur normale.

Plus tard, Duhamel (2), instruit des expériences de Belchier, s'empressa de les vérifier sur des poulets, des pigeons et des cochons. Il vit de même la garance rougir les os, et les os seulement. Ni les plumes, ni la corne du bec, ni les ongles, n'avaient changé de couleur. La peau de tout le corps avait sa couleur naturelle. Le cerveau, les nerfs et les autres tissus ou viscères étaient dans leur état normal. Quant aux dents, bien qu'il n'en ait pas fait mention, Fougeroux y a suppléé en rappelant que Duhamel a fait connaître « que ces os se forment par des couches qui se

---

(1) *Philosoph. trans.*, vol. XXXIX, 1736.
(2) *Mémoires de l'Académie des sciences*, 1739.

» recouvrent les unes les autres, et qu'on peut comparer à des
» gobelets qu'on mettrait les uns dans les autres. »

Un fait aussi intéressant ne pouvait échapper à Hunter. Il répéta,
à son tour, les expériences de Duhamel. Ayant nourri, pendant
trois à quatre semaines, de jeunes porcs avec de la garance mêlée
à leurs aliments, il constata que les portions de l'ivoire, qui étaient
formées avant l'emploi de la garance, avaient conservé leur teinte
normale; tandis que celles qui avaient été produites pendant que
l'animal avait pris de cette racine, offraient une couleur rouge. Il
poussa plus loin ses observations. Il nourrit une jeune porc avec
de la garance pendant quelque temps, et cessa ensuite de la
mêler à ses aliments longtemps avant de tuer l'animal. Il recon-
nut alors le même aspect que précédemment, et, en outre, il vit
que les parties de l'ivoire, qui s'étaient formées depuis la cessation de la garance, étaient blanches; de telle sorte qu'on trouvait
une portion de l'ivoire, la plus extérieure, blanche; une seconde,
rouge, et une troisième, la dernière formée, blanche.

En 1823 et 1824, je me suis livré aux mêmes expériences, et
j'ai pu constater, sur les dents, les résultats obtenus par Duhamel
et Hunter. Dans une de ces expériences, faite sur un jeune porc,
qui ne fut tué que six mois après avoir cessé l'administration de
la garance, je me suis assuré que les couches éburnées, produites
pendant cette alimentation, avaient conservé leur couleur rouge.
De même que les auteurs que je viens de citer, je n'ai jamais vu
l'émail participer à la coloration de l'ivoire.

Les dernières recherches qui ont été publiées, en France, sur
ce sujet, sont dues à M. Flourens. D'après cet habile physiologiste,
le développement des dents aurait lieu comme celui des os. Chez
ceux-ci, il se composerait de deux faits : 1° la *suraddition* de
lames externes fournies par l'ossification successive des couches
du périoste, qui déterminerait l'augmentation de grosseur des os;

2° la *résorption* des lames internes, opérée par la membrane médullaire, qui aurait pour effet l'agrandissement du canal médullaire. Ainsi, il existerait, dans les os, deux appareils ; l'un, de
formation, ce serait le périoste ; l'autre, de résorption, ce serait la
membrane médullaire. Eh bien, suivant M. Flourens, le même
mécanisme se retrouverait dans la formation des dents ; seulement,
chez elles, il suivrait une marche inverse : dans la dent, la suraddition se ferait, par la pulpe, à la face interne de l'ivoire, et la
résorption s'effectuerait à la face externe de ce dernier.

Je n'ai point à examiner cette doctrine en tant qu'elle s'applique
aux os. Je dirai, toutefois, que je ne puis l'admettre pour les dents.
Je me bornerai à ces seules remarques : M. Flourens indique bien
la pulpe comme étant l'appareil de formation de l'ivoire, fait incontestable reconnu par tous les physiologistes ; mais je cherche en
vain l'appareil qui, pour cette substance privée de vaisseaux, devrait répondre à la membrane médullaire, et serait chargée de la
résorption des couches externes de l'ivoire. Si cette résorption
avait lieu, elle devrait se manifester par un intervalle entre l'ivoire et
l'émail, lequel intervalle s'augmenterait nécessairement par les
progrès de l'accroissement de la dent. Or, l'examen microscopique
nous fait voir que non seulement ces deux substances demeurent
toujours contigues, mais encore qu'elles ne cessent jamais de se
continuer l'une avec l'autre sur plusieurs points de leur étendue,
par les fibres de l'ivoire qui pénètrent dans l'émail. Quand aux
racines où le phénomène pourrait se montrer d'une manière plus
appréciable, on sait qu'à moins de circonstances pathologiques, ou
physiologiques, tel qu'il arrive à l'époque de la chute des premières dents, leur volume est invariablement déterminé par les
premières couches qui ont été produites.

M. Flourens s'appuie sur plusieurs expériences dans lesquelles,
après avoir soumis pendant un mois de jeunes porcs au régime
de la garance, ces animaux n'ont été tués que quatre à six mois

après la cessation de ce régime. Il dit s'être assuré que la couche rouge était tout à fait externe ou à peu près; d'où il conclut que les couches blanches de l'ivoire existantes avant l'expérimentation avaient disparu entièrement ou presque entièrement. Mais, pour que cette déduction fût rigoureuse, il aurait fallu comparer ces dents avec des dents de l'animal extraites avant l'administration de la garance.

Du reste, ce phénomène de coloration est loin de se produire de la même manière dans les os et dans les dents. Chez ces dernières, la garance n'agit que sur la portion qui est en cours de formation, tandis qu'elle colore en entier les jeunes os déjà formés. Cette différence est capitale, surtout quand on infère, des expériences que nous venons de rapporter, que l'ivoire et l'os sont de même nature, de même tissu, et qu'ils sont, l'un et l'autre, également pénétrés par des vaisseaux et des nerfs.

Ainsi, semble condamnée à ne finir jamais cette question, depuis si longtemps agitée, de la nature des dents. A peine la croit-on décidée, qu'on la voit renaître de nouveau et soulever de nouvelles discussions. Serait-il donc vrai que les lumières de l'anatomie spéciale, de l'anatomie comparative et pathologique; que celles non moins précieuses fournies par la physiologie expérimentale; que l'observation microscopique enfin, et bientôt j'y joindrai la pathologie comparative, serait-il vrai que le concours de toutes ces sciences fût impuissant à déterminer la nature d'un tissu?

Eh quoi! je montre un organisme dont les premiers rudiments s'annoncent par un follicule qui apparaît dans le système muqueux. Ce fait anatomique est patent pour les dents des poissons et de la plupart des reptiles. Je l'ai découvert pour les molaires permanentes de l'homme. Arnold d'abord, Goodsir ensuite, et, après eux, Valentin et Nasmyth, l'ont constaté sur de très jeunes fœtus pour les follicules de la première dentition.

Ces follicules consistent primitivement en autant de petits sacs constitués par un repli de la membrane muqueuse. On peut présumer qu'ils sont tous formés simultanément dans les gencives et qu'ils y demeurent dans un état stationnaire, jusqu'à ce que l'organisme, les appelant aux fonctions qu'ils ont à remplir, chacun en son temps, vienne éveiller en eux leur activité vitale.

Alors on voit s'élever du fond de ces sacs, un petit corps, une papille, dont les formes se dessinent de plus en plus, à mesure qu'elle augmente de volume, et qui finit par représenter exactement la couronne de la dent qu'elle devra produire. Arrivée à ce point, elle prend le nom de bulbe ou de pulpe dentaire.

Ce bulbe a pour fonction de déposer à sa surface des couches d'une substance calcaire ou cornée qui se succèdent sans interruption. J'ai prouvé, par la physiologie expérimentale et par l'anatomie comparative, que cette continuité de fonction a lieu également et dans les dents dont l'accroissement est limité et dans celles où cet accroissement n'est pas limité.

Ces couches, en s'étendant sur toute la surface de la pulpe, finissent par l'entourer presque entièrement d'une enveloppe solide. En cet état, la couronne des dents composées ou à racines est formée (dents de l'homme et de la plupart des mammifères), la dent simple ou privée de racine est constituée (incisives des rongeurs, défenses de l'éléphant, molaires du lièvre, etc.).

Celle-ci ne tarde pas à sortir de son alvéole et vient se placer sur les os maxillaires à la hauteur qu'elle doit avoir, laquelle, par la suite, demeurera invariable; car, ce que la dent perdra continuellement par la détrition que le travail de la mastication lui fera éprouver, sera incessamment réparé par son organe producteur. Lorsque cette dent, par quelque cause que ce soit, cesse de rencontrer celle qui lui est opposée, son accroissement acquiert des proportions souvent considérables. Si on la rompt au niveau des gencives, elle reprend, au bout de quelques jours, la longueur qu'elle avait avant l'expérience. Enfin, si on l'enlève, sans entraîner avec elle son bulbe, on trouve, après un certain temps, dans l'alvéole, une nouvelle dent produite.....

Je m'arrête. Maintenant prononcez.

L'organisme, dont je viens seulement d'esquisser quelques traits, mais caractéristiques, vous représente-t-il un os? ou vous représente-t-il une production du système tégumentaire?

C'est sur ce terrain que je plaçais, il y a plus de trente ans, le débat. Nous sommes loin du temps où Hunter, luttant contre l'opinion générale des anatomistes, s'efforçait de prouver que les dents diffèrent des os. A une opinion négative, et, par conséquent, insuffisante, a succédé une théorie positive, qui, s'attachant à étudier, pour la première fois peut-être, les dents par elles-mêmes, et en dehors de toutes préoccupations étrangères, a marqué la place qu'elles doivent occuper parmi les systèmes organiques. Pour elle, quelles que soient les opinions que l'on se forme sur la nature du tissu osseux, ces opinions ne l'intéressent qu'indirectement, et qu'autant qu'on vient à en faire l'application aux dents. Aussi, dût-on un jour démontrer, comme on démontre en anatomie et en physiologie, que les os ont la même origine que les dents; que, comme elles, ils sont précédés par les organes chargés de les produire; qu'ils se forment, croissent et sont malades d'une manière semblable; que la théorie que j'ai formulée n'en recevrait aucune atteinte. Seulement alors, les os iraient se réunir, dans le même cadre hystologique, aux dents et aux autres productions tégumentaires. Mais, pour qu'une telle fusion pût jamais s'opérer, il faudrait ici dépouiller les os des caractères anatomiques qu'on leur reconnaît; de même que ce n'a été qu'en imposant aux dents une organisation qu'elles ne possèdent pas, qu'on a pu les assimiler aux os.

A ce sujet, arrêtons-nous un instant sur la prétendue vascularité de l'ivoire.

On a beaucoup parlé, et on parle même encore des vaisseaux

de l'ivoire. Mais ces vaisseaux, qui les a vus ? S'ils y existaient, ainsi qu'on l'affirme, pourquoi ne les découvrirait-on pas avec les puissants moyens d'observation qui sont en nos mains, tandis que dans le tissu osseux, il est si facile de les y apercevoir ? Et cependant, à quelles épreuves l'ivoire n'a-t-il pas été soumis ? Nous avons eu recours aux injections les plus délicates; nous l'avons étudié au microscope sous les grossissements les plus forts et dans l'état de santé et dans l'état de maladie; des anatomistes, qui font autorité dans la science, se sont livrés avec beaucoup de soin et de patience aux mêmes recherches, et, comme nous, ils n'ont pu saisir la moindre trace de vaisseaux dans la substance éburnée. Il y a plus, les auteurs qui les admettent, ou se taisent sur les tentatives qu'ils ont faites pour s'en assurer, ou sont obligés d'avouer qu'ils ne les ont jamais rencontrés.

La vascularité de l'ivoire n'est qu'une hypothèse émise au service d'une opinion qui ne peut se justifier ni anatomiquement ni physiologiquement.

Mais reprenons notre sujet.

La coloration des os et des dents par l'usage de la garance, à l'exclusion des autres tissus, est un point hors de toute contestation. Elle dépend, ainsi que Rutherford l'a très bien expliqué, de l'affinité de la matière colorante de cette racine pour le phosphate de chaux. Sous ce rapport, elle constitue un phénomène purement chimique, analogue à la formation des laques.

La garance n'agit que sur les couches de l'ivoire qui sont en voie de formation. Elle est sans influence sur celles qui ont été produites avant son administration. Dès qu'on vient à en cesser l'usage, les nouvelles couches qui naissent se montrent avec leur couleur normale.

Les couches colorées de l'ivoire, examinées sur la section transversale d'une dent, se présentent sous la forme de cercles rouges.

Elles se maintiennent en cet état, ou ne s'affaiblissent que légèrement, même après un temps assez long, comme je m'en suis assuré par l'expérience que j'ai rapportée plus haut.

L'ivoire est la seule partie de la dent qui se colore. L'émail, quoi qu'il contienne aussi du phosphate de chaux, ne rougit pas. Cette circonstance semblerait impliquer une contradiction; pourtant il n'en est rien. Rutherford a cru en donner la raison en disant qu'il ne se passe dans la substance de l'émail aucun acte de sécrétion ni d'absorption qui puisse permettre à la matière colorante de la pénétrer; mais l'ivoire est dans le même cas, et cependant la garance le teint en rouge.

L'explication de ce fait me paraît très simple. Dans toutes les expériences qui ont été faites sur l'action de la garance, les dents étaient déjà sorties ou sur le point de sortir. Or, on sait qu'à cette époque du travail de la dentition, l'émail n'a aucune relation, même indirecte, avec l'économie, puisque l'organe qui a présidé à sa production et qui, seul, aurait pu lui transmettre la matière colorante, a cessé d'exister. Ce n'est qu'à l'époque où, chez les jeunes fœtus, l'émail est en voie de formation, où il tient à l'organisme par la membrane chargée de le verser à la surface de l'ivoire, et où le phosphate de chaux qu'il contient n'a pas encore acquis cette dureté, cette cristallisation que plus tard il aura, ce n'est, dis-je, qu'à cette époque qu'il pourrait être accessible à l'action de la garance. Blake dit avoir tenté cette épreuve sur des lapins encore renfermés dans l'utérus, mais il n'ose affirmer, vu son peu d'épaisseur, que l'émail participât à la couleur rouge de l'ivoire.

Ainsi, et pour nous résumer, deux résultats importants ressortent des expériences qui précèdent :

1° La persistance de la couleur rouge de l'ivoire après qu'on a cessé l'administration de la garance;

2⁰ La succession des couches éburnées alternativement blanches et rouges chez les animaux qui ont été tour à tour soumis à leur alimentation ordinaire et au régime de la garance.

Le premier fait nous démontre qu'une fois produite, il ne s'opère aucun renouvellement dans la substance de l'ivoire.

Le second nous apprend que l'ivoire est formé de lames qui sont déposées successivement de dehors en dedans à la surface de la pulpe. Cette disposition, formulée positivement par Rau, Duhamel et Hunter, a été également signalée par Daubenton, et constatée depuis par Cuvier, dans ses belles recherches sur les ossements fossiles. Ce célèbre zootomiste fait remarquer que si les couches dont l'ivoire se compose ne laissent que peu de traces sur la coupe d'une défense fraîche d'éléphant, il n'en est pas de même des défenses fossiles; que ces dernières, lorsqu'elles ont été décomposées par leur séjour dans la terre, se délitent en lames coniques et minces, toutes enveloppées les unes dans les autres, et montrant par là quelle a été leur origine. Du reste, j'ai retrouvé cette texture de l'ivoire dans les dents desséchées du requin et de plusieurs autres animaux. On y voit manifestement l'ivoire formé de cornets emboîtés les uns dans les autres, et justifiant ainsi la comparaison dont s'est servi Duhamel.

Cependant, de même que Hunter et Cuvier, ne tenant pas assez compte des observations de Leeuwenhoek, affirmaient que l'ivoire présente une structure laminée, de même, des auteurs modernes méconnaissant la valeur des expériences que je viens de rapporter, soutiennent que sa texture est fibreuse. Ces opinions pèchent, l'une et l'autre, en ce qu'elles sont exclusives, et qu'elles se lient à des idées et à des faits qui n'ont entre eux aucune relation.

Nul doute que l'ivoire ne soit constitué par des fibres creuses qui marchent au milieu de la gangue qui les renferme. C'est un fait microscopique qu'il n'est pas permis de contester. Mais s'en suit-il que le tissu que ces deux substances représentent, ne se forme et ne s'accroisse par couches? Et, de ce que le microscope ne peut apercevoir ces couches dans les dents de l'homme et dans les dents fraîches des animaux, est-on raisonnablement fondé à en nier l'existence? Assurément, la puissance de cet instrument est très grande, mais il faut bien reconnaître qu'en cette circonstance la physiologie expérimentale vient suppléer à son insuffisance en nous dévoilant ce qui échappe à l'observation microscopique.

Elle nous apprend que l'ivoire se forme par lamelles qui sont sans cesse transsudées à la surface de la pulpe. Ces lamelles, par leur nature et leur extrême ténuité, ont une grande ressemblance avec les lames épithéliales. A mesure qu'elles sont produites, elles s'appliquent contre celles qui les ont précédées et se fondent avec elles. La dureté qu'elles acquièrent dépend de leur adhésion intime, et non d'un travail organique qui s'opérerait en elles; car une fois sorties de la pulpe, elles n'éprouvent aucun changement.

Il est un moment de leur formation où elles semblent tenir autant à la pulpe qu'à l'ivoire. Aussi, si l'on sépare alors ces deux tissus, en trouve-t-on sur l'un et sur l'autre des portions détachées. Cette adhérence est surtout sensible à leur extrémité; elle cesse dès que de nouvelles lamelles sont fournies par la pulpe. Du reste, elle a une entière analogie avec les adhérences qui existent entre le derme et les couches les plus molles et les plus récentes de l'ongle. Lorsqu'on arrache ce dernier, on voit de même ces couches, tantôt être entraînées avec lui, tantôt rester attachées au derme.

L'ivoire ne tient à l'organisme, et n'en reçoit les influences que par l'acte fonctionnel qui lui donne naissance. C'est pourquoi la garance ne colore que les couches qui ont été produites pendant son administration. Son action ne s'étend pas au delà, et n'atteint jamais la portion d'ivoire qui existait auparavant.

Ce fait a une haute signification. Il prouve que les matériaux destinés à l'accroissement de l'ivoire, ne suivent pas le cours des canalicules, et que, par conséquent, ce n'est pas par ces derniers qu'ils lui arrivent. S'il en était autrement, la coloration de la portion de l'ivoire déjà formée, devrait, chez les animaux soumis au régime de la garance, nécessairement marquer leur passage à travers toute l'épaisseur de sa substance. Or, c'est ce qu'infirment les expériences les plus positives.

Cette considération nous conduit à une autre conclusion non moins importante : c'est que le liquide qui parcourt les canalicules ne doit point contenir de phosphate calcaire, et est, par conséquent étranger à tout acte nutritif qu'on serait disposé à lui attribuer. Aussi pensons-nous que ce liquide est le produit d'un travail spécial de la pulpe, travail différent de celui qui préside à la production de l'ivoire, et qu'il est exclusivement destiné à l'imbibition des substances dentaires.

Ainsi tombe l'opinion des micrographes qui ont cru voir dans les canalicules autant de tubes ou de tuyaux vasculaires destinés à transmettre à l'ivoire ses fluides nourriciers. Outre qu'une telle hypothèse est contraire aux lois qui régissent la matière, elle se trouve démentie par le simple examen des dents chez les animaux qui ont été soumis à l'usage interne de la garance.

Telles sont les considérations que j'avais à présenter sur la structure et le mode d'accroissement de l'ivoire. Deux faits principaux les dominent et viennent se placer en première ligne : l'un, microscopique, l'autre, physiologique.

Le premier atteste que l'ivoire est composé de fibres creuses ou canalicules contenus dans une substance particulière, dont la nature n'est pas encore bien déterminée.

Le second démontre que la production et l'accroissement de

l'ivoire ont lieu par couches ou lamelles qui sont successivement déposées à la surface du bulbe dentaire.

Ces propositions, qui confirment les résultats obtenus, d'un côté, par Leeuwenhoek, et de l'autre, par Duhamel et Hunter, concilient les déductions différentes que ces habiles observateurs ont tirées de leurs ingénieuses recherches.

Je ne puis donc accepter la question, telle que l'ont posée Purkinjé et Owen : « La structure de l'ivoire est-elle fibreuse ou lamellée ? »

Ces auteurs, et, après eux, la plupart des micrographes, s'appuyant sur l'inspection microscopique, l'ont résolue, avec Leeuwenkoek, dans le premier sens. Mais de ce que le microscope ne leur a pas permis de constater les couches par lesquelles l'ivoire se forme, étaient-ils en droit de nier l'existence de ces couches? Le pouvaient-ils en présence des belles expériences de Duhamel et de Hunter, et des observations si décisives mentionnées par Daubenton, Cuvier, etc.? Ces indications de la science ne parlaient-elles pas assez haut pour qu'au moins on les prît en considération? Et pense-t-on les avoir avoir détruites parce qu'on les a passées sous silence, ou qu'on n'en a pas apprécié la valeur?

Qu'on n'oppose donc plus entre eux des faits qui sont également incontestables.

Nous avons cherché à prouver que les notions fournies par le microscope n'ont rien qui ne s'accorde avec celles que nous donne la physiologie expérimentale. Nous ajouterons que le concours de ces deux puissants moyens d'investigation est indispensable, chacun d'eux apportant sa part de lumières dans l'étude de l'organisme. S'il appartient au premier de dévoiler à nos yeux l'arrangement des éléments matériels qui entrent dans la composition de nos tissus; c'est au second qu'il est réservé de nous faire connaître le caractère des phénomènes physiologiques qui s'y passent. Car, qu'on en soit bien persuadé, ce n'est pas en s'adressant à des débris inanimés qu'on les découvrira jamais.

DE LA CARIE DES DENTS; — CONSIDÉRATIONS GÉNÉRALES.

Caractères des altérations des dents. — Leurs analogies avec les altérations des autres productions du système tégumentaire. — Fractures des dents. — Du tissu cortical.— Hypertrophie de la substance corticale.— Atrophie de l'émail. — Réflexions sur l'induction, l'observation et la valeur des faits.

Les dents, comme toutes les parties de notre corps, sont sujettes à des maladies. On pourrait d'abord s'en étonner, si l'on n'avait égard qu'à la nature des substances qui entrent dans leur composition. En effet, constituées à l'extérieur par une double couche très dure qui n'admet dans sa texture aucun élément vasculaire ni nerveux, elles semblent participer davantage de la nature des matières inertes que des propriétés des corps vivants. Un organe producteur existe bien, il est vrai, dans leur intérieur, mais, peu considérable quand la dent est achevée, il est le siége de phénomènes organiques à peine apparents. D'ailleurs, protégé et comme étouffé sous les parois épaisses qui l'entourent de tous côtés, il est difficilement accessible aux atteintes extérieures qui pourraient lui nuire. Cependant, lorsqu'on réfléchit que, véritables produits d'une sécrétion (1) folliculaire, les qualités des couches dentaires sont subordonnées à l'état de la pulpe au moment où elle les fournit; lorsqu'on songe qu'alors cet organe, d'un volume assez considérable, est le foyer d'une vie fort active et se trouve par conséquent exposé à une foule d'affections essentielles ou symptomatiques, on n'est plus surpris que les dents ap-

(1) Cette expression n'est peut-être pas très exacte; je ne l'emploie ici que comme synonyme de production.

portent si souvent en naissant le germe des altérations qui plus tard s'y manifesteront.

Mais il en est des lésions des productions dentaires, comme de celles qui affectent les autres parties de notre économie : elles subissent toutes des tissus qu'elles intéressent d'importantes modifications. L'inflammation, par exemple, quoique identique partout, nous présente-t-elle les mêmes symptômes, la même marche, la même durée, amène-t-elle des changements semblables, quand on l'étudie dans une membrane muqueuse, dans un muscle, ou qu'on l'observe dans un os? Non, sans doute, et l'anatomie pathologique est là pour en fournir des preuves incontestables, comme la physiologie peut nous en donner l'explication ; d'où il faut conclure que la connaissance de la structure de nos tissus et la détermination des actes organiques qui s'y passent doivent constamment précéder l'étude de leurs phénomènes morbides, et qu'elles sont seules capables de nous faire apprécier la nature de ces phénomènes.

Si des nuances plus ou moins marquées dans la proportion et l'arrangement des éléments organiques sont suffisantes pour apporter, entre des tissus qui se rapprochent d'ailleurs par des traits essentiels d'analogie, des différences sensibles dans le caractère de leurs altérations, que sera-ce donc si l'on compare ensemble des parties dont la structure est entièrement opposée? Cette difficulté n'arrêta point les auteurs qui nous ont précédé. Reconnaissant, presque tous, aux os et aux dents une organisation semblable, ils durent, par une conséquence nécessaire de cette opinion, ne trouver rien de plus rationnel que d'appliquer à leurs maladies une théorie commune, et désormais la même nomenclature leur servit à désigner les unes et les autres. Ainsi, toute altération des dents, accompagnée du ramollissement et de la destruction de leurs substances, fut pour eux une véritable carie ;

toute solution de leur continuité, un accident semblable aux fractures des os, et ils en expliquèrent la guérison par le même
travail organique que celui qui préside à la consolidation de ces
dernières. Dès lors, les diverses intumescences des racines ne se
présentèrent plus, tantôt que comme des exostoses produites
par le gonflement de cette partie des dents, et d'autres fois sous
la forme d'une spina-ventosa résultant d'une maladie particulière
de leurs parois.

On comprend quelle influence de pareilles idées ont dû exercer
sur la science et même sur la pratique. Aussi ne craignais-je pas
d'avancer, il y a plus de vingt ans, qu'en supprimant quelques
pages tracées par le génie observateur de Hunter, la pathologie
dentaire était, même à cette époque, un sujet neuf à traiter.

La physiologie et l'anatomie ont fait justice de ces théories
empruntées à des analogies trompeuses. En nous éclairant sur la
nature des substances qui composent les dents, elles nous ont
appris que leurs lésions en reçoivent un cachet particulier qui les
sépare complétement des lésions qu'on observe dans les autres tissus.
Qu'une épine, par exemple, soit enfoncée dans l'un d'eux, aussitôt
elle y provoquera un mouvement organique qui exaltera sa sensibilité, appellera vers lui l'afflux des liquides, et dont le but sera l'expulsion du corps étranger. Rien de semblable se montre-t-il dans
les dents? Si une portion de leur substance vient à être détruite
par un accident ou par une opération chirurgicale, verra-t-on se
manifester dans la dent la plus légère réaction contre la lésion
qu'elle a éprouvée? elle restera, à moins de circonstances ultérieures, après l'accident, ce qu'elle était avant, et aucun travail
ne s'y développera pour combler la perte irréparable qu'elle a
subie. Mais aussi remarquons que cet état d'inertie des substances dentaires, qui ne leur permet d'opposer aucune résistance
organique aux atteintes des corps extérieurs, les rend, par cela,

incapables d'exercer par elles-mêmes aucun acte morbide qui puisse affecter leur texture. Sous ce rapport, le mot altérations, qui s'applique à d'autres faits du même genre, conviendrait mieux pour exprimer leurs lésions.

Ce n'est donc pas dans les éléments organiques qui constituent les substances dentaires, qu'il faut chercher la raison de leurs altérations. Si les dents deviennent malades, elles le doivent au principe qui les anime et qui les rattache à toute l'économie. Or, ce principe se traduit par le mot de vitalité. Les dents sont malades parce qu'elles sont vivantes. Mais elles ne le sont que dans la mesure et avec les caractères que leur imprime leur structure particulière. Placées en dehors de la circulation et de l'innervation, on comprend aisément que la vie ne puisse faire naître en elles des phénomènes qui appartiennent à l'exercice de ces fonctions, aussi ne les y observe-t-on pas. Elles ne sont pas malades comme les fluides vivants qui sont sans cesse en mouvement et dont les altérations consistent dans les modifications que peuvent subir les matériaux chimiques qui entrent dans leur composition. — Enfin, leurs maladies diffèrent essentiellement de celles des tissus pourvus d'un double système vasculaire et nerveux, chez lesquels toute lésion de leur vitalité a pour effet de troubler les actes organiques qui s'y accomplissent; car la vie est la puissance qui met en jeu les forces de l'organisme, et la science qui s'en occupe s'appelle la physiologie, soit que celle-ci étudie ces forces dans l'état de santé, soit que, sous le nom de pathologie, elle les étudie dans l'état de maladie.

Certes, je n'ai pas l'intention de toucher même du plus loin possible, à une question qui a été longuement débattue dans le sein de l'Académie de médecine, mais il m'est impossible d'admettre la distinction, et encore moins l'opposition qu'on a cherché, si je ne me trompe, à établir entre le vitalisme et l'organisme.

Ces expressions qui servent de drapeaux à deux écoles célèbres, représentent deux principes tellement unis par les lois qui régissent tous les actes de l'organisme, que je ne comprends pas qu'on ait pu les séparer ou les considérer sous un point de vue exclusif. Sans doute, les désordres qu'on découvre après la mort, servent d'enseignement précieux pour le médecin, mais ils ne sont pas toute la maladie, car ils ne représentent cet acte fonctionnel que dans l'un de ses éléments.

Il en est autrement pour les substances dentaires et pour les autres tissus qui leur ressemblent, leur vitalité est seule mise en jeu dans les altérations dont elles sont le siége. A cet égard, les dents occupent, dans l'ordre pathologique, le même rang que dans l'ordre hystologique : placées au dernier degré de l'échelle nosologique, chez elles la maladie se montre sous sa forme la plus simple et la plus générale. Si cette proposition était acceptée, ne pourrait-on pas appliquer à la physiologie morbide la méthode que j'ai suivie en physiologie et en anatomie comparatives, et les altérations des dents, ainsi que celles des autres substances tégumentaires, ne devraient-elles pas servir de point de départ dans une classificatien générale des maladies. Mais ce sont des idées de philosophie médicale que je me borne à présenter et que je ne chercherai pas à développer. Quoi qu'il en soit, toute définition de la maladie qui ne comprendra pas ces altérations, sera, à mon avis, incomplète, si elle n'est radicalement vicieuse.

Ainsi dégagées des entraves d'une fausse doctrine, les altérations des dents viennent se confondre avec les altérations des autres substances tégumentaires, de la même manière que nous voyons toutes ces dépendances d'un même système organique être liées entre elles par leur texture et par leur mode de développement. De là s'ouvre à l'observatiou une ère nouvelle qui nous invite à puiser, dans des rapports plus judicieusement établis, des applications plus exactes. Si je pouvais traiter ce sujet avec tous les développements qu'il comporte, il me serait facile de les faire ressortir. On verrait, presque à chaque pas que je ferais dans cette voie, la pathologie comparative venir confirmer et affermir l'œuvre accomplie par la physiologie. On verrait pour les dents comme pour le système pileux, leur coloration se modifier avec l'âge ou sous l'influence de certaines maladies ; la chute de ces productions, qui est un phénomène normal, reconnaître souvent pour cause un état pathologique. Pour le système pileux, elle constitue l'alopécie ; pour les productions dentaires, on la désignait sous le nom de mobilité, avant que je lui eusse appliqué une dénomination plus appropriée à sa véritable nature. Si je m'arrêtais à cette dernière maladie, je la présenterais comme consistant essentiellement dans la perte de vitalité des dents ; je chercherais à montrer que tous les désordres qu'on observe, tant dans les gencives que dans l'intérieur des mâchoires, désordres qui, dans la pratique, sont souvent pris pour des affections essentielles, ne sont que les efforts par lesquels l'économie cherche à se débarrasser de corps qui lui sont devenus étrangers. Aussi, à peine ont-ils disparu, qu'on voit les gencives revenir promptement à leur état de santé.

Parlerai-je des fractures des dents qui ne rencontrent que peu d'analogues dans les autres productions du système tégumentaire ? Je sais qu'on les a comparées aux fractures des os, et qu'on a même cherché à expliquer leur consolidation par un travail organique qui s'accomplirait à l'extrémité de leurs fragments. Mais, d'une part, d'après la nature des substances dentaires, un tel travail ne saurait s'effectuer, et de l'autre, les expériences que j'ai pratiquées et dont j'ai dans le temps, communiqué les pièces, à la société médicale d'émulation, ont démontré que l'adhésion ne s'établit pas directement entre eux, mais qu'elle résulte uniquement des nouvelles couches d'ivoire fournies par la pulpe, lesquelles en s'étendant le long de l'un et de l'autre fragment, les réunissent ainsi mécaniquement. Il ne se fait donc pas de cicatrice dentaire, comme il se fait une cicatrice osseuse. Cela est si vrai, que lorsqu'il existe quelque intervalle entre les deux portions divisées, la consolidation, comme je m'en suis assuré expérimentalement, ne s'en opère pas moins, bien que la séparation primitive subsiste toujours.

J'en dirai autant de ces tumeurs qu'on rencontre assez souvent sur les racines, et dont j'ai le premier déterminé la nature. Elles offrent trop d'intérêt par les considérations anatomiques qui s'y rattachent, pour que je ne leur accorde pas ici une large place. C'est sous le titre d'exostoses qu'elles sont décrites dans tous les ouvrages qui traitent des maladies des dents. Mais afin d'être compris, parlons d'abord de l'organe qui leur donne naissance.

Les racines sont revêtues d'une enveloppe qui n'est elle-même qu'un prolongement de la portion fibreuse des gencives. On l'appelle la membrane alvéolo-dentaire, dénomination vicieuse acceptée si généralement, que malgré les objections que j'ai pu faire valoir, elle semble être entrée dans le langage médical. Cette membrane adhère intimement aux racines et s'étend, à leur extrémité, jusqu'aux vaisseaux et nerfs dentaires autour desquels elle se termine en leur formant une espèce de gaîne. Elle ne va pas au delà. C'est à tort qu'on a prétendu qu'elle se repliait, soit en dedans, pour pénétrer par l'orifice des racines et aller recouvrir la face externe de la pulpe, soit en dehors, pour tapisser l'intérieur des parois alvéolaires; l'enveloppe des racines leur appartient en propre et n'a avec le périoste alvéolaire, que des rapports de contiguïté. On s'en convaincra aisément si on fait attention que c'est elle qui constitue primitivement la capsule ou membrane externe du follicule encore renfermé dans le tissu gengival. Or, à cette époque, il est bien évident qu'elle est entiè-

rement distincte du périoste qui tapisse l'intérieur des os maxillaires. D'ailleurs, si cette membrane était, comme on le dit,
commune à la racine et à l'alvéole, que deviendrait-elle pour les
dents en si grand nombre qui se développent dans la membrane
muqueuse de la bouche? Pour les dents surnuméraires qui, chez
l'homme se forment et demeurent implantées dans les gencives,
dents qu'il n'est pas très rare de rencontrer entre les grosses
molaires.

Cette membrane concourt avec la pulpe et la membrane émaillante à la composition des dents, en déposant sur leur surface une
substance particulière que nous allons étudier.

Lorsque l'accroissement de la dent est arrivé à un certain
point, la racine se recouvre d'une couche osseuse plus ou moins
épaisse, qui constitue ce que j'appellerai le *tissu cortical*. Ce
tissu est formé de deux parties; l'une, extérieure, membraneuse,
contiguë au périoste alvéolaire, est l'enveloppe externe des racines
dont nous venons de parler, l'organe de production. Je la désigne sous le nom de *membrane corticale*; l'autre, osseuse, embrasse immédiatement l'ivoire, c'est la *substance corticale* ou le
cément, la partie produite.

C'est encore Leeuwenhœck qui, le premier, a reconnu, dans la
composition des dents du veau, l'existence d'une troisième substance de nature osseuse et distincte de l'ivoire et de l'émail.
Mais, il en fut de cette indication comme de plusieurs autres non
moins importantes données par cet ingénieux observateur, elle
passa inaperçue. Ce n'est que longtemps après, en 1767, que
Tenon, dans un mémoire remarquable, appela l'attention des
anatomistes sur cette substance à laquelle il donna le nom de
cortical osseux. Plus tard, Hunter, et Blake surtout, l'ont décrite
avec plus de développement, le premier, sous le nom de *portion
osseuse*, le second, sous celui de *crusta petrosa*.

Jusque là on n'avait constaté la substance corticale qu'à la couronne des dents des ruminants et des molaires de l'éléphant entre les replis que l'émail forme dans l'intérieur de ces dents. Il était réservé à l'observation microscopique d'en démontrer la présence sur les racines. Toutefois, qu'il me soit permis de rappeler, que, dès 1835, dans le dictionnaire déjà cité, en traitant des maladies de la membrane externe des racines, j'avais rapporté à des productions osseuses de cette membrane, ces tumeurs regardées par les auteurs comme des périostoses et des exostoses. Or, les considérations anatomiques et pathologiques par lesquelles j'avais été conduit, à cette époque, à déterminer l'origine et la nature de ces tumeurs, les recherches microscopiques de Purkinjé et de Retznis sont venues, depuis, pleinement les confirmer. La substance corticale consiste en lamelles excessivement minces qui, dans les dents dont les racines sont complétement formées, prennent naissance à l'endroit où se termine l'émail et augmentent en épaisseur à mesure qu'elles s'approchent de l'extrémité de la racine.

La plupart des auteurs reconnaissent que, dans les jeunes dents le cément est si mince qu'on n'y distingue pas les lacunes osseuses dont nous allons parler, et qu'il s'y montre sous la forme d'une membrane très fine. Mais ce que, dans cette circonstance, on appelle le cément, n'est que la membrane corticale. Ce qui constitue le caractère de la substance que nous étudions, c'est de présenter au milieu d'une masse blanche et en général homogène, un grand nombre de taches noires qui lui donnent un aspect semblable à celui qu'on observe dans les os. Ces taches que Purkinjé et Retzius ont décrites, l'un, sous le nom de *corpuscules osseux*, l'autre, sous celui de *cellules* ou *lacunes*, ont une forme variée, plutôt ovale que ronde. De leur contour on voit rayonner un grand nombre de lignes très fines qui leur donnent l'apparence d'étoiles irrégulières, pour me servir de l'expression employée par Retzius. Ce caractère est tellement frappant et significatif, que partout où on le retrouve, on est certain de rencontrer un corpuscule et, par conséquent, une structure osseuse.

La constitution chimique du cément est la même que celle des os. Comme ces derniers, il est formé par des couches superposées les unes sur les autres, qui sont produites de dedans en dehors par la membrane corticale, laquelle, sous ce rapport, a une complète analogie avec le périoste. Enfin, le cément participe, dans sa texture microscopique, aux modifications que le tissu osseux subit dans les différentes classes d'animaux.

C'est surtout à l'extrémité des racines que le cément a le plus d'épaisseur. Lorsque la pulpe a disparu sous les dernières couches d'ivoire qu'elle a fournies, la membrane corticale semble prendre alors un surcroît d'activité; une plus grande quantité de substance corticale est déposée et vient ainsi achever l'accroissement de la dent.

Tenon, Blake et Cuvier, attribuaient la formation du cément à la membrane interne du sac dentaire, qui, seule, suivant eux, descendait entre les divisions de la pulpe des dents, appelées communément *composées*. L'examen anatomique et le microscope ont fait justice de cette double erreur. Le premier, en constatant que la membrane externe du sac accompagne la membrane interne ou émaillante dans tous les replis que fait celle-ci entre les digitations de la pulpe des dents des ruminants et des molaires de l'éléphant; le microscope, en démontrant l'existence du cément sur les racines et sur les dents privées d'émail, c'est-à-dire, sur des parties qui sont en dehors de tous rapports avec la membrane émaillante.

La capsule ou membrane externe du follicule est donc chargée de la production de la substance corticale; de là, le nom que je lui ai donné. Du reste, cette fonction, qui est temporaire et limitée dans les dents de l'homme et de la plupart des animaux, s'exerce sans interruption dans les dents simples, les molaires du lièvre et du lapin, par exemple, chez lesquelles elle n'a d'autre terme que celui qui est assigné à la vie de ces animaux.

Le tissu cortical remplit un rôle important dans la vitalité des dents, et sert de moyen d'union organique entre l'ivoire et les parties qui l'environnent. C'est sa nature vasculaire qui nous explique comment se forment ces adhérences qui unissent si souvent et si étroitement les racines aux parois alvéolaires. C'est elle également qui nous donne la raison du succès de certaines opérations qui ont été pratiquées sur les dents, telles que leur replantation et leur transplantation. Les expériences de Hunter nous en fournissent la démonstration la plus convaincante. Ce célèbre physiologiste, ayant fait, avec une lancette, une plaie assez profonde dans la partie la plus épaisse de la crête d'un coq, y introduisit la racine d'une dent saine qu'il venait d'extraire, et l'y maintint avec des fils qui furent passés au travers de la crête. Au bout de quelques mois, il tua l'animal, et, après avoir injecté sa tête avec une matière très fine, il trouva que la surface de la racine adhérait partout à la crête par des vaisseaux se rendant de l'une à l'autre.

Il ne me reste, après cet exposé, que peu de choses à dire sur la maladie qui en est l'objet. Ce que l'on appelle les exostoses des racines n'est qu'une forme agrandie, une forme pathologique du tissu dont je viens de fixer les caractères anatomiques. Elles reconnaissent pour cause un état morbide de la membrane corticale, qui a pour résultat l'accumulation d'une quantité plus ou moins grande de cément sur les racines; en d'autres termes, ces prétendues exostoses ne sont, pour moi, que des hypertrophies de la substance corticale. Tantôt elles consistent en des lames osseuses qu'on rencontre sur les divers points des racines ; tantôt elles forment des tumeurs dont le volume atteint quelquefois des proportions considérables. Dans tous les cas, l'ivoire est complétement étranger à leur développement, et elles s'en distinguent toujours par leur dureté moins grande, leur texture, et surtout par les lacunes osseuses qui y existent en grand nombre et y sont plus prononcées que dans l'état normal. Quant à la membrane corticale, la rougeur et l'injection de son tissu attestent l'inflammation dont elle a été le siége. Sur une pièce que m'a communiquée M. le docteur Forget, cette membrane avait l'épaisseur et la fermeté d'une feuille de parchemin.

Mais reprenons notre parallèle.

J'ai décrit, dans le *Dictionnaire de médecine,* déjà cité, sous le nom d'atrophie, une altération de l'émail, qui résulte d'un défaut de sécrétion de la membrane interne du follicule. Cette altération, fort bien observée par Fauchard et Bunou, se montre sous des formes très variées. Tantôt la couronne est parcourue par un ou plusieurs sillons circulaires ; tantôt elle est gravée de petits enfoncements inégaux semblables à des piqûres ; quelquefois, la déperdition de substance est plus grande et occupe une certaine étendue de la couronne. Ces lésions indiquent qu'à une époque du travail des deux dentitions, époque susceptible d'être déterminée, la membrane émaillante a été le siége de quelque affection soit locale, soit symptomatique. La profondeur, la distance et le nombre des lignes tracées sur la couronne, peuvent même servir à établir la durée, l'intensité et les retours de cette affection. Eh bien, cette altération de l'émail, mon honorable collègue, M. le docteur Beau, l'a trouvée également sur les ongles. Je laisse parler cet habile observateur, par la note suivante qu'il a eu l'obligeance de me remettre :

« Il y a déjà assez longtemps que je fus frappé de voir des sil-
» lons transversaux et très apparents sur les ongles des doigts de
» personnes qui avaient été malades trois ou quatre mois avant
» cette inspection. Je trouvai très concevable ce fait quand j'y
» eus un peu réfléchi. Je compris parfaitement, en effet, que tant
» que dure une maladie, il doit y avoir moins de matériaux
» apportés par l'organisme pour la sécrétion de l'ongle, et que,
» dès lors, celui-ci doit être plus mince dans la portion produite
» pendant le temps de la maladie, que dans celle qui l'a précédée
» et celle qui la suit. De là, un véritable sillon transversal. Par-
» tant de ces premières données, je voulus les soumettre au
» contrôle d'observations nombreuses et rigoureuses. Or, je con-
» statai :

» 1º Que toutes les fois qu'un individu a été malade assez
» sérieusement pour être alité, on observe très souvent, dans les
» quatre ou cinq mois qui suivent sa maladie, un sillon trans-
» versal sur les ongles des doigts ;

» 2º Que plus la maladie a été grave, moins il y a eu de ma-
» tériaux apportés pour la sécrétion de l'ongle, et plus le sillon
» est profond ;

» 3º Que comme l'ongle des doigts croît, en général, d'un mil-
» limètre par semaine, il s'en suivra que par la largeur du sillon
» et par la distance du bord postérieur de l'ongle, on pourra
» connaître la durée de la maladie et l'époque à laquelle elle a
» existé. »

Maintenant, je le demande, les deux faits que je viens de placer
en regard l'un de l'autre, n'ont-ils pas une similitude parfaite et
ne portent-ils pas en eux la même signification en séméiologie
rétrospective ?

Les observations de M. le docteur Beau me fournissent donc
un argument puissant en faveur de la doctrine pathologique, que
j'ai cherché à établir.

Mais, ce ne sont pas les seuls exemples que je puisse invoquer.

Il résulte des expériences de mon savant collègue, M. le professeur Renault, que le sabot ou l'ongle du cheval subit de même, sous l'influence de certains états morbides, locaux ou généraux, des modifications dans sa conformation extérieure. Il devient, dans ce cas, comme on l'appelle, *cerclé,* c'est-à-dire, qu'il présente des dépressions circulaires semblables à celles que nous rencontrons dans l'atrophie de l'émail. La laine, qui constitue la toison des animaux de la race ovine, nous offre, sous l'action des mêmes causes, un exemple remarquable d'atrophie. La partie du brin de la laine que le bulbe a produite pendant le cours d'une maladie générale, est rétrécie et manifestement plus grêle que la partie du brin qui a été sécrétée pendant l'état de santé. Le même phénomène se remarque également pendant les alternatives d'une alimentation abondante ou parcimonieuse. Nous devons ce fait intéressant à M. Raynal, chef de clinique à l'École d'Alfort.

Dans le parallèle que je viens d'esquisser, je n'ai pas fait mention de la carie; c'est que les lésions du tissu corné n'offrent rien qui puisse être assimilé à cette altération. Toutefois, ce fait ne contrarie nullement les rapports pathologiques que j'ai cherché à démontrer. Loin de là, il me conduit à un rapprochement nouveau.

Pour comparer entre elles les altérations des productions tégumentaires, il faut prendre ces productions dans une condition physiologique semblable. Voulez-vous m'opposer la fréquence des altérations des dents à la rareté des altérations des ongles, des cornes, des poils, etc.? Ne vous adressez pas pour les premières, aux dents de l'homme, car elles se trouvent dans une situation différente, mais recherchez ces lésions sur les dents qui, comme les productions que je viens de désigner, sont sous l'influence continue d'un travail organique qui répare sans cesse les pertes qu'elles font par l'usure. Ici la scène changera et vous trouverez une analogie parfaite.

J'ai été à même de voir un grand nombre d'incisives de rongeurs. Or, jamais je n'en ai rencontré qui fussent atteintes de la
carie ; et comment, en effet, pourrait-elle s'y montrer ? Je sup-
pose que par suite d'un état morbide de la pulpe, des molécules d'ivoire aient été produites dans des conditions propres à
développer plus tard cette maladie, il faudra nécessairement, ainsi
que l'expérience le prouve pour l'homme, qu'il s'écoule un certain
temps entre la formation de cette portion d'ivoire viciée et la
manifestation extérieure de la carie; or, lorsque cette époque
sera arrivée, il y aura longtemps que l'usure de la dent l'aura
entraînée avec elle.

Par une raison contraire, on concevra facilement que, chez
l'homme et chez les animaux où les substances dentaires ne se
renouvellent pas, la même influence s'exerçant sur elles, aura
tout le temps nécessaire pour déterminer la lésion que nous avons
prise pour exemple. Cette démonstration qui nous est donnée par
les dents simples, s'applique à toutes les productions cornées et
nous explique pourquoi la carie ne peut se développer chez ces
dernières.

Ainsi, plus nous avançons dans la voie de l'observation et de
l'expérimentation, et plus nous voyons les faits se grouper et se
fondre ensemble sous des lois communes. Les sciences anatomiques et physiologiques nous avaient appris que les liens les
plus intimes unissent les dents aux autres productions du système tégumentaire; aujourd'hui la pathologie comparative leur
vient en aide et prononce à son tour le même jugement. Est-il
en hystologie une doctrine dont la démonstration soit plus complète et plus rigoureuse ? Car tous les faits y trouvent leur place;
et je n'ignore pas qu'une seule exception importante, bien justifiée, suffirait pour l'ébranler ou même la détruire.

Là s'arrêtent les considérations que j'avais à présenter sur les

altérations des substances dentaires. Dans le tableau que j'en ai
tracé, j'ai eu principalement pour but de déterminer les carac-
rères de ces altérations d'après les conditions anatomiques et
physiologiques que j'ai assignées aux tissus qu'elles intéressent.
pour cela, je me suis attaché à établir la liaison qui existe entre
les faits pathologiques et les faits anatomiques ; j'ai cherché à les
éclairer les uns par les autres, de telle sorte enfin qu'ayant à
parler d'une manière générale des maladies des dents, je n'ai fait
en réalité que de la physiologie.

Ainsi se trouve justifiée par son application, la proposition
placée en tête de ces mémoires.

Procédant ensuite en pathologie comme j'ai procédé en anatomie comparative, il m'a été possible de constater dans les autres
productions du système tégumentaire plusieurs des altérations
qu'on observe dans les substances dentaires, et de les réunir sous
une doctrine commune. La méthode que je viens d'exposer, la
seule à mes yeux qui convienne à l'étude des maladies des dents,
est-elle également applicable aux maladies des autres organismes ? J'avoue que quoique j'aie pleine confiance en son principe,
cette proposition soulève une question trop grave pour que je
l'aborde. On m'objecterait sans doute que pour les dents, les faits
sont plus simples, plus faciles à saisir et par conséquent à apprécier dans les déductions physiologiques qu'on peut en tirer.
Cependant qu'on compulse, si on en a la patience, ce qui a été
écrit, même de nos jours, sur les maladies de ces productions et
qu'on me dise s'il est un point de la pathologie qui offre plus
d'obscurité et de contradiction entre l'exposition des faits et la
théorie, si toutefois on peut donner ce nom à des explications en
général aussi peu fondées qu'elles sont inintelligibles.

Ce n'est que depuis que l'anatomie et la physiologie nous ont
dévoilé la structure et le mode de développement des dents, qu'on

a pu s'élever à la connaissance de leurs altérations. Or, qui a
communiqué à la science ce double progrès ? L'induction et l'observation. Non l'induction qui enfante des hypothèses en dehors
de l'observation, mais l'induction qui indique ou inspire la voie
dans laquelle l'observation doit marcher; qui, profitant des lumières fournies par des faits déjà connus, s'en sert pour éclairer
d'autres faits moins connus ou ignorés dans leur nature, mais
qui lui paraissent de même ordre.

Avant d'aller plus loin, entendons-nous bien sur la valeur qu'on
doit accorder à ces derniers.

On lit presque à chaque page des traités qui s'occupent de la
science de l'organisme, on répète avec insistance, dans toutes les
discussions académiques, cet appel : apportez-nous des faits, et on
a raison. Les faits sont à l'édifice de la science, ce que sont les
matériaux qu'on emploie pour la construction d'un monument.
Et, de même, qu'avant d'en faire partie, ces matériaux ont besoin,
d'abord, d'être préparés par la main d'habiles ouvriers, pour venir
ensuite occuper chacun la place qui lui est assignée par le talent
de l'architecte ; de même, les faits, avant d'entrer dans le domaine
de la science, ont besoin de subir un travail préliminaire. Or, cet
office important appartient à l'observation.

C'est que les faits, par eux-mêmes, sont muets et stériles. Ils
ne nous impressionnent que par leurs caractères extérieurs. Jusque
là, rien ne nous dit que des formes différentes ne revêtent pas des
actes organiques semblables, ou que des formes qui nous paraissent les mêmes, ne cachent pas des actes très différents. Pour que
ces faits deviennent réellement scientifiques, il faut que l'observation s'en empare, qu'elle les étudie dans leur nature intime, dans
leurs rapports, par tous les moyens qui sont à sa disposition et leur
donne leur véritable signification; en un mot, qu'elle fasse sortir
de chaque fait la lumière qu'il renferme. Voilà comme, en ana-

tomie générale et en physiologie, je comprends l'utilité des faits. En veut-on des exemples? Je les emprunterai à mon sujet.

A des temps plus ou moins éloignés, on a pu comparer le bec des oiseaux aux dents. Cependant, cette indication donnée par l'induction a-t-elle fait faire un pas à la science? Nullement. Il a fallu, pour cela, que E. Geoffroy Saint-Hilaire se livrât à l'examen des mâchoires de fœtus d'oiseaux et qu'il découvrît, sur le pourtour de ces os, l'existence de véritables follicules dentaires. Ce n'est que de ce moment que l'observation, confirmant les prévisions de l'induction, est venue donner au fait sa signification, en dévoilant la structure du bec et son analogie avec les productions dentaires.

Assurément, la faculté que les incisives des rongeurs possèdent de croître toujours à l'instar des productions du système tégumentaire, n'avait point échappé aux nombreux auteurs, tant nationaux qu'étrangers qui m'ont précédé. Mais quel profit la science avait-elle tiré de ce fait si important? Pour les uns, c'était un phénomène curieux digne d'occuper sa place parmi, disait-on, les écarts auxquels la nature se livre quelquefois; pour les autres, c'était une exception aux lois générales qui président à l'accroissement des dents, exception qui ne devait pas atteindre ces lois. Eh bien, pour introduire ce fait dans la science, qu'entrepris-je? J'eus recours aux deux procédés qui m'ont constamment guidé dans mes travaux. Je me dis tout d'abord, et par induction, que les incisives des rongeurs devaient être des dents au même titre que les autres. Partant de ce principe, je recherchai, non pas comme avant moi on le faisait, en quoi elles en diffèrent, mais par quels caractères anatomiques et physiologiques toutes ces dents sont liées entre elles. Ce qui me conduisit à établir l'unité de composition primitive du système dentaire.

Ce point acquis, il me fut dès lors possible, en remontant de l'analyse à la synthèse, de montrer que les combinaisons si variées et souvent si compliquées auxquelles se livre l'organisme dentaire, se résument toutes en de seules modifications de formes et de rapports de la part des organes qui concourent à la production des dents. Pour les incisives des rongeurs, je trouvai dans la configuration permanente de leur pulpe et dans le mode de distribution des vaisseaux qui s'y rendent, la raison du phénomène remarquable qu'elles nous présentent. Je démontrai qu'il résultait de cette disposition : comme conséquence physiologique, que l'accroissement de ces dents ayant lieu au devant du bulbe, il devait être continu ; et comme conséquence anatomique, qu'aucune racine ne pouvant ainsi se former, les incisives des rongeurs ne se composaient que d'une couronne.

Maintenant, j'ose le dire, ce n'est que du jour où le fait de l'accroissement continu des incisives des rongeurs a reçu sa signification anatomique et physiologique, qu'il est venu prendre place dans la science avec toutes les conséquences qu'il portait en lui. C'est de ce jour, qu'a été découverte la *dent simple,* cette dent qui avait tant préoccupé Hunter et qu'il croyait exister dans les dents de l'homme et des carnivores. C'est à dater de ce jour, qu'ont été posées les premières bases de l'anatomie comparative des dents ; qu'un nouveau point de départ a été assigné à l'étude de l'organisme dentaire, et que s'est trouvée tracée la ligne de démarcation entre les travaux de Hunter et les miens.

Mais ce ne sont pas les seuls services que l'induction m'ait rendus. Je venais de démontrer que, semblables aux productions cornées, par les actes organiques qui président à leur formation et à leur accroissement, les dents sont au système muqueux ce que sont à la peau les cornes, les poils et les ongles. L'induction me fit pressentir que toutes ces dépendances du système tégumentaire devaient avoir la même origine, et je découvris dans les gencives les follicules des molaires permanentes. Certainement, ce n'est pas l'induction qui me les y montra, mais c'est elle qui m'indiqua le chemin que je devais suivre pour les trouver.

Comme conclusion des réflexions qui précèdent, je répondrai à l'appel : apportez-nous des faits, par cet appel : apportez-nous des faits, mais surtout attachez-vous, par une observation patiente et judicieuse, à en faire ressortir la valeur scientifique. Car ce n'est qu'à cette condition qu'ils peuvent rendre les services qu'on leur demande. Attachez-vous également à les animer de cet esprit de généralisation qui naît de l'étude des rapports qu'ils ont entre eux. Dans la science de l'organisme, il n'y a pas de faits isolés. Chaque fait tient à d'autres faits ; et, quelle que soit la diversité des formes sous lesquelles ils se montrent, tous les faits d'un même ordre sont régis par des lois semblables.

Toutefois, la nature a caché dans la profondeur de l'organisation des mystères qui seront, sans doute, toujours inaccessibles à nos moyens d'investigation ; respectons-les, si nous ne voulons pas nous égarer, et sachons nous arrêter dès que l'observation cesse de nous venir en aide. Notre impuissance nous y oblige, la sagesse nous en donne le conseil.

DE LA CARIE DES DENTS.

J'arrive à la carie des dents ; à cette maladie si fréquente chez l'homme et dont la nature a été jusqu'à présent entourée de tant d'obscurité.

Les auteurs qui m'ont précédé avaient, on doit l'avouer, une tâche facile à remplir. A leurs yeux, la carie des dents était une affection semblable à la carie des os, et, pour la décrire, il leur suffisait de substituer un mot à un autre ; ainsi, de même que les os, l'ivoire pouvait s'enflammer, suppurer et se transformer en un ulcère qui en envahissait progressivement la substance. Ils reconnaissaient également que certaines causes générales pouvaient donner lieu à la carie des dents ; de là, des caries scrofuleuse, syphilitique, scorbutique, etc. Ils ne nous disent pas, il est vrai, quels résultats ils ont obtenus, dans ces cas, des médications internes, si, toutefois, ils les ont employées ; mais, ce qui est certain, c'est que le traitement qu'ils opposaient aux progrès de cette maladie, ne concorde nullement avec les principes théoriques qu'ils admettaient.

Je n'accuse pas ces auteurs ; ils obéissaient aux préjugés de leur temps. Mais ne peut-on pas être surpris de retrouver les mêmes idées dans des ouvrages modernes d'un mérite incontestable. Ici, je vois un célèbre zootomiste attribuer la carie des dents à la perte de l'émail, ou, reproduisant ailleurs une hypothèse émise par Ungebauer, expliquer la destruction des molaires de l'éléphant par une carie qui les rongerait. D'un autre côté, de savants naturalistes nous montrent cette altération comme une véritable ulcération, bien que, par une inconséquence qu'on a peine à concevoir, ils refusent toute vascularité à l'ivoire et qu'ils l'assimilent à un corps inorganique.

Hunter est le premier qui ait assigné à la lésion qui nous

occupe les vues d'une saine physiologie. Elle lui paraît être l'effet d'une véritable mortification des dents. Toutefois, il pense qu'on doit y voir quelque chose de plus et qu'il est probable qu'il s'opère pendant la vie un travail qui produit un changement dans la partie malade.

Cette définition, à l'époque où Hunter la donnait, était trop vague pour être comprise. Aussi, fut-elle également repoussée et par les adversaires et par les partisans de sa doctrine. Sur ce point, la science demeura, après lui, ce qu'elle était auparavant.

C'est que Hunter, et tous ceux qui ont écrit sur la carie des dents, ont confondu sous cette dénomination deux genres de lésions qui, bien qu'elles offrent beaucoup de caractères communs, diffèrent essentiellement par leur étiologie. De ces lésions, les unes, se manifestant sous l'action de causes locales, sont marquées par une destruction chimique des substances dentaires; je leur ai consacré le nom d'altérations chimiques des dents (1); les autres, ayant leur origine dans un vice primitif de l'ivoire, constituent la carie proprement dite.

1º DES ALTÉRATIONS CHIMIQUES DES DENTS.

Il ne faut pas croire que ces lésions des substances dentaires aient échappé à l'attention des praticiens. Depuis et même bien avant Fauchard, qu'on consulte toujours avec fruit, il n'est pas un auteur qui, en traitant de la carie, n'ait fait mention des qualités corrosives que la salive acquiert quelquefois et qui rendent son action si funeste pour les dents et pour la durée des pièces

(1) Afin d'éviter le reproche de plagiat pour des idées que j'ai, le premier, exposées il y a longtemps, et qui se trouvent reproduites dans plusieurs ouvrages, je renvoie à l'article DENT (pathologie) du *Dictionnaire de médecine* déjà cité, année 1835.

artificielles qu'on place dans la bouche; du danger de se servir de poudres dentifrices dans lesquelles on fait entrer des substances acides; de la décomposition des parcelles alimentaires qui séjournent autour des dents, etc. Mais, personne n'avait donné à ces faits autant d'extension que le docteur Regnard dans un travail qu'il a publié, en 1836, sur la carie, dans lequel, après avoir passé en revue les divers corps qui peuvent exercer une action nuisible sur les substances dentaires, cet habile dentiste cherche à démontrer que la carie est une destruction de la dent par décomposition.

De mon côté, j'avais été amené à émettre mon opinion sur ce sujet à l'occasion d'un rapport que je fis, le 26 mai 1826, à l'Académie de médecine, sur un cas d'ostéosarcome de la mâchoire inférieure, présenté par les docteurs Pinel-Grandchamp et Salone. Dans ce rapport, j'avais principalement appelé l'attention sur cette circonstance : que, tandis que l'affection cancéreuse avait envahi l'os maxillaire et les parties molles environnantes, elle s'était arrêtée devant les dents qui étaient demeurées saines; d'où je concluais que les substances dentaires une fois formées, se trouvaient placées en dehors de l'organisme et de ses sympathies. Parmi les objections que cette proposition souleva, il en est une sur laquelle on insista davantage. On m'opposa que, dans certaines affections de l'estomac, il arrivait fréquemment que les dents se cariaient avec une grande rapidité. Sans contester l'exactitude de cette coïncidence, je faisais observer qu'elle n'impliquait pas l'existence d'un travail morbide qui se serait opéré dans les dents; que leur destruction, dans ce cas, ne constituait pas, à mes yeux, ce qu'on doit entendre par carie, toute défectueuse que soit cette dénomination, et, pour la première fois, je lui appliquais le nom d'altération chimique. Ici donc, le seul progrès qui se soit accompli a été de donner à des faits depuis longtemps connus leur véritable signification.

Ces lésions diffèrent de la carie en ce que leur apparition n'est pas spontanée et ne trouve pas son principe dans un vice primitif de l'ivoire, car, si elles attaquent avec tant d'énergie les dents d'une texture délicate, elles n'épargnent pas celles dont la constitution est la plus forte. Rarement elles sont bornées à quelques dents, mais se montrent sur un nombre plus ou moins considérable de ces productions. Dans leur marche plus ou moins rapide, elles procèdent de l'extérieur à l'intérieur, et entraînent fréquemment la perte des dents. Mais ce qui forme leur caractère essentiel, c'est la nature des causes locales qui agissent sur les dents en opérant une véritable dissolution chimique de leur tissu. De là, le nom que je leur ai assigné.

Quoiqu'un grand nombre d'agents soient capables de produire les altérations chimiques des dents, on peut établir qu'en dernière analyse tous ou presque tous ne doivent leur influence destructive qu'aux propriétés acides qu'ils possèdent ou qu'ils peuvent acquérir. Parmi ces agents, les uns sont étrangers à l'économie, les autres en font partie.

Les premiers comprennent l'emploi de certaines substances médicamenteuses et alimentaires. Ainsi, les poudres dentifrices dans la composition desquelles il entre des acides, les tisanes acidulées, l'usage habituel qu'on fait en certains pays de boissons acidules ou d'aliments s'acidifiant facilement. A ces causes, il convient d'ajouter les substances alimentaires ou autres qui, introduites dans la bouche et soumises à l'action des fluides qui baignent cette cavité, sont susceptibles, par un séjour prolongé, de s'y décomposer. Ici viennent se ranger les pièces artificielles construites en matière animale, les ligatures de même nature destinées à les fixer, etc. L'abus du sucre solide exerce, dans beaucoup de cas, la même influence. J'en ai vu un trop grand nombre d'exemples pour que ce fait puisse être contesté. Mais, de toutes les causes des lésions chimiques des dents, aucune n'est plus fréquente que les altérations que les humeurs de la bouche peuvent subir. Tantôt, elles sont le résultat d'une diète sévère nécessitée par des maladies graves et d'un long cours. Ces humeurs n'étant pas renouvelées par le travail de la mastication s'altèrent et attaquent les dents autour desquelles elles se sont amassées. C'est de cette manière que les calottes métalliques fixées à demeure et autres corps du même genre dont on entoure les dents leur nuisent si souvent.

Certains états pathologiques des gencives donnent lieu aux mêmes résultats. Ils s'annoncent d'abord par une sensibilité plus ou moins vive ayant son siége au côté externe du collet des dents. A cette sensibilité, succède une érosion de l'émail qui, en envahissant la substance éburnée, constitue ce que les auteurs ont improprement désigné sous le nom de carie écorçante. Cette altération, dont l'orifice extérieur est généralement étroit et de forme linéaire, marche parallèlement au bord libre des gencives ; par ses progrès, elle s'étend profondément dans l'intérieur de la dent et tend à séparer la couronne de la racine. Je crois l'avoir rencontrée plus particulièrement chez les personnes atteintes de maladies de la peau. C'est certainement une altération de cette nature que M. le docteur Putégnat, dans un mémoire intéressant adressé à l'Académie de médecine, a signalée chez les tailleurs de cristal et de verre de Baccarat. Cet habile praticien a observé que ces ouvriers sont exposés à une gingivite spéciale qui affecte une prédilection marquée pour la mâchoire supérieure. La coloration des arcades dentaires, dans cette affection, est différente de celle que présentent les ouvriers exposés aux émanations de plomb. Une sécrétion acide s'écoule des gencives, altère l'émail des dents qui deviennent piquées de points noirâtres, se détruisent à leur collet et finissent par se briser au niveau des alvéoles.

D'autres fois, les altérations des humeurs de la bouche, et plus particulièrement de la salive, reconnaissent pour cause la lésion d'organes éloignés. Le plus ordinairement, elle se lient avec la gastrite, la fièvre typhoïde, et, en général, avec tous les dérangements des fonctions de l'appareil digestif, que ces dérangements soient idiopathiques ou qu'ils soient symptomatiques, comme on l'observe dans la dernière période des affections chroniques. La bouche devient alors le siége d'une chaleur plus vive que d'habitude, la salive est plus abondante, *filante*, pour me servir du langage des auteurs, c'est-à-dire, qu'en faisaut ouvrir la bouche, elle s'étend d'une arcade dentaire à l'autre. Si l'on met en contact avec elle du papier de tournesol, il rougit fortement, ce qui démontre les qualités acides qu'elle a acquises. Toutefois, il ne faut pas croire que ce soit seulement sous des influences morbides que la salive manifeste ces qualités ; on les rencontre également chez des personnes jeunes, jouissant sous tous les rapports de la meilleure santé, bien que cet état du liquide salivaire, qui paraît, dans ces cas, se rattacher à une disposition constitutionnelle, s'accompagne, en général, d'une couleur rouge plus vive de la membrane muqueuse de la bouche, et d'une activité plus grande des fonctions digestives.

Enfin, les fluides contenus dans l'estomac et rendus par le vomissement, comme on l'observe assez fréquemment dans les premiers mois de la grossesse et dans certaines affections de cet organe, peuvent, quand ils contiennent des principes acides, devenir une cause de destruction des dents.

Quoi qu'il en soit, les altérations chimiques des dents diffèrent suivant l'intensité et la durée d'action des causes qui les ont déterminées. Sont-elles le résultat de l'usage de poudres dentifrices acides, elles se montreront sous la forme de petits enfoncements pointillés à la surface de la couronne près des gencives. Surviennent-elles pendant le cours de maladies aiguës, mais qui n'ont eu qu'une courte durée, les dents, sans être affectées dans leur texture, pourront ne manifester qu'une sensibilité très vive à leur collet, sensibilité qu'excite le plus léger contact des corps extérieurs et même de la langue ou la plus faible impression de la chaleur et du froid, et qui se dissipe ordinairement d'elle-même au bout de peu de temps.

Très souvent, l'altération de l'émail se dessine par des taches blanches, comme si l'on eût promené sur lui un pinceau trempé dans un acide. Ces taches s'observent indifféremment sur les diverses parties de la couronne. Cependant on les rencontre le plus souvent sur les pointes des canines et les tubercules des molaires. Les bicuspides et les incisives y sont également exposées. Elles annoncent, en général, des dérangement légers et souvent passagers dans les fonctions de l'estomac, et m'ont plus d'une fois servi à en établir le diagnostic. Je serais porté à les attribuer, dans beaucoup de cas, au renvoi de gaz acides provenant, soit de l'estomac, soit des voies de la respiration. Au reste, ces taches, qui n'occasionnent aucune incommodité, peuvent durer très longtemps, et même toujours, sans faire de progrès.

Il n'en est pas de même lorsque la cause morbide a eu un caractère de gravité et de durée plus grandes. Ici, la destruction des dents sera plus profonde et comprendra un plus grand nombre de ces productions. J'ai vu des personnes affectées de gastrite ou d'entérite chronique, perdre, dans l'espace de dix-huit mois, toutes leurs dents, dont il ne restait plus que les racines. Elles étaient ramollies, comme si on les eût laissées séjourner dans une liqueur acide. J'ai observé un grand nombre de fois le même fait sur des femmes enceintes.

Les altérations qui nous occupent se montrent sur les parties des dents les plus exposées à l'action des agents extérieurs. Ainsi,

c'est à la face externe de la couronne, dans l'enfoncement léger
que présentent en cet endroit les grosses molaires, dans les interstices dentaires et dans les anfractuosités de la surface triturante
de ces dents, que presque toujours on les rencontre.

Peu de temps avant leur apparition, l'émail devient d'un blanc
mat dans le point où elles doivent s'établir. Assez souvent les
personnes y éprouvent un peu de sensibilité et un sentiment
d'agacement. Bientôt, cette substance se détruit, s'*émie,* si je
puis m'exprimer ainsi, et l'ivoire est mis à découvert. La surface
et les bords de cette destruction ont une teinte blanchâtre. Dépouillée de son enveloppe protectrice, la dent devient sensible au
plus léger contact et à l'impression du chaud et du froid. Cette
sensibilité, toutefois, n'existe pas toujours, et il n'est pas rare de
voir des individus perdre, de cette manière, un grand nombre de
dents sans avoir ressenti de fortes souffrances. D'autres ne sont
incommodés que par un état d'agacement qui, quelquefois, est
presque aussi fatigant que la douleur. Si, sous l'influence de la
maladie principale, les causes locales continuent à agir, l'altéra-
ration des dents fait des progrès, plusieurs points sont à la fois
attaqués, et, au bout d'un espace de temps plus ou moins long,
la couronne est entièrement détruite ou ne présente plus que des
lames d'une substance jaune, molles et flexibles. Le mal s'arrête
ordinairement aux racines. Ce n'est pas que ces dernières ne
puissent devenir, à leur tour, une source d'accidents, surtout
quand un grand nombre de dents ont été envahies. Il me serait
difficile de peindre l'état affligeant des personnes amenées à cette
triste situation. Qu'on se représente les douleurs presque continues auxquelles elles sont parfois en proie, l'excitabilité nerveuse
où elles sont jetées par l'irritation constante que les racines entre-
tiennent dans les gencives et dans les parties intérieures des
alvéoles, et l'on n'aura, pour compléter ce tableau, qu'à ajouter

l'état de langueur et de marasme où elles peuvent tomber par le défaut de mastication.

2° DE LA CARIE DES DENTS.

Si c'est une chose toujours difficile que d'avoir à déterminer la nature d'un état pathologique, elle le devient bien davantage lorsqu'il s'agit d'une maladie sur laquelle un grand nombre d'écrits, il est vrai, ont été publiés, mais sans qu'il en soit sorti presque aucune lumière; et comment aurait-il pu en être autrement, alors que l'anatomie et la physiologie ne donnaient que des renseignements plutôt propres à nous tromper qu'à nous éclairer!

Je me suis donc trouvé, dès mes premières tentatives, réduit à m'appuyer principalement sur mes propres recherches; et encore auraient-elles été insuffisantes, si une méthode sévère ne m'eût servi de guide. Car, dans les sciences d'observation, une bonne méthode n'est que l'application des règles d'une saine logique à l'étude des faits. C'est à elle qu'il appartient de tracer la marche que l'on doit suivre pour les apprécier, pour établir les rapports qu'ils ont entre eux et nous maintenir rigoureusement dans les déductions que nous avons à en tirer.

L'altération à laquelle je réserve exclusivement le nom de carie, si toutefois cette désignation vicieuse peut encore être maintenue, tire son origine d'un vice primitif dans la confection de l'ivoire. Elle se développe d'abord de l'intérieur à l'extérieur et a, en général, pour caractère d'envahir successivement ou tout à la fois un certain nombre de dents qui se correspondent à l'une et à l'autre mâchoire. Ainsi, tantôt ce sont les quatre premières grosses molaires qui sont attaquées, tantôt ce sont les bicuspides, etc.; dans tous ces cas, la carie commence sur les mêmes points de la couronne de ces dents, suit dans ses progrès une marche semblable et se termine de la même manière. On remarque, en outre, que les désordres de la maladie se bornent souvent à celles de ces productions qui se sont formées pendant le cours d'une certaine période de la dentition. C'est à ce genre d'altération qu'il faut rapporter les caries *constitutionnelles* qu'on rencontre si fréquemment chez tous tous les membres d'une même famille, bien qu'ils puissent jouir, d'ailleurs, d'une excellente santé. Ajoutons que cette transmission héréditaire est quelquefois bornée à une ou deux dents. Je l'ai observée plus particulièrement sur les incisives latérales de la mâchoire supérieure. Or, pour peu qu'on réfléchisse à la valeur des caractères que je viens d'exposer, il est impossible de ne pas rattacher la destruction des dents à des dérangements apportés dans la formation de l'ivoire, soit que ces dérangements tiennent à une disposition primitive et originelle, soit qu'ils dépendent d'influences locales ou générales qui se sont exercées sur la pulpe à un temps donné du travail de la dentition.

C'est donc à l'acte organique qui a présidé à la production de l'ivoire et, par suite, aux qualités vicieuses qu'il lui a imprimées, qu'on doit rapporter la cause première des altérations qui viendront plus tard l'atteindre. Or, comme cette mauvaise disposition de la substance éburnée peut exister à des degrés très variables, affecter ses couches à des profondeurs différentes, ou se borner à quelques-unes d'entre elles, on conçoit combien ces circonstances devront peser sur le caractère et la gravité de la maladie. L'ivoire n'a-t-il subi qu'une atteinte légère, il pourra se conserver longtemps sain, et la carie, pour s'y développer, aura besoin du concours d'agents extérieurs. Si l'ivoire est dans des conditions plus défavorables, la carie l'attaquera en dehors des influences que nous venons de mentionner, et cela avec d'autant plus de promptitude et de gravité, que sa constitution aura davantage souffert.

Mais il peut arriver, et c'est beaucoup plus fréquent qu'on ne le pense, que les couches externes soient seules d'une mauvaise nature, et que celles qui leur succèdent n'aient éprouvé dans leur texture aucune modification; dans ce cas, le mal, après s'être montré à l'extérieur, ou sera détruit sans retour par des opérations chirurgicales sagement pratiquées, ou même, dans des circonstances heureuses, pourra s'arrêter de lui-même et sans l'intervention de l'art. Enfin, il peut se faire que la portion viciée de l'ivoire soit située plus profondément et séparée de l'émail par des couches plus ou moins épaisses d'ivoire sain; ici, l'ivoire pourra demeurer dans cet état, ou, si la carie s'y manifeste, elle s'accompagnera, dans son principe, de symptômes dont la cause sera souvent méconnue, et elle n'apparaîtra au dehors qu'après avoir déjà exercé de grands ravages dans l'intérieur de la dent.

Mais quelle est la nature des modifications que l'ivoire éprouve dans sa constitution, et qui font qu'en naissant il porte en lui le germe de sa destruction future?

Avant d'aborder cette question, reconnaissons que c'est aux progrès de la physiologie et aux heureuses applications du microscope, qu'elle doit d'être aujourd'hui posée en ces termes. Il a fallu qu'on fût mieux éclairé sur la nature de l'ivoire et sur son mode de formation, pour qu'on ait été amené à établir que cette substance se trouve, relativement à la pulpe, dans la même dépendance que beaucoup de nos fluides par rapport à leurs organes sécréteurs, et que, par conséquent, elle a, comme eux, à souffrir des troubles apportés aux actes fonctionnels dont elle est le résultat. Ce n'est pas que, sur ce point, l'expérience n'ait devancé la théorie. Dès longtemps, les praticiens avaient signalé que les dents d'une teinte bleuâtre offraient une texture délicate et étaient très exposées à la carie. Ils avaient, de plus, constaté que cet état se lie particulièrement à l'âge et à la constitution des sujets. Moi-

même, allant plus loin et tenant compte tout à la fois des caractères extérieurs de ces dents, de leur vitalité et de leur impression-
nabilité plus grandes, j'avais été porté à l'attribuer à leur composition chimique, dans laquelle, pensais-je, la matière animale
devait se trouver en excès. Or, ces prévisions ont été, depuis,
confirmées par les recherches intéressantes du docteur Thomson,
professeur de chimie au Collége royal de Glascow. Il a trouvé
que les dents de lait, qui, comme on le sait, se détruisent si fréquemment et si rapidement par la carie, contiennent, sur 100
parties, 31, 35 de matière organique ou animale. Je ne doute pas
qu'on n'obtienne les mêmes résultats pour les dents secondaires
qui, par leur teinte bleuâtre et leur délicatesse, attestent une
semblable proportion dans leurs éléments constituants.

Je me crois donc en droit de conclure que, dans la généralité
des cas, la cause prédisposante de la carie réside dans les modifications chimiques que l'ivoire subit au moment de sa formation, lesquelles ont pour effet la prédominance de la matière organique.
Mais cette prédominance est-elle réelle et absolue ? En d'autres
termes, l'ivoire pèche-t-il par un excès de matière organique ou
par une proportion plus faible des sels terreux qui entrent dans
sa composition ? Je pense que ces deux causes agissent simultanément, et qu'elles concourent, chacune de son côté, à la production de la carie ; que, s'il est vrai que, pourvu de plus de matière
animale, l'ivoire jouisse alors d'une vitalité plus grande qui le
rend davantage accessible aux influences diverses qui peuvent
s'exercer sur lui, il est, d'une autre part, pareillement incontestable que, lorsqu'il est privé d'une quantité suffisante de matière
terreuse, il est moins apte à résister à l'action des corps avec
lesquels il est en contact. D'ailleurs, l'expérience est là qui nous
apprend que les dents dont le tissu est le plus dense et le plus
serré, et chez lesquelles, par conséquent, les sels terreux domi-

nent, sont celles qui se conservent le mieux et qui sont le plus difficilement atteintes par les agents extérieurs. Remarquons, en effet, que ces agents, soit qu'ils déterminent le développement de la carie, soit qu'ils en activent les progrès, n'ont de prise sur l'ivoire qu'en attaquant d'abord, comme je le démontrerai plus loin, sa matière terreuse, en la détruisant et dépouillant ainsi la substance organique de ce qui la protége et en assure la durée. Or, c'est encore un fait que le docteur Thomson a constaté, en soumettant à l'analyse chimique des portions d'ivoire carié. Il a reconnu qu'elles contenaient 62 parties sur 100 de matière organique.

En dehors de sa composition chimique, l'ivoire peut-il, à l'époque de sa formation, subir dans sa texture des modifications qui le rendent plus tard accessible à l'action des corps extérieurs ?

On sait que le défaut de cohésion de ses molécules, en rompant l'union qui doit exister entre elles, le dispose aux fractures et constitue ce que les auteurs ont décrit sous le nom de *friabilité*. Mais la question que nous venons de poser a une autre portée et s'adresse plus directement à la maladie qui nous occupe.

Il n'appartenait qu'au microscope de pouvoir élucider ce point de la science, et encore, même avec le puissant secours de cet instrument, que de difficultés se présentaient ? Il s'agissait, en effet, d'aller fouiller jusque dans les entrailles de l'organisation de l'ivoire, pour découvrir, dans certains dérangements de sa texture, la cause d'un état pathologique qui ne se manifestera qu'à une époque plus ou moins éloignée ; et puis, comment procéder ? Ce n'est pas à des dents déjà atteintes de carie qu'il convenait de s'adresser, mais à des dents saines qu'on devait supposer devenir, un jour, malades. Or, quelle certitude pouvait-on en avoir ? Ce n'est pas tout. Qui nous dit que les dérangements qu'on observera ne proviennent pas du mode de préparation des pièces et des éraillements auxquels est exposée la lamelle d'ivoire qui en provient? Cependant, tout pénétré que j'étais de ces difficultés, je ne me suis pas découragé, espérant les tourner par la multiplicité de mes observations.

Voici, sous les réserves que je viens de faire, les résultats qu'elles m'ont fournis.

Les investigations auxquelles je me suis livré ont porté plus particulièrement sur les bicuspides et les premières grosses molaires, parce que, de toutes les dents, ce sont elles qui se carient en général les premières et le plus souvent. Sur un assez grand nombre, j'ai trouvé une portion de l'ivoire plus ou moins étendue, d'un gris mat. Examinée à un fort grossissement, je me suis assuré qu'elle était privée de canalicules. D'autres fois, j'ai rencontré des lacunes allongées, simulant des corpuscules osseux avec lesquels plus d'un auteur les a confondues. Dans deux ou trois cas, ces lacunes communiquaient par un sillon à une carie de l'ivoire ouverte au dehors. Sur plusieurs préparations, c'était une masse granulée offrant une grande analogie avec les formations globulaires que Czermak a signalées et qu'il attribue à un mode vicieux de calcification de l'ivoire. C'est sous la même influence que, suivant cet auteur, se produiraient les lignes de contours indiquées par Owen, lesquelles se lient très souvent avec certaines altérations de l'émail.

Comme on en peut juger, les résultats que j'ai obtenus pèsent d'un bien faible poids dans la solution de la question. Cependant, j'ai eu recours aux plus forts grossissements que le microscope puisse donner. L'observation serait-elle arrivée, sur ce sujet, à sa dernière limite? C'est ce que je laisse à décider aux expérimentateurs qui me suivront.

Mais, tout en admettant, ce à quoi on ne peut se refuser, que certains états de la texture de l'ivoire le disposent à la carie, il faut reconnaître également que, pour y arriver, ils ont souvent besoin

du concours d'autres circonstances. Nous serons bref sur ce
point.

Les femmes, les jeunes sujets, les individus d'une constitution
lymphatique, sont les plus exposés à la carie. La grossesse exerce
souvent une influence fâcheuse sur ses progrès. Elle sembe endé-
mique dans certaines contrées, notamment dans les pays humides,
marécageux ou situés près des bords de la mer. La Hollande et
surtout la Frise en offrent un exemple remarquable.

Tous les corps qui, mis en contact avec les dents, sont susceptibles d'exercer sur ces organes une action nuisible par
leur température ou par leurs propriétés chimiques, peuvent
être rangés au nombre des causes de la carie. C'est à tort
qu'on a regardé le froid comme un dangereux ennemi des dents.
Cette opinion, émise par Hippocrate, est contraire à l'observation.
Les habitants des pays du Nord les ont, en général, très bonnes
et les conservent longtemps; les animaux, dont les dents sont
exposées aux impressions les plus fortes du froid, ne les perdent
presque jamais. Il n'en est pas de même de la chaleur, comme
Lavagna l'a fort judicieusement fait observer. Elle exerce une
grande influence sur la production de la carie, et me paraît être
une des raisons principales de la fréquence de cette maladie chez
l'homme. L'expérience m'a, depuis longtemps, convaincu du
danger de faire usage d'aliments et surtout de boissons trop
chaudes. Nul doute que ce ne soit en grande partie à l'usage que
font certains peuples du thé, qu'ils prennent presque bouillant,
qu'on doive attribuer la perte prématurée de leurs dents. Une
considération, qui vient à l'appui de cette assertion, se déduit de
la fréquence de la carie sur les incisives supérieures, tandis que
les inférieures en sont très rarement affectées. Diverses explications en ont été données; mais ne conviendrait-il pas de l'attribuer à ce que les premières sont bien plus exposées à l'action des

agents extérieurs. Remarquons, en effet, que, dans l'acte de la préhension des liquides, elles reçoivent presque seules l'impression de ces agents et surtout de la chaleur, dont les dents inférieures sont garanties par les instruments mêmes dont nous nous servons.

Si l'action des substances chaudes est nuisible aux dents, elle le devient surtout lorsqu'elle est tout à coup suivie du contact de corps froids. Ces transitions brusques d'une température extrême à une autre opposée, qui déterminent dans les molécules dentaires des mouvements brusques de dilatation et de resserrement, affectent leur vitalité en tendant à rompre la force d'agrégation qui les unit.

Il n'est pas toujours facile de décider jusqu'à quel point les propriétés chimiques des divers corps peuvent concourir à la production de la carie. Ainsi, la nature des aliments, la qualité des eaux, l'usage habituel qu'on fait en quelques pays de boissons acidules, etc., toutes ces causes, que l'on regarde avec raison comme propres à favoriser le développement de cette affection, quand elles s'exercent sur des organes qui y ont une prédisposition, peuvent, d'un autre côté, agir seules et donner lieu alors à des lésions purement accidentelles. C'est ce qui nous explique comment, à côté des faits généraux qui se rattachent à quelques-unes de ces causes, il existe de si nombreuses exceptions.

Enfin, d'après l'opinion de Ficinus, certains êtres parasites joueraient un rôle important dans la production de la carie, attendu, dit-il, que cette maladie a toujours son point de départ dans les régions où ils trouvent les conditions nécessaires pour ne pas être troublés dans leur développement, telles que les fissures ou les dépressions de l'émail, les anfractuosités des molaires et les intervalles des dents.

Voici quelle serait, suivant l'auteur, la marche de la carie : La cuticule de l'émail (1), couverte de parasites (un infusoire analogue au vibrion ou un cryptogame voisin de ceux de la langue, *leptothrix buccalis*, Robin), devient noirâtre et perd ses sels calcaires, puis elle se divise en fragments anguleux, comme si elle avait été traitée par l'acide chlorhydrique. Le même travail morbide, passant de l'émail à l'ivoire, ramollit d'abord ce dernier et le détruit ensuite. Je suis loin de nier que des parasites ne puissent naître de la décomposition putride des matières organiques de la dent; mais, en tous cas, je pense qu'ils doivent être considérés comme un effet et non comme une cause de la maladie.

La carie procède d'abord de l'intérieur à l'extérieur. Frappé dans sa vitalité, soit par un acte de la nature qui nous échappe et auquel la pulpe peut n'être pas toujours étrangère, soit parce que la délicatesse de son tissu ne lui permet pas de résister aux agents extérieurs avec lesquels les dents sont en rapport, l'ivoire devient le siège d'une altération qui affecte à la fois sa couleur et la force de cohésion qui unissait ses molécules. Il prend une teinte jaune ou brune et se ramollit par suite du travail qui s'est opéré en lui. Ainsi profondément atteint dans sa texture et sa composition, il acquiert des propriétés chimiques nouvelles et devient pour ce qui l'entoure un agent de destruction. L'altération de l'ivoire ne tarde pas à se transmettre à l'émail, qu'elle envahit peu à peu en s'étendant vers la surface de la dent. Il s'y creuse une cavité qui, s'agrandissant en raison des progrès de la maladie, réduit l'émail à ses couches superficielles, jusqu'à ce que cette substance, privée d'appui, se rompe et mette à découvert la carie.

(1) La cuticule de l'émail, désignée par Nasmyth sous le nom de capsule persistante, et regardée par quelques micrographes comme ayant constitué primitivement l'enveloppe de la pulpe (membrane préformative), n'est autre que la capsule ou membrane corticale qui de la couronne se continue avec les racines.

La marche de cette première période est ordinairement lente.
Les personnes n'en sont averties que par un sentiment vague, une
douleur obscure et la teinte blanchâtre ou bleuâtre d'un point de
la dent qui, pour l'œil exercé du praticien, devient un signe certain de l'existence de la maladie. Elle est plus rapide chez les
jeunes sujets et chez les individus d'une constitution lymphatique. La grossesse, dans beaucoup de circonstances, exerce également sur ses progrès une grande influence.

La carie commence presque toujours par un point brun ou
jaune situé près de l'émail, affectant les couches superficielles de
l'ivoire, sans doute parce que ces couches, en raison de la perméabilité des substances dentaires, sont plus exposées à l'action des
corps extérieurs. Elle suit, en général, dans sa marche, la direction
des canalicules, et s'étend d'abord plus en longueur qu'en largeur.
Ses progrès à travers l'émail sont très lents, comparativement à
ce qui se passe dans l'ivoire, ce dont on se rend aisément compte
par la différence de densité de ces deux substances. Il suit de là
que la carie, à cette époque, représente un cône dont le sommet
est placé dans l'émail et dont la base est formée par l'ivoire malade. C'est ce que les auteurs ont appelé, depuis Hunter, le cône
corné de la carie, expression impropre qui donne au fait une fausse
interprétation.

Tantôt la carie se fait jour par un orifice presque imperceptible,
par une fissure au fond des anfractuosités de la couronne, tantôt
par un éclat de l'émail qui se produit pendant l'acte de la mastication et met à nu une excavation plus ou moins grande.

Ici se termine la première période. Dans celle qui la suit, les
progrès de la maladie sont plus sensibles, se dirigent de l'extérieur
à l'intérieur et nous offrent tous les caractères des altérations
chimiques des dents. Continuellement en contact avec les humeurs
de la bouche et les particules alimentaires qui séjournent dans

l'excavation creusée par la carie et s'y décomposent, les substances dentaires se détruisent de plus en plus. Si l'on examine l'intérieur de la cavité, on trouve sur ses parois une matière molle, brune ou noire, d'une odeur fétide, que l'instrument peut facilement diviser et séparer des parties sous-jacentes. Les docteurs Regnard et Richelot ont constaté dans cette matière l'existence d'un principe acide, fait qui a été confirmé, depuis, par les observateurs.

Dominé par les idées qu'il cherchait à faire prévaloir, Regnard n'a pas vu que cette acidification était le résultat et non la cause de l'altération primitive de l'ivoire. Eh bien! ce que nous observons pour les caries ouvertes au dehors, dans la nature de l'altération de l'ivoire, dans les qualités acides qu'il acquiert par suite de cette altération et dans les désordres qui en sont la conséquence, n'est que la répétition de ce qui a eu lieu lorsque la carie ne faisait qu'apparaître et était encore renfermée dans l'intérieur de la dent. Seulement, dans le premier cas, le concours de circonstances extérieures se fait sentir d'une manière plus puissante. Sous ce rapport, on peut dire que la carie porte en elle la raison de ses progrès.

Quand la maladie est parvenue à une certaine profondeur, la pulpe, privée de l'enveloppe solide qui la protégeait, devient sensible à l'action de la chaleur et du froid et au contact des corps extérieurs. Sous cette excitation, ses fonctions prennent un surcroît d'énergie et donnent naissance à une substance qui, par son aspect extérieur, sa transparence, et sa densité moins grande a beaucoup d'analogie avec le tissu corné. Du reste, cette modification de l'ivoire est très fréquente; on l'observe plus particulièrement dans les racines, chez les personnes avancées en âge et dans les dents qui ont séjourné longtemps dans la terre. Cela n'a rien qui doive nous étonner. Ne savons-nous pas que le même organisme qui, chez l'homme et chez la plupart des mammifères préside à la formation de l'ivoire avec ses sels calcaires, produit les dents cornées de l'ornithorynque et les fanons de la baleine, qui sont aussi des productions dentaires.

Le docteur Salter, dans un mémoire qu'il a publié sur la calcification de la pulpe, rapporte avoir trouvé cet organe converti en une masse de cément mêlé à de l'ivoire sur une molaire de lait cariée provenant d'une personne âgée de 18 ans. L'auteur ne dit pas à quels caractères il a reconnu l'existence du cément, et cependant il en existe un sur lequel jai insisté dans ce mémoire, qui ne permet pas de se méprendre et qu'à mon avis les micrographes négligent trop de consulter quand il s'agit d'établir la présence de cette substance. Pendant plus de quinze ans, bien des préparations ont passé sous mes yeux et je puis affirmer que je n'ai jamais rencontré, dans le produit de la pulpe, d'autres modifications que celles que jai indiquées ci-dessus. L'assertion du docteur Salter, si elle reposait sur une observation exacte, serait d'autant plus grave qu'elle conduirait à admettre une substitution de fonction sans exemple dans les actes de l'organisme.

Mais reprenons notre sujet. A l'époque où nous avons laissé la carie, les douleurs ne tardent pas à se déclarer à l'occasion de la cause la plus légère. Elles se manifestent, en général, par accès et sont accompagnées de tous les symptômes d'une congestion locale auxquels se joignent parfois divers accidents nerveux. Ces accès, dont la durée est plus ou moins longue, se reproduisent à des intervalles variables et finissent par déterminer l'inflammation et la suppuration de la pulpe ; de là des fluxions inflammatoires plus ou moins fortes et les désordres divers qu'elles peuvent amener à leur suite. Si, dans cet état, on ôte la dent, on en trouve la cavité remplie d'une matière verdâtre, très fétide. La pulpe, tombée en gangrène, se dessine à travers l'ivoire par une couleur noire. Le cordon des vaisseaux qui se rendent à la racine est très gros et gorgé de sang. On rencontre assez souvent, à l'extrémité du paquet vasculaire, un sac plus ou moins volumineux rempli de pus. Quant à la membrane corticale, elle présente une rougeur qui indique qu'elle a été le siége d'une inflammation plus ou moins vive. Ainsi privée du principal organe de sa vitalité, l'ivoire continue à se détruire, l'émail, resté presque seul, se casse par fragments et enfin il ne reste presque plus que la racine qui cesse, en général, d'être douloureuse, jusqu'à ce qu'un travail d'expulsion venant par la suite à se développer autour d'elle, en détermine la perte.

La carie ne marche pas toujours ainsi. Les couches superficielles de l'ivoire peuvent avoir seules souffert pendant le travail de la dentition, tandis que celles qui les suivent, formées dans des conditions favorables, possèdent les qualitées propres à en assurer la durée. Dans ce cas, l'altération, après avoir envahi une certaine portion de la couronne, s'arrête d'elle-même et présente à l'extérieur une surface brune, noire ou d'un jaune foncé, d'une dureté très grande et peu ou point impressionnable à l'action des corps extérieurs. Les auteurs l'ont désignée sous le nom de carie *sèche* ou *stationnaire*, par opposition à la précédente, qu'ils ont appelée carie *molle* ou *humide*. Cette division qui, sous le point de vue pratique, exprime un des caractères les plus importants de la maladie, me paraît mieux fondée que les distinctions arbitraires que, de nos jours, on a cherché à introduire. Outre que ces dernières reposent sur des formes extérieures, accessoires et très variables, elles ont le grave défaut de confondre ensemble des lésions entièrement différentes les unes des autres.

Toutes les dents et tous les points de la couronne ne sont pas également sujets à la carie. Les dents temporaires et les dernières grosses molaires, chez l'adulte, y sont très exposées et, chez elles, la carie marche avec une grande rapidité. Les dents de la mâchoire supérieure en sont plus souvent atteintes que les dents inférieures ; parmi ces dernières, les incisives en sont très rarement le siége.

La carie se montre presque toujours sur les côtés des dents antérieures, rarement à leur face antérieure et plus rarement encore à leur face linguale. Les grosses molaires en sont fréquemment affectées sur les faces par lesquelles elles se touchent, dans les anfractuosités de leurs surfaces triturantes, et moins souvent sur la dépression qui existe au côté externe de leur couronne.

Les racines elles-mêmes, au dire des auteurs, pourraient également en être atteintes dans les divers points de leur étendue ; mais ces lésions, dans lesquelles l'ivoire tantôt conserve presque entièrement sa couleur, tantôt devient plus jaune ou noir, me paraissent devoir plutôt être attribuées à l'inflammation de la membrane corticale qui, en cette circonstance, reproduit sous une forme pathologique ce qu'on observe, à l'état normal, dans la destruction des racines des dents temporaires.

Nous avons dit que la carie commençait par l'ivoire et que l'émail n'était attaqué que secondairement. C'est là le caractère fondamental qui la distingue des altérations chimiques des dents. Cette proposition, contestée par certains auteurs, demande quelques développements.

En traitant des altérations chimiques des dents, j'ai omis, et cela à dessein, une de leurs causes les plus ordinaires ; je veux parler de l'influence fâcheuse qu'exerce sur les dents saines le contact des dents atteintes de carie. Ici se dessinent, dans toute leur évidence, les signes différentiels des deux altérations mises, de cette manière, en regard l'une de l'autre. La substance de la dent cariée, par suite de la décomposition qu'elle a subie, acquiert des propriétés chimiques qui agissent puissamment sur la dent saine. L'émail de cette dernière se décolore dans son point de contact avec la dent cariée. Il prend une couleur jaune, brune ou noire, d'abord bornée à ses couches superficielles, mais qui, peu à peu, s'étend et finit par le pénétrer dans toute son épaisseur. Si, à cette époque, on examine au microscope une section transversale de cette dent, on trouve que l'ivoire située au-dessous de la portion d'émail décolorée a conservé tous les caractères de son état normal. Eh bien, ce qui se passe dans l'émail de cette dent sous l'influence de l'altération de la dent voisine, s'est passé également et sous une influence de même nature sur l'émail de la dent atteinte de carie. Bien avant que celle-ci ait fait irruption au dehors, l'émail qui la recouvrait a été de même affectée dans sa coloration. Il est devenu d'une couleur bleuâtre ou d'un blanc mat, et il a fini par être détruit complétement. Les deux faits que nous venons de placer en parallèle sont donc semblables au point de vue de la cause qui les a produits et des effets qui en ont été la suite. La seule différence qui existe entre eux, c'est que dans l'un, la décoloration de l'émail, et plus tard sa destruction, sont le résultat d'une cause morbide qui s'est exercée sur lui de dehors en dedans à la manière de tout autre agent chimique, tandis que, dans le second, la carie de l'ivoire a entraîné la destruction de l'émail de la dent malade en procédant de l'intérieur à l'extérieur. Mais, dans ces deux cas, le caractère chimique de l'altération de l'émail est également manifeste et on ne saurait rigoureusement accorder à cette altération, prise à part, la dénomination de carie. Du reste, la dissemblance entre ces deux états pathologiques se comprend par la nature différente des substances qu'ils intéressent.

Je regarde donc la carie comme une maladie affectant primitivement et exclusivement l'ivoire, et ayant pour conséquence d'envahir la partie de l'émail avec laquelle elle se trouve en rapport.

Ces considérations suffisent, ce me semble, pour justifier complétement la distinction que j'avais établie dès 1826, et que j'ai reproduite au commencement de ce mémoire. Cependant, des auteurs ne l'ont point admise. Méconnaissant tout à la fois et l'organisation de l'ivoire et la signification des faits pathologiques, ils ont prétendu que la carie n'était qu'un phénomène chimique de décomposition déterminé par les altérations que peuvent subir les humeurs de la bouche et plus particulièrement la salive. Examinons cette opinion, qui se trouve aujourd'hui partagée par un assez grand nombre de praticiens. Elle me fournira, d'ailleurs, l'occasion de donner à certains points de l'histoire de la carie des développements dans lesquels la forme académique de ces mémoires ne m'a pas permis d'entrer.

Parmi les arguments qu'on invoque, on cite la fréquence de la carie au fond des anfractuosités et des dépressions de la couronne des molaires. Les humeurs de la bouche, dit-on, en séjournant dans ces cavités, s'y altèrent, deviennent acides et donnent ainsi lieu à la carie. Mais on oublie de mentionner que cette maladie se montre aussi fréquemment sur les surfaces planes et lisses par lesquelles les molaires se touchent, et que c'est presque exclusivement sur les côtés des dents antérieures qu'on l'observe, bien qu'encore, dans beaucoup de cas, ces dents soient écartées les unes des autres. S'il est un fait anatomique incontestable, c'est que les molaires, chez les sujets peu avancés en âge, présentent toujours à leur surface triturante ces anfractuosités et que, chez le même individu, toutes les dents d'un côté sont semblables, par leur configuration, à celles du côté opposé. Or si, comme on avance, la salive, même dans son état normal, pouvait, par son seul séjour et par la décomposition qu'elle subit, déterminer la carie, pourquoi choisirait-elle de préférence certaines dents et respecterait-elle les autres qui sont également soumises à son action? Pourquoi, attaquant une de ces dents, épargnerait-elle sa congénère de l'autre côté de la mâchoire qui a la même configuration, ou ne s'y manifesterait-elle qu'après un temps souvent assez éloigné? Dans ces caries qui se transmettent héréditairement et qui entraînent, dans la même famille, la perte de la même dent, peut-on en accuser l'altération des liquides contenus dans la bouche, ou prétendre que la configuration de cette dent soit différente de celle de la dent correspondante qui se conserve saine ainsi que les autres, comme j'en ai vu d'assez nombreux exemples?

On a également parlé, comme cause de la carie, des fissures qu'on rencontre souvent, chez les jeunes sujets, à la surface triturante des grosses molaires. Ces fissures, en donnant passage au fluide salivaire, lui permettraient de porter sur l'ivoire son action destructive. Mais une telle hypothèse est démentie par l'observation. J'ai examiné au microscope ces fissures et j'ai toujours trouvé au-dessous d'elles l'ivoire malade. Elles ne sont évidemment que l'orifice extérieur de caries déjà existantes.

On ne s'en est pas tenu là. On a été jusqu'à nier la résistance que l'ivoire oppose, dans certains cas, aux progrès de sa destruction. J'ai parlé plus haut de ces caries stationnaires qui, après avoir envahi une certaine portion de la dent, s'arrêtent d'elles-mêmes, et ne font plus aucun progrès. Tantôt les dents restent creusées d'une cavité en général peu profonde, tantôt, comme on l'observe particulièrement pour les grosses molaires, elles offrent une surface plane légèrement déprimée.

L'explication de cet arrêt dans la marche de la maladie semblerait ne devoir soulever aucun dissentiment. Elle ressort de la constitution matérielle de l'ivoire. On comprend, en effet, que les couches extérieures de cette substance ont pu, seules, souffrir pendant le travail de la dentition et qu'en cet état la délicatesse de leur tissu les ait rendues accessibles à l'action des causes locales avec lesquelles elles se sont trouvées en rapport, tandis que les couches qui leur ont succédé, s'étant formées dans de bonnes conditions, ont été capables de résister à l'action de ces causes. Cependant, cette explication n'a pas satisfait les partisans de l'opinion que nous discutons. Ils ont cherché à rattacher la cessation des progrès de la carie à des changements qui seraient survenus, soit dans la composition chimique de la salive, soit dans la configuration de la carie. Tant que ce fluide, disent-ils, contenait un principe acide, la maladie a dû faire des progrès et elle s'est arrêtée aussitôt qu'il est revenu à son état normal. Mais cette hypothèse est en complète contradiction avec les faits les mieux avérés qui, loin de témoigner de ces changements qui se seraient opérés dans la composition de la salive, nous montrent presque toujours, au contraire, que ce fluide, pendant la marche de la maladie, n'a cessé de conserver les mêmes qualités. Quant à la seconde hypothèse, comment l'appliquer aux dents chez lesquelles la carie a laissé une cavité toujours ouverte à la décomposition des humeurs de la bouche et des particules alimentaires qui s'y introduisent, circonstance regardée par ces auteurs comme une cause constante et efficace des progrès du mal. L'appliquerait-on mieux, comme l'a fait le docteur Regnard, aux caries stationnaires qui présentent une surface plane? Suivant cet habile praticien, tant que la carie ouvrait un libre accès aux causes extérieures de destruction, elle a dû en subir la conséquence ; mais, dès que sa cavité a disparu pour faire place à une surface uniformément plane, les particules alimentaires et les humeurs de la bouche ne pouvant plus s'y arrêter et y séjourner pendant un temps assez long pour s'y décomposer, la carie y est demeurée stationnaire. Pour admettre une telle interprétation, il faut, en vérité, ne pas avoir suivi la marche de la maladie. On n'a pas fait attention que cette surface unie, qui termine actuellement la couronne de la dent, formait auparavant le fond d'une cavité creusée par la carie ; qu'en cet état, elle était soumise aux mêmes influences que les autres parties malades ; et, cependant, tandis que la carie a continué d'envahir et a fini par faire disparaître entièrement les parois de cette cavité, elle en a respecté le plancher ; elle s'est arrêtée devant la résistance que lui a opposée cette partie de la dent. Ce n'est donc pas à des changements opérés dans la composition chimique des agents avec lesquels la carie se trouvait en rapport, puisque cette composition est restée la même, qu'il faut attribuer la cessation des progrès du mal, mais à la constitution plus forte des couches profondes de l'ivoire. Ainsi, l'argument tourne contre ceux qui l'ont invoqué, et je n'aurais pas mis quelque insistance à le combattre si on n'en avait tiré cette conséquence qui serait dangeureuse dans la pratique : que dans l'application de la lime, si on parvient, par ce moyen, à conserver les dents, ce n'est pas seulement par ce qu'on a enlevé le mal, mais surtout parce qu'on a substitué, à une surface creuse et inégale, une surface plane qui ne permet le séjour et l'altération d'aucun corps étranger.

Ce n'est pas que je conteste l'influence destructive de ces agents extérieurs; j'ai fait leur part dans les altérations chimiques des dents. Je reconnais également qu'ils favorisent, dans beaucoup de circonstances, le développement de la carie, lorsque l'ivoire porte en lui le germe de cette maladie. J'ajouterai, de plus, qu'ils contribuent puissamment à ses progrès. Mais que, faisant jouer à l'ivoire un rôle purement passif dans l'acte morbide qui se passe en lui, on veuille l'attribuer exclusivement à l'action d'un principe acide contenu dans les humeurs de la bouche, c'est, je ne puis m'empêcher de le dire, s'en former une idée bien fausse. Combien de fois n'ai-je pas vu des dents de sagesse à peine sorties des gencives, qui étaient déjà minées profondément par la carie? Pourrait-on ici raisonnablement en accuser ces humeurs?

6

Pendant plusieurs années, j'ai soumis la salive à l'épreuve du tournesol sur des personnes dont un grand nombre de dents étaient atteintes de carie, et je puis affirmer que j'ai le plus ordinairement trouvé ce fluide dans son état normal. Aussi je pense que la cause externe la plus générale de cette maladie réside dans les impressions que les dents reçoivent de la part des aliments et des boissons chaudes, et plus particulièrement des transitions brusques d'une température extrême à une autre opposée.

Enfin, et pour clore cette discussion par un argument décisif, j'ajouterai que j'ai assez souvent rencontré dans la profondeur des dents, plus ou moins près de leur cavité centrale, des altérations de l'ivoire réunissant tous les caractères de la carie. Sur les préparations que je possède, ils sont tellement dessinés qu'ils ne peuvent laisser aucun doute. Sur l'une d'elles, l'altération occupe, dans une assez grande étendue, les couches superficielles de l'ivoire, elle est d'un jaune foncé tirant dans quelques points sur le brun. Sa forme est allongée dans la direction des canalicules et l'émail qui lui correspond y est parfaitement intact. J'ai observé le même fait sur une incisive de cheval. Sur une préparation, j'ai trouvé réunies les deux altérations. L'émail est noirâtre et dans un complet état de disgrégation. L'ivoire, placé en regard de lui, est jaune et montre ses canalicules. Entre ces deux substances, dont l'une a été le siége d'une altération chimique et l'autre d'une carie, on voit très distinctement la ligne noire qui, dans l'état normal, en marque la séparation. Je considère donc la carie comme le résultat d'un acte tout à la fois vital et chimique. Si, par son origine, elle tient à certaines dispositions de l'organisme et plus directement à des dérangements survenus dans les fonctions de la pulpe, on ne peut méconnaître qu'elle a souvent besoin, pour se produire, du concours d'agents extérieurs, et que toujours elle procède, par une destruction chimique des substances dentaires.

Elle diffère essentiellement des lésions des autres tissus; en ce qu'aucun travail organique ne se passe dans l'ivoire pour la faire naître, en activer la marche ou en arrêter les progrès. Sous ce rapport, elle vient en aide à l'observation, en faisant ressortir d'une manière sensible et sous une forme morbide les caractères physiologiques de la substance qu'elle affecte.

Nous allons maintenant en exposer les caractères anatomo-pathologiques.

Tant que la carie est renfermée dans la dent, elle constitue ce que j'appellerai la *carie interne.* Je l'ai rencontrée le plus ordinairement sur des dents affectées en d'autres endroits de caries ouvertes à l'extérieur. Quoiqu'elle puisse se montrer sur les divers points de l'étendue de l'ivoire, on la voit le plus souvent à une distance plus ou moins rapprochée de l'émail. Sa figure est, en général, ronde. Tantôt elle consiste en une simple coloration jaune de l'ivoire dont la texture n'est pas sensiblement atteinte. Tantôt, lorsque la maladie est plus avancée, elle est d'une couleur jaune plus ou moins foncée ou brune. Les canalicules y sont moins distincts et l'ivoire offre dans plusieurs points des traces de désorganisation comme s'il eût été soumis à l'action d'un acide.

On comprend que la carie interne, quand elle est située près de la cavité dentaire et se trouve, par conséquent, éloignée de l'action des causes extérieures, doive suivre dans ses progrès une marche lente et puisse demeurer longtemps, sinon toujours, dans cet état. La partie malade de l'ivoire, qui était d'abord d'un jaune transparent, se fonce de plus en plus, les canalicules deviennent de moins en moins apparents et elle finit par se transformer en une petite masse d'un brun ou d'un gris mat, dans laquelle on ne découvre plus de canalicules.

Serait-ce, comme j'en ai vu un assez grand nombre d'exemples, à ces caries internes qu'on devrait rapporter la cause des douleurs auxquelles certaines personnes sont en proie pendant plusieurs mois et même pendant un temps plus long, sans qu'on puisse reconnaître dans les dents aucun signe extérieur qui en rende raison?

Ce n'est que lorsque la carie, après avoir envahi l'émail, s'est fait jour à l'extérieur, que ses progrès deviennent plus rapides et que des désordres plus profonds vont atteindre les substances dentaires. Continuellement en contact avec les corps étrangers qui séjournent et s'altèrent dans sa cavité, ses parois subissent une complète décomposition qui transforme l'ivoire en une masse d'un brun rougeâtre parsemée quelquefois de taches noires semblables à du sang coagulé. Dans ce véritable détritus, tous les éléments constituants de l'ivoire ont disparu; l'œil, même armé de la puissance du microscope, n'y peut découvrir aucune trace d'organisation. Tout y est confondu, et, s'il me fallait lui assigner une forme, je dirais que, dans la plupart des cas, elle m'a semblé se rapprocher le plus de la forme globulaire.

Au-dessous de cette masse, en procédant de dehors en dedans, l'ivoire offre les mêmes caractères anatomo-pathologiques, mais à un degré moins prononcé. Il est le plus ordinairement d'un brun foncé ou d'un gris mat. On n'y aperçoit aucuns canalicules. Ceux-ci ne commencent à apparaître que dans les couches suivantes dont la couleur brune s'affaiblit de plus en plus à mesure qu'elles sont plus internes et elles finissent par devenir d'un jaune transparent. Ordinairement un cercle entoure la carie et trace la ligne de démarcation entre la partie malade et la partie saine.

A ces traits, on ne peut méconnaître que, dans les modifications que l'ivoire présente, tant dans sa coloration que dans sa texture, il n'existe, à l'exception de celles de ses couches qui ont été en contact avec les corps extérieurs, une complète analogie avec ce

que nous avons observé dans les caries internes. Chaque état de
ces dernières correspond exactement à une des modifications des
couches de l'ivoire malade.

De part et d'autre, en effet, nous voyons la carie consister
d'abord en une simple altération de couleur de l'ivoire. Il passe
successivement d'un jaune clair àun jaune de plus en plus foncé
et devient ensuite d'une couleur brune ou d'un gris mat plus ou
moins prononcé. Jusque là il avait conservé intacts ses canalicules; ce n'est que plus tard, dans les couches superficielles de
la carie, que ceux-ci disparaissent avec les autres éléments organiques de l'ivoire.

Des faits que nous venons d'exposer nous nous croyons en
droit de conclure, contre l'opinion de Tomes, que la substance
intermédiare, qu'il conviendrait mieux d'appeler *inter-canaliculaire*, est la première affectée dans le développement de la carie.
Ce n'est que par suite des progrès de la maladie, lorsque l'ivoire
est profondément atteint dans sa texture, qu'elle envahit les
canalicules et les détruit. Quelle en est la raison? Tout me porte
à la trouver dans la composition différente de ces deux parties.
Formée en très grande proportion, sinon en totalité, de sels calcaires, la substance inter-canaliculaire cède sans résistance à
l'action des principes acides que la carie fait naître dans la partie
malade. Il n'en est pas de même des canalicules. Outre la grande
quantité de matière animale qui se trouve unie aux sels calcaires
dans la composition de leurs parois, l'intérieur de ces canalicules
est parcourue, comme nous l'avons dit, par un liquide fortement
alcalin qui, dans l'état normal, contribue puissamment à la conservation des dents, et, dans l'état pathologique, lutte avec
énergie contre les causes de destruction de la substance éburnée.

On se méprendrait grandement si on mesurait, d'après les
désordres causés par la carie, l'étendue de ce que l'ivoire a dû

souffrir à l'époque de sa formation. Cette erreur, généralement partagée, serait d'autant plus grave qu'elle pourrait donner lieu à des conséquences pratiques qui ne seraient pas sans danger. A l'origine, la partie de l'ivoire malade ou qui doit le devenir, occupe, dans la grande généralité des cas, un espace très limité et les couches d'ivoire qui l'entourent présentent tous les caractères propres à en faire présager la durée. C'est un fait incontestable qui résulte des recherches nombreuses auxquelles je me suis livré. Je n'ai rencontré que fort rarement, et encore n'oserais-je pas l'affirmer, ce rayon corné que Hunter et les auteurs qui ont écrit après lui, nous disent partir de la carie et se rendre vers le centre de la dent.

Ce point a une grande importance dans le traitement de la carie. C'est le peu d'étendue que cette dernière occupe à son début qui rend d'un secours si efficace le limer des dents quand il est pratiqué avant que le mal ait fait de trop grands progrès. Mais il ne faut pas perdre de vue que le succès de cette opération tient à l'ablation complète de toute la portion de la dent qui a été le siége de la carie, ce que l'on reconnaîtra à la couleur et à la dureté de la surface limée. Une longue expérience ne m'a que trop montré combien l'oubli de ce précepte peut être funeste, de même qu'elle m'a convaincu que lorsque l'opération a été exécutée avec tout le soin nécessaire et qu'aucune influence locale ou générale ne vient à en contrarier les résultats, la conservation de la dent est presque toujours assurée. La surface limée, qui était d'abord péniblement impressionnée par le chaud et le froid, perd peu à peu de sa sensibilité, acquiert de la dureté, et la dent, ainsi dépouillée d'une portion de son émail, atteste, par sa durée, les bonnes qualités des couches d'ivoire qui avaient été en contact avec la carie.

L'ablation complète de la carie, soit qu'on la pratique avec la lime, soit, quand elle a une trop grande profondeur ou qu'elle occupe un point de la couronne inaccessible à cet instrument, qu'on l'exécute avec des fraises conduites par un touret, pour ensuite procéder à l'obturation parfaite de la cavité, l'ablation de la carie, dis-je, est donc le seul moyen capable d'en arrêter la marche et de préserver la dent d'une perte presque certaine. La cautérisation, tant recommandée par quelque auteurs, quoique plus énergique et plus rationnelle, ne donne pas de résultats plus satisfaisants que toutes les préparations sous formes diverses dont le charlatanisme prône tous les jours les merveilles. Au reste, ce que l'expérience nous enseigne, la théorie en donne l'explication. Il n'en est pas de l'altération qui nous occupe comme il en est des lésions des autres tissus. Chez ces dernières, toute excitation produite par la nature ou par l'art y met en mouvement les forces de l'organisme. Pour l'ivoire, au contraire, le mal qui l'a affecté a fait disparaître chez lui toute trace d'organisation. Il a perdu jusqu'à sa vitalité, lien le plus important qui le rattachait à l'économie. Il est devenu pour les parties saines de la dent un corps étranger. Enfin, par la décomposition qu'il a subie, il a acquis des propriétés chimiques qui en ont fait un agent de destruction. Or, que peuvent, contre un tel état pathologique, les secours de la thérapeutique?

ODONTOGÉNIE

L'IVOIRE

EST-IL LE PRODUIT D'UNE SÉCRÉTION,

D'UNE TRANSSUDATION

A LA SURFACE DU BULBE DENTAIRE?

OU EST-IL LE RÉSULTAT D'UNE

TRANSFORMATION ET D'UNE VÉRITABLE OSSIFICATION

DE CE BULBE ?

Mémoire lu à l'Académie impériale de médecine,
le 13 février 1855.

Le sujet que j'aborde est un de ceux qui, dans ces derniers temps, ont le plus préoccupé les physiologistes. Il porte en lui deux grandes difficultés : la première, est d'établir par quel acte organique s'opère la production de l'ivoire, la seconde, est de déterminer la forme de ce travail.

Les auteurs anciens qui regardaient les dents comme des os, avaient au moins l'avantage de trouver une théorie toute formulée dont il leur restait seulement à faire l'application.

Pour eux, la pulpe des dents correspondait au cartilage des os, et, de même que ce dernier, elle se transformait en une substance osseuse. L'analogie dans la composition chimique de ces tissus leur servait de principal argument. Plus tard même, la

science parut faire un pas décisif en faveur de cette opinion.
Walcherus Coïter, et, après lui, des anatomistes du siècle dernier, ayant remarqué, en suivant le développement des dents
de l'homme, qu'à mesure que celles-ci prennent plus d'accroissement, la pulpe s'affaisse et diminue de volume, et cela dans
une proportion égale, en conclurent que la portion osseuse des
dents se formait aux dépens de leur germe. Le fait était certainement incontestable et la conséquence qu'on en tirait devait
sembler rigoureuse. Cependant Rau (1), qui fut le précurseur de
Hunter, s'éloigna de la voie qui avait été suivie avant lui. Il ne
se borna pas à établir que les dents sont le produit d'une sécrétion, il chercha de plus à déterminer la nature de l'organe chargé
d'accomplir cette sécrétion; ce qui le conduisit à émettre, sur
la structure de cet organe, des vues que quelques auteurs modernes ont prétendu à tort se rapprocher des résultats microscopiques obtenus dans ces derniers temps. D'après Rau, les dents
diffèrent des os, quant à leur structure, en ce qu'elles n'ont ni
périoste, ni moelle, et qu'elles sont composées d'une seule
espèce de lamelles ou feuillets tellement unis entre eux qu'on
ne peut les distinguer qu'à l'aide d'un fort microscope sur des
préparations bien faites. Elles se forment entre les lames ou
duplicatures d'une membrane continue, qui les recouvrent en dehors et en dedans, mais qui sont destinées au même usage, à
savoir, à séparer du sang le suc dentifique. Cette membrane, suivant Rau, constitue le premier rudiment de la dent et en détermine la forme. Il admet que sa structure est semblable à celle de
la membrane qui tapisse les sinus frontaux et maxillaires; que,
par conséquent, elle contient également des glandes abondam-
ment pourvues de nerfs, de vaisseaux sanguins, et en outre, bien

---

(1) Disputatio inaugularis de ortu et regeneratione dentium, quam examini
subjecit, J. Suc. Rau. ad diem 11 Maii, Lugduni Batavorum, 1694.

qu'ils échappent à la vue, de conduits excréteurs qui versent la matière dentifique, comme le mucus est sécrété dans les sinus frontaux et maxillaires. Enfin, il ajoute que cette matière, ainsi déposée à la surface de la membrane glanduleuse, n'acquiert qu'au bout d'un certain temps les qualités requises pour s'assimiler aux lamelles déjà formées, et que ces dernières sont le résultat de l'apposition successive de petites écailles ou squamules les unes sur les autres. Du reste, il n'hésite pas à supposer que le même organe de sécrétion peut produire successivement la portion osseuse et l'émail, cette partie, comme il le dit, que le célèbre Malpighi appelle l'enveloppe extérieure de la dent.

Des idées de Rau à celles de Hunter, la transition est à peine marquée sur ces deux points, à savoir : que les dents sont le produit d'une sécrétion et qu'elles sont formées par les couches que la pulpe fournit successivement à sa surface. Mais Hunter démontra ces propositions par des considérations et des expériences tellement ingénieuses, il leur donna de si beaux développements, qu'il se les appropria et attacha son nom à la théorie qu'il en fit sortir, et dont la première et la plus importante conséquence fut que les dents diffèrent essentiellement des os, et par la manière dont elles se forment, et par les caractères des substances qui les constituent. Quant au procédé par lequel la nature donne naissance à l'ivoire et le fait passer de l'intérieur de la pulpe à sa surface, soit par prudence, soit que sa haute raison l'avertît qu'il est des mystères dans lesquels il n'est pas donné à l'homme de pénétrer, il imita la sage réserve de Rau et s'en tint à ce que l'observation lui avait permis de constater.

La théorie de Hunter fut généralement adoptée par les anatomistes les plus éminents. G. Cuvier, surtout, l'appuya de sa grande autorité. Il alla même plus loin que son devancier :

n'osant admettre avec Hunter, qu'une partie privée de vaisseaux, et par conséquent, de toute circulation intérieure, pût être douée d'un principe de vitalité par l'intermédiaire duquel elle tiendrait à l'économie, il fut amené à considérer les dents comme des substances mortes et inorganiques.

C'est contre cette opinion, partagée alors par presque tous les naturalistes, que je m'élevai en 1823. M'appuyant sur les lumières que la physiologie et l'anatomie comparative m'avaient fournies, je venais, à cette époque, de déterminer la nature des dents, et de leur assigner la place qu'elles doivent occuper parmi les productions du système tégumentaire. Cette doctrine, qui, d'un côté, confirmait celle de Hunter, et, de l'autre, la complétait, devait, par l'assentiment général qu'elle reçut, me paraître une vérité démontrée. Mais les sciences ne marchent pas toujours d'un progrès continu ; souvent elles s'arrêtent ; quelquefois même elles rétrogradent. Le microscope, dont Leeuwenhoeck avait tiré un si bon parti, reparut de nouveau et sembla appelé à rendre de plus grands services. Ce ne fut plus seulement à la texture matérielle des substances dentaires qu'on s'adressa ; on voulut pénétrer dans l'intérieur des organes qui concourent à leur formation, et l'on prétendit leur arracher le secret des actes fonctionnels qui s'y passent. De là s'est opéré, pour beaucoup d'anatomistes, un retour aux idées autant pressenties qu'énoncées positivement par Walcherus Coïter. La question que nous avons à examiner nous arrive donc, aujourd'hui, posée en ces termes : l'ivoire est-il le produit d'une transsudation, d'une sécrétion de la pulpe, ou est-il le résultat de la transformation de cet organe ?

On pourrait faire remonter à Purkinje et à Raschkow l'idée première que les cellules de l'ivoire font primitivement partie de la pulpe et préexistent dans cet organe, à leur état naissant, avant de se calcifier et de se convertir en substance osseuse.

D'après Raschkow, dont toutefois l'opinion laisse beaucoup de vague et d'obscurité, l'os dentaire serait composé de fibres diversement courbées, lesquelles, quoique rapprochées les unes des autres, laisseraient entre elles des intervalles qui constitueraient par leur continuité, des canalicules. Ces fibres seraient déposées successivement par couches entre le germe dentaire et la membrane préformative qui lui sert d'enveloppe et qu'il dit s'ossifier également. La production de ces couches aurait lieu de l'extérieur à l'intérieur du parenchyme de la pulpe, cet organe fournissant les matériaux de leur formation et diminuant de volume en proportion que l'os dentaire acquiert plus d'épaisseur.

Schwann, qui vint après, semble avoir adopté d'une manière plus explicite l'ancienne théorie : que l'os dentaire n'est que le germe ossifié. Il indique que les fibres mentionnées par Raschkow et qui occupent la superficie de la pulpe ne sont que les cellules cylindriques qui s'ossifient, lesquelles forment le premier stage des fibres dentaires. Quoique Schwann ne se soit expliqué qu'avec une grande réserve sur ce point important de l'odontogénie, il n'a pas moins communiqué aux recherches microscopiques une direction nouvelle que nous allons suivre sommairement dans les auteurs qui s'en sont le plus particulièrement occupés.

D'après Henle, dont l'opinion est plus positivement exprimée, la ressemblance entre le germe dentaire du fœtus et le cartilage dentaire de l'adulte, n'est pas moindre que celle qui existe entre le cartilage de l'os avant l'ossification et le même cartilage après cette opération. L'os dentaire est donc le germe dentaire ossifié. La différence entre l'ossification du cartilage et celle du germe dentaire consiste principalement en ce que le premier dépose de la chaux dans son intérieur d'abord, tandis que le second la dépose en premier lieu à sa surface, et en ce que, dans le premier, les cavités et les tubes destinés aux vaisseaux ne se développent qu'au moment de l'ossification, tandis que dans le germe dentaire les vaisseaux s'oblitèrent à mesure que l'ossification fait des progrès. Toutefois, Henle ne saurait dire si la membrane préformative s'ossifie plus tôt ou plus tard que les fibres de la pulpe. En tout cas, ces dernières s'ossifient de dehors en dedans. A mesure qu'elles reçoivent extérieurement de la chaux, les vaisseaux se retirent de la surface, et, dans les parties profondes, les cellules arrondies se transforment en cellules cylindriques, puis celles-ci en fibres.

Plus tard, Nasmyth et R. Owen ont émis sur ce sujet des idées qui, bien qu'elles se rapprochent sous beaucoup de rapports de celles de Schawnn et de Henle, en diffèrent par le mode de structure *aréolaire* qu'ils attribuent à l'ivoire et aux autres parties de l'organisme dentaire.

A peu près à la même époque, M. Duvernoy communiquait à l'Académie des sciences ses recherches sur les dents des musaraignes. Dans ce travail, il déclare s'accorder avec R. Owen et Nasmyth, en ce qu'il considère également le bulbe comme un organe de transformation qui doit se changer en ivoire ; mais il ne pense pas, comme eux, que le bulbe tout entier se transforme. Suivant M. Duvernoy, le bulbe dentaire serait composé lui-même de deux parties distinctes, ayant chacune une fonction particulière : l'une, en rapport immédiat avec les vaisseaux sanguins qui arrivent à la capsule, serait une sorte de follicule dont les parois sécréteraient et verseraient dans la cavité de ce follicule ou du noyau pulpeux les matériaux de la substance tubuleuse (l'ivoire) ; ce serait à la fois l'organe préparateur et le réservoir ce ces matériaux ; l'autre partie du bulbe, qui enveloppe la première, serait le canevas de la substance tubuleuse de la dent, lequel se durcirait à mesure que les tubes capillaires dont il se compose recevraient et absorberaient les matériaux préparés par l'organe sécréteur de ce bulbe.

Enfin Kölliker, le dernier dans l'ordre chronologique qui se

soit occupé de cette question, s'élève contre l'opinion des anatomistes qui, depuis Schwann, ont regardé la pulpe comme s'ossi-
fiant progressivement de la partie externe vers l'interne. Son avis
tient le milieu pour les dents de l'homme. Il ne croit pas que la
pulpe devienne simplement, comme un cartilage, os dentaire,
couche par couche, mais il pense qu'il n'y a que la couche
externe qui s'ossifie incessamment par l'accroissement des cellules primitives et la formation continuelle de cellules nouvelles.
Il sait très bien que l'écorce du bulbe dentaire destinée à s'ossifier n'est pas séparée d'une manière tranchée du bulbe dans ses
parties internes, mais il ne pense pas moins qu'il y a une séparation histologique entre elles, puisque dans la partie vasculaire
de la pulpe il ne se trouve aucune cellule qui puisse devenir cellule de l'ivoire.

Telles sont les phases qu'a parcourues la théorie de la formation de l'ivoire, depuis les auteurs les plus anciens jusqu'à nos
jours. Il est facile de voir, par le tableau que nous venons de
tracer, qu'elle a été constamment dominée par l'idée que l'on
s'est faite de la nature osseuse ou non osseuse de l'ivoire.
C'est que là, en effet, est toute la question. Le premier point
dont on eût dû s'occuper était donc, avant tout, de déterminer à
quel système organique les dents appartiennent. Eh ! que l'on ne
s'y méprenne pas ; il ne s'agit point simplement ici d'une classification. En assignant aux dents la place qu'elles doivent occuper
parmi les tissus de notre économie, on fait plus que décider la
nature de leur organisme, on leur impose en outre et surtout les
caractères anatomiques et physiologiques des tissus auxquels on
les réunit. Mais cette œuvre, dont j'ai posé les bases en 1823 et
1824, on ne saurait la concevoir *à priori* ; elle ne peut être que
le fruit de nombreuses investigations et de profondes médita-
tions. Nous allons voir si l'on s'est conformé toujours à ces prin-

cipes, et quels ont été les résultats de la marche qu'on a suivie.

Toutefois, avant d'entrer dans cette discussion, il importe de bien établir que la structure et le mode de production de l'ivoire sont des questions essentiellement physiologiques, que le microscope seul ne saurait résoudre.

Deux choses m'étonnent dans le sort qu'a éprouvé la théorie de la formation de l'ivoire aux dépens du parenchyme de la pulpe : l'une, c'est qu'elle n'ait pas obtenu d'abord un assentiment plus général, et qu'elle ne se soit pas maintenue même après les travaux de Hunter ; l'autre, c'est que depuis les mémoires que j'ai publiés sur la dentition des rongeurs, elle ait été reprise de nouveau par des hommes qui font autorité dans la science. On peut dire, en effet, de cette théorie qu'elle est réellement née de l'observation. En voyant chez l'homme la pulpe perdre graduellement de son volume à mesure que l'ivoire prend plus d'accroissement, on a dû naturellement être porté à en conclure que cette dernière substance se formait aux dépens de la première. Cette explication était tellement plausible, que je ne sache pas quelle objection on eût pu lui adresser. Mais qu'aujourd'hui, et trente ans après que je l'ai réduite à sa juste valeur, on vienne la reproduire, c'est, qu'on me passe l'expression, commettre un anachronisme.

Il en est de cette question comme de toutes celles qui intéressent la physiologie dentaire : ce n'est pas chez l'homme, dont les dents, par leur composition compliquée, cachent à l'observateur le véritable caractère des actes organiques qui s'y accomplissent et en rendent la forme extérieure souvent trompeuse, ce n'est pas, dis-je, à ces dents qu'il faut s'adresser, mais à celles qui, comme les incisives des rongeurs, nous montrent par la simplicité de leur constitution anatomique l'organisme dentaire sous ses traits les plus certains et les plus faciles à découvrir. Eh bien, c'est pour avoir méconnu cette vérité, que se sont élevées tant d'hypothèses qui n'auraient pas dû voir le jour, et qu'on a pu aller jusqu'à qualifier du nom d'idée ingénieuse ce qui n'est qu'une erreur de physiologie.

La nature, en accordant aux incisives des rongeurs la faculté de croître sans cesse, et en fixant, au contraire, des limites à l'accroissement des dents humaines, a tout coordonné pour arriver à ces deux résultats opposés sans sortir des lois générales qui régissent la dentition. Pour les incisives des rongeurs, elle a donné à leur pulpe la configuration des bulbes des autres productions du système tégumentaire. Par cette disposition, qui imprime à la dent un mouvement continu d'accroissement au devant de la pulpe, elle a évité, d'une part, qu'aucune gêne ne fût apportée au développement de cet organe, et, de l'autre, qu'aucun obstacle ne vînt arrêter le cours des matériaux que les vaisseaux lui apportent pour la nutrition et pour les fonctions qu'il a à remplir. Aussi, toujours libre par sa base au fond de l'alvéole, la pulpe augmente-t-elle de volume jusqu'à un certain âge de l'animal, bien que pendant tout ce temps elle n'ait cessé de produire de nouvelles couches de substance éburnée, et conserve-t-elle dans la suite ce volume, bien encore que ses fonctions continuent de s'exercer sans interruption. Or, en présence d'un fait aussi palpable et qui caractérise l'acte fonctionnel dans ce qu'il a de plus saisissable à l'observation, est-il permis d'attribuer la formation de l'ivoire à une transformation successive qu'éprouverait le parenchyme de la pulpe, et peut-on dire avec Raschkow, Schwann, Henle, R. Owen, MM. Flourens, Duvernoy, etc., que la substance principale de la dent n'est que la pulpe ossifiée? Il y a plus : une telle hypothèse serait insuffisante. Il faudrait encore supposer que, pendant la dentition des rongeurs, la pulpe se renouvellerait en entier et fréquemment.

7

pour subvenir à la production incessante de l'ivoire, qui commence presque avec la vie de ces animaux et ne se termine qu'avec elle. A ce point de vue, la question nous semblerait jugée; mais passons à l'argument principal qui lui a donné naissance.

Certainement on ne peut nier que, chez l'homme, la diminution du volume de la pulpe ne coïncide avec l'accroissement de l'ivoire. Mais peut-on en conclure, avec les auteurs que je viens de citer, que ce soit aux dépens de la pulpe que s'effectue cet accroissement? Tout s'élève contre une telle proposition. Une dent humaine se forme et s'accroît comme une incisive de rongeur. Elles sont soumises l'une et l'autre au mêmes lois; seulement la forme et la direction du travail de production sont différentes chez elles. Pour les dents simples des rongeurs, nous avons vu de quelles précautions la nature avait usé afin que leur pulpe demeurât toujours libre et qu'aucun obstacle ne vînt jamais interrompre le long exercice de ses fonctions. Pour les dents composées de l'homme et de la plupart des mammifères, il ne pouvait en être ainsi. En fixant au mouvement d'accroissement de ces dents des bornes qu'elles ne doivent pas dépasser, elle a, par cela même, marqué d'avance un terme à l'existence de leur pulpe, terme auquel cet organe arrive successivement et par des degrés presque insensibles. Pour atteindre ce but, il lui a suffi d'ajouter à la couronne des dents de l'homme des racines qui, en s'étendant sur la pulpe, l'embrassent de toutes parts, la compriment, interceptent ses communications vasculaires et nerveuses, et la font enfin disparaître.

Telle est, en ces quelques mots, l'explication que je donnais, en 1823, de ce fait dont les auteurs ne me paraissent pas avoir tous saisi la signification. La diminution du volume de la pulpe, que l'on remarque chez l'homme lorsque la dent est parvenue à un certain état de développement, n'atteste pas qu'un changement ou une modification quelconque soient survenus dans le parenchyme de cet organe; elle est le simple résultat de la pression mécanique que la pulpe éprouve de la part des couches de substance éburnée qui, en s'accumulant autour d'elle, affaiblissent d'abord et interceptent plus tard ses communications vasculaires. Cela est tellement vrai, que tant que la couronne se forme, c'est-à-dire tant que rien ne vient à gêner la libre circulation qui s'opère dans la pulpe, celle-ci se maintient dans sa configuration première et dans son volume, si même ce dernier ne s'accroît. Ce n'est qu'à dater de l'époque où les racines se développent, qu'on la voit s'allonger, s'amincir de plus en plus, et subir les changements que nous avons fait connaître. Or comment concilier, dans ce cas, cet état de la pulpe, qui conserve son volume pendant le temps de la formation de la couronne, avec une transformation d'une portion de sa substance. Ce n'est pas tout. Si cette transformation s'effectuait réellement, si, comme l'ont avancé Schwann, Henle, R. Owen, etc., l'ivoire n'était que la pulpe ossifiée, il devrait nécessairement faire corps avec elle. Et cependant, qui ne sait avec quelle facilité l'on s'en sépare? C'est ce défaut d'union de la pulpe avec l'ivoire qui permet d'enlever si aisément les incisives des rongeurs sans entraîner avec elles la pulpe qu'elles renferment dans leur intérieur. Au reste, il suffisait, pour lever tout doute à cet égard, d'examiner les premières écailles dentaires qui se montrent sur les points les plus saillans du bulbe; on se fût alors aisément convaincu qu'elles sont simplement superposées à la surface externe de son enveloppe sans lui adhérer autrement, ce qui n'arriverait certainement pas si elles étaient le résultat de la transformation osseuse des couches les plus superficielles du parenchyme de cet organe.

Ainsi tombe l'argument principal qui a donné lieu à l'opinion que nous discutons. Non seulement il repose sur une fausse interprétation des phénomènes qui se manifestent pendant le développement des dents, mais encore l'observation qui lui sert de base n'est pas exacte.

Du moment où l'on a considéré l'ivoire comme le résultat d'une ossification de la pulpe, on a été amené, par une conséquence inévitable, à admettre qu'il se formait en dedans de la -membrane pulpaire. Eh! chose singulière, c'est G. Cuvier, un des plus habiles défenseurs de la théorie de Hunter, qui a émis le premier cette idée, qui, si elle était vraie, en serait la réfutation la plus complète. Voici en quels termes il l'a exposée dans son travail sur les mâchelières de l'éléphant :

« Il faut cependant remarquer qu'entre la prétendue substance » osseuse et l'émail, il y a une membrane très fine, que je crois » avoir découverte. Lorsqu'il n'y a encore aucune partie de la » substance transsudée, cette membrane enveloppe immédiate- » ment le petit mur gélatineux (pulpe dentaire) et le serre de » très près. A mesure que ce petit mur transsude cette substance, » il se rapetisse, se retire en dedans et s'éloigne de la membrane » qui lui sert néanmoins toujours de tunique, mais de tunique » commune à lui et à la matière qu'il a transsudée. L'émail, de » son côté, est déposé sur cette tunique par les productions de la » lame interne de la capsule, et il la comprime tellement contre » la substance interne ou osseuse qu'elle sépare de lui, que bien- » tôt cette tunique devient imperceptible dans les portions dur- » cies de la dent, ou du moins qu'elle n'y paraît que sur la » coupe, comme une ligne grisâtre fort fine qui sépare l'émail de » la substance interne. »

Arrêtons-nous un instant; car ce point a une importance capitale dans la question que nous traitons.

Je serais très embarrassé de dire sur quelles indications les auteurs ont admis ce déplacement de la tunique de la pulpe. G. Cuvier attribue à la présence de cette membrane la ligne grisâtre qu'on remarque entre l'ivoire et l'émail. Mais cette opinion, qu'aucune démonstration positive ne confirme, ne repose, comme l'a déjà fait remarquer M. Flourens, que sur une illusion d'optique. Que ferait cette membrane ainsi pressée entre les deux substances solides des dents, et privée de toutes communications vasculaires? A quoi servirait-elle? G. Cuvier la croit destinée à attacher les parties durcies de la dent au fond de la capsule; car, ajoute-t-il, sans elle il y aurait solution de continuité. Cette explication, dont j'ai de la peine à saisir le sens, ne saurait tenir lieu du fait qui lui manque; et si G. Cuvier a voulu parler de l'union de l'ivoire et de l'émail, je pourrais objecter que cette union existe entre la substance corticale et l'ivoire des racines, quoique aucun tissu membraneux ne leur serve d'intermédiaire.

Cependant, pour peu qu'on y eût réfléchi, ou qu'on se fût livré à la plus simple inspection des parties, on eût évité une pareille erreur. Il est de toute évidence que si l'ivoire était formé en dedans de la membrane de la pulpe, celle-ci devrait se trouver, à un temps donné, entièrement privée de son enveloppe primitive. Or, qu'on examine la pulpe, soit avant, soit pendant, ou après la production de l'ivoire, et on la trouvera toujours revêtue de sa tunique extérieure. Ce caractère anatomique, qu'elle partage avec tous les organes sécréteurs, elle ne le perd jamais. La membrane qui l'embrasse de toutes parts lui est tellement inhérente, elle constitue une partie si essentielle de son organisation, qu'on la voit survivre même après la disparition du parenchyme de la pulpe. C'est elle qui demeure la dernière.

Il y a plus : si cette opinion avait la moindre réalité, comment la ferait-on concorder avec ce qui se passe dans la dentition des rongeurs? Car c'est toujours là qu'on est obligé de recourir toutes les fois qu'il s'agit de s'éclairer sur des points obscurs de la physiologie des dents. Chez ces animaux, la nature eût accompli une œuvre inutile en revêtant d'une enveloppe extérieure la pulpe de leurs incisives. L'ivoire de ces dents, dont le mouvement d'accroissement et d'usure est continuel, s'il se fût formé sous la membrane du bulbe dentaire, n'aurait pas tardé à l'entraîner avec lui dans une destruction commune, et le bulbe eût été obligé, au bout d'un certain temps, de procéder, sans sa membrane, à la production de l'ivoire, comme il y avait procédé primitivement quand il en était pourvu.

M. Flourens (*Recherches sur le développement des os et des dents*, Paris, 1842), dans le rapprochement qu'il a cherché à établir entre le travail d'ossification du bulbe dentaire et celui qui s'opère dans le cartilage osseux, avait certainement bien senti que cette opinion ne pouvait se concilier avec la présence d'une membrane autour du bulbe; aussi n'admet-il pas l'existence de cette membrane. En cela, cet illustre académicien s'est montré plus conséquent que les auteurs qui, avant et après lui, se sont occupés du même sujet.

Encore, si cette doctrine était une et nettement définie! Elle n'est évidemment pas là même pour Kölliker, qui limite le travail d'ossification de la pulpe à sa couche la plus externe, que pour Raschkow, Schwann et Owen, qui l'étendent non seulement à tout le parenchyme de cet organe, mais y comprennent en outre sa membrane externe ou préformative, comme ils l'appellent. Quant à M. Duvernoy, nous savons que son opinion tient le milieu entre celles exprimées par ces habiles micrographes.

Ainsi, voilà déjà trois grandes modifications apportées à l'ancienne théorie de la formation de l'ivoire. Sur quoi sont-elles fondées? Je l'ignore; car dans l'école d'où elles nous viennent, on affirme et l'on ne démontre pas. Assurément elles ne peuvent invoquer l'observation microscopique. Ce serait, en effet, soumettre cette dernière à une épreuve trop difficile que de lui demander à quels signes appréciables on peut, dans le tissu qui constitue le parenchyme de la pulpe, distinguer la portion qui doit se convertir en ivoire, de celle qui conservera son état primordial. Kölliker, tout en avouant la force et la justesse de cette objection, a cru l'atténuer en disant qu'il n'existe pas moins entre elles une séparation *histologique*. Cette explication peut satisfaire l'hypothèse ; seulement je doute qu'elle soit de nature à satisfaire la raison.

Mais une autre et grave difficulté se présente dans la théorie que nous discutons. S'il est vrai, ainsi qu'on le prétend, que le bulbe dentaire se transforme en os, comme le cartilage osseux, que deviennent les vaisseaux du bulbe après son ossification? Ne devrait-on pas les retrouver dans l'ivoire comme on les retrouve dans les os? En vain, pour échapper à cette conséquence, Henle a-t-il imaginé de faire retirer les vaisseaux vers le centre du germe dentaire, à mesure que celui-ci s'ossifie de dehors en dedans. Je doute fort que cet habile anatomiste se soit assuré de ce retrait. Mais il ne nous dit pas non plus ce que deviennent ces vaisseaux après que le travail d'ossification est terminé. Probablement ils disparaissent, puisqu'il reconnaît, avec le plus grand nombre des micrographes, que chez l'homme, au moins, l'ivoire n'est pas vasculaire.

Soit donc qu'on ait égard à la constitution anatomique du bulbe dentaire, soit qu'on étudie la manière dont il se comporte pendant la production de l'ivoire, tout s'élève contre une doctrine qui se trouve tellement en contradiction avec les faits les mieux établis, que je n'avais même pas jugé, dans un travail publié en 1835, devoir la réfuter (*Dictionnaire de médecine*, déjà cité, article DENTITION, 1835). L'induction physiologique ne la repousse pas moins. Toutes les parties qui dépendent d'un même système organique ont des caractères communs et constants qu'elles conservent toujours, quelles que soient les modifications qu'elles subissent. Admettre qu'une seule de ces parties puisse s'en dépouiller sans qu'aussitôt les liens qui l'unissaient au tout ne soient rompus, c'est accuser ou une erreur de la science ou une erreur de l'observation. Si, comme l'affirment Henle, Owen et la plupart des micrographes modernes, l'ivoire est le germe dentaire ossifié, pourquoi lui refuser la vascularité et les autres attributs des os? Car ce n'est qu'à ces conditions qu'il peut appartenir au système osseux. Si, au contraire, il est démontré, comme une vérité désormais acquise à la science et même acceptée par le plus grand nombre de ces auteurs, que la place des dents soit marquée parmi les productions du système tégumentaire, comment les en distraire par l'acte le plus important qui s'accomplisse en elles? Prétendrait-on les rattacher tout à la fois à deux systèmes aussi différents que les systèmes osseux et tégumentaire? Mais ce qui me frappe surtout, c'est peut-être moins encore le peu de fondement et l'incohérence de ces hypothèses, que les déductions physiologiques qui doivent inévitablement en découler. Sans doute, en les émettant, les auteurs n'ont eu en vue que les dents; mais sont-ils bien certains qu'à leur insu elles ne prennent plus d'extension et ne tendent à se formuler en théorie générale? En histologie, les théories sont solidaires les unes des autres, en ce sens qu'elles doivent s'appliquer également et uniformément à toutes les dépendances d'un même système organique. Lors donc que vous me dites que l'ivoire est le résultat d'une transformation du germe dentaire, je suis en droit d'en conclure que les substances cornées sont le résultat d'une transformation de leur bulbe, ou de vous demander dans quel système anatomique vous rangez les dents.

Quant à moi, je ne puis voir, dans la théorie de l'ossification

du bulbe dentaire, qu'une vue hypothétique, et pas autre chose.
Professée par l'école microscopique, elle ne peut même pas s'appuyer de l'instrument qui l'a fait revivre. Cependant elle semble dominer aujourd'hui en Allemagne, en Angleterre, en France, et compte parmi ses partisans d'illustres anatomistes. Pour venir la combattre à cette tribune, il a fallu que mes convictions fussent bien profondes. A des autorités que je respecte, j'ai opposé les enseignements donnés par l'anatomie et la physiologie, et me suis surtout efforcé de réduire la question à ses termes les plus simples et les plus décisifs. Si l'ivoire n'est que la pulpe ossifiée, il faut de toute nécessité admettre qu'il se forme en dedans de la membrane de la pulpe, et cet organe producteur doit, au bout d'un temps déterminé, se trouver dépouillé de son enveloppe primitive. Or, l'observation anatomique rejette une telle assertion. La théorie de la formation de l'ivoire par une sécrétion, une transsudation à la surface externe de la membrane du bulbe dentaire, reçoit donc de cette démonstration et des considérations dans lesquelles je suis entré, une consécration nouvelle. Sans doute ce n'est pas un progrès; mais n'est-ce point encore servir la science que d'empêcher qu'elle ne fasse des pas rétrogrades?

CONSIDÉRATIONS ANATOMIQUES ET PHYSIOLOGIQUES

SUR LES

DENTS A COURONNES RÉUNIES

ET PLUS PARTICULIÈREMENT SUR LES

MOLAIRES DU LIÈVRE ET DU LAPIN

POUR FAIRE SUITE

AUX RECHERCHES DE L'AUTEUR

SUR LA DENTITION DES RONGEURS

—

Mémoire présenté à l'Académie des sciences, le 13 août 1855.

En introduisant dans la science une dénomination nouvelle, j'ai cédé au besoin de donner à une disposition anatomique mal définie sa véritable signification.

La couronne des dents qui font le sujet de ce mémoire a pour caractère d'être parcourue dans son intérieur par des replis de l'émail qui la divisent en un nombre plus ou moins considérable de petites couronnes réunies entre elles par de la substance corticale. De là le nom que j'ai cru devoir assigner à cette disposition.

Les auteurs ont fait de ces dents une classe particulière et ils les ont décrites sous le titre de dents *composées* et *demi-composées,* selon que l'émail pénètre plus ou moins profondément dans l'intérieur de la couronne. Mais cette désignation ne saurait convenir aujourd'hui, puisque le mode de distribution de l'émail sur lequel elle repose s'observe également et dans les dents que j'ai fait connaître sous le nom des dents simples ou privées de racine, telles que les molaires du lièvre, du lapin, du kerodon, etc., et dans les dents que j'ai appelées composées ou à racines, du cheval, les molaires des ruminants, de l'éléphant, celles de beaucoup de rongeurs, etc.

Nous commencerons par tracer un exposé succinct de ces dernières.

La structure et la formation de ces dents ont été étudiées avec un grand soin par Patric Blair, J. Hunter (1), Tenon, Corse et Blake, et ces auteurs nous ont fait connaître à peu près tout ce que nous en savons. G. Cuvier, dans la description qu'il a donnée des molaires de l'éléphant, a résumé leurs travaux en y joignant les résultats de ses propres observations. Quant à nous, nos recherches s'accordent en général avec celles de ces habiles anatomistes. Elles ne s'en éloignent qu'en ce que au lieu de choisir, comme ils l'ont fait, les dents de l'homme pour point de départ, nous l'avons pris dans les incisives des rongeurs, c'est-à-dire dans des dents qui par la simplicité de leur composition étaient seules capables de nous éclairer dans nos investigations.

Nous ne sommes plus au temps où Corse pouvait affirmer, sans être contredit, que la formation des molaires de l'éléphant présente peu d'analogie avec celle des autres dents de ce genre. L'anatomie comparative est venue, depuis, donner un démenti à cette assertion. Considérée au point de vue de leurs caractères anatomiques et physiologiques les plus importants, une dent molaire humaine ne diffère pas essentiellement d'une molaire de ruminant ou d'éléphant. Leurs pulpes reçoivent également leurs vaisseaux et

---

(1) *Observations on the structure of the teeth of graminivorous quadrupeds. Philosophical transactions*, for 1799, by E. Home.

Ce mémoire, dans lequel on reconnaît la main d'un maître habile, appartient à J. Hunter. Ce n'est que par un indigne plagiat que E. Home se l'est attribué.

La substance des dents, vulgairement appelée osseuse, y est pour la première fois désignée sous le nom d'*ivoire*.

leurs nerfs réunis sous forme de cordons, et leurs fonctions s'exécutent d'une manière semblable. Chez l'homme comme chez l'é-
léphant, chaque tubercule de la pulpe se recouvre successivement
d'une petite calotte de substance éburnée. Ces calottes, isolées
d'abord, ne tardent pas, pour l'une comme pour l'autre, à se rencontrer pour constituer la surface triturante de ces dents. Ainsi,
le fait anatomique est le même dans ces deux cas. Seulement chez
l'éléphant et chez les ruminants dont les divisions de la pulpe
sont très profondes, il se montre dans des proportions très grandes et sous une forme beaucoup plus compliquée, tandis que chez
l'homme, où cet organe se termine par une surface presque plane,
il est borné aux couches superficielles des tubercules de la couronne.

Enfin ces dents ont la même constitution anatomique ; leur
accroissement est également limité, et l'usure qu'elles éprouvent
par le travail de la mastication les ramène à une identité parfaite.
Une seule différence existe entre elles, et encore cette différence,
à peine marquée à leur origine, est-elle bornée à une seule portion de la pulpe, elle résulte du mode de configuration de cet organe. Chez l'homme il consiste en un corps unique, entouré de tous
côtés, si ce n'est au point où lui arrivent ses vaisseaux et ses
nerfs, par les membranes des follicules qui sont destinées à répandre sur l'ivoire le produit de leur sécrétion. Chez l'éléphant et
chez les ruminants, il en est autrement. L'extrémité gingivale de
leurs bulbes dentaires s'y trouve divisée en un grand nombre de
lobes entre lesquels descendent les membranes du follicule qui
déposeront dans l'intérieur de la couronne l'émail et la substance
corticale, de la même manière qu'elles les déposent, dans les autres dents, à la surface de la couronne. Ainsi donc, la plus complète ressemblance existe dans les rapports des membranes avec la
pulpe dont elles suivent, chez l'homme comme chez l'éléphant,

exactement tous les contours ; les actes fonctionnels de ces divers organes sont les mêmes ; la forme seule diffère.

Dans le principe, les divisions de la pulpe des molaires de l'éléphant et des ruminants sont peu profondes, et les lobules qu'elles constituent s'y présentent sous l'aspect de petits mamelons très courts et légèrement conoïdes. Ce n'est qu'à l'époque de la production de l'ivoire que leurs formes se dessinent. Ces petits mamelons s'allongent en raison des progrès de l'accroissement et de la pression de la substance éburnée, et ils finissent par acquérir tout le développement qu'ils devront avoir. En cet état, ils se montrent comme autant de prolongements ou de digitations s'élevant tous de la base de la pulpe. A leur base, ils sont très rapprochés les uns des autres, mais ils s'écartent à mesure qu'ils s'en éloignent. Leur longueur, dans les molaires de l'éléphant, est presque égale à celle de la pulpe de ces dents ; dans les molaires des ruminants, elle ne dépasse, en général, que de très peu la moitié de la hauteur de cet organe.

L'ivoire et l'émail qui sont déposés autour de ces digitations, forment autant de petits étuis coniques, de véritables couronnes isolées les unes des autres, lesquelles plus tard, se réuniront et se confondront ensemble en une masse unique à la base de la pulpe, en même temps que les intervalles qui les séparaient se rempliront par de la substance corticale.

L'isolement primitif de ces étuis ou couronnes a fait penser à Corse, que les molaires de l'éléphant étaient composées de plusieurs dents distinctes, ayant chacune son propre émail et étant réunies entre elles par une substance intermédiaire qui leur sert de ciment. Cette assertion qui, comme nous le ferons connaître bientôt, peut être vraie pour certaines dents, n'est nullement fondée en cette circonstance. La séparation qui existe d'abord entre les petites couronnes dont nous venons de parler, tient à la configuration de la pulpe et n'indique rien autre chose ; elle ne fait que reproduire en grand ce que nous avons vu en petit dans la formation des molaires humaines.

G. Cuvier, dans la description qu'il a donnée des molaires de l'éléphant, n'a pas peu contribué à propager cette opinion qui se trouve encore partagée par plusieurs anatomistes modernes. Suivant cet auteur, pour se représenter le noyau pulpeux de ces dents, on peut se figurer « que du fond de la capsule (membrane » externe du follicule) pris pour base, partent des espèces de pe- » tits murs tous parallèles, tous transverses, et se rendant vers la » partie du sac prête à sortir de l'alvéole. Ces petits murs n'a- » dhèrent qu'au fond de la capsule ; leur extrémité opposée, ou, si » l'on veut, leur sommet, est libre de toute adhérence. »

D'après cette description, qui laisse peut-être à désirer pour la clarté, la pulpe des molaires de l'éléphant se trouverait divisée en totalité par des *murs* qui s'étendraient du fond de la capsule à l'orifice de l'alvéole. Mais il n'en est pas ainsi. Ce que G. Cuvier appelle les murs de la pulpe ne sont que les digitations de cet organe, rangées en séries transversales et parallèles les unes aux autres. Toutes ces digitations, comme celles qui existent dans les molaires des ruminants, se terminent dans la masse formée par la base du noyau pulpeux, laquelle, assise sur le fond de l'alvéole, présente une disposition semblable à celle que l'on observe dans la pulpe des molaires de l'homme.

Mais il est un point important de l'étude des dents à couronnes réunies sur lequel je dois m'arrêter un instant. Je veux parler de la manière dont se comportent les membranes par rapport à la pulpe et de la production du cément ou substance corticale.

Tenon, Blake et G. Cuvier croyaient que la capsule, ou membrane externe du sac, était uniquement destinée à servir d'enveloppe à celui-ci, et que la membrane interne descendait seule dans

les divisions de la pulpe. Cela les avait conduits à attribuer à cette
dernière membrane la double fonction de sécréter non seulement
l'émail qui revêt l'ivoire, mais encore cette troisième substance
que Tenon a fait connaître sous le nom de *cortical osseux,* et que
Blake a décrite sous celui de *crusta petrosa.* Pour Tenon, cette
substance provenait de l'ossification de la membrane interne du
sac après que celle-ci a produit l'émail. Pour Blake, cette membrane, après avoir fourni l'émail par l'une de ses faces, donnerait
le cortical par sa face opposée. Quant à G. Cuvier, il dit s'être
assuré que le cortical est produit par la même membrane et la
même face qui a produit l'émail, et il en donne pour preuve que
cette membrane reste en dehors du cortical, comme elle était auparavant en dehors de l'émail; seulement, suivant lui, elle chan-
gerait de tissu : « tant qu'elle ne donnait que de l'émail, elle était
« mince et transparente; pour donner du cortical, elle devient
« épaisse, spongieuse et rougeâtre. »

Les recherches auxquelles je me suis livré sur les follicules des
molaires des ruminants et de l'éléphant, ne me permettent pas
de partager les idées émises par les habiles anatomistes que j'ai
cités plus haut. La membrane externe, la capsule, comme l'a
désignée G. Cuvier, accompagne la membrane interne dans tous
les replis que fait cette dernière entre les digitations de la pulpe.
C'est un point dont il est facile de se convaincre en examinant la
pulpe des molaires des ruminants et mieux encore celle des molaires de l'éléphant. Ces deux membranes exécutent à l'intérieur
les mêmes fonctions que celles qu'elles accomplissent à leur surface externe. Après que l'émail a été déposé sur la substance
éburnée qui entoure sous forme d'étuis les digitations de la pulpe,
la membrane externe vient combler les vides qui existent entre
eux en les remplissant de cément, de la même manière qu'elle le
produit à l'extérieur de la couronne et autour des racines de tou-

tes les dents. Or, dans cette dernière circonstance, qui pourrait attribuer à la membrane émaillante la moindre part à cet acte fonctionnel? La membrane externe en est seule chargée, et c'est pour cela que je lui ai consacré le nom de membrane corticale.

Ces généralités posées, arrivons aux molaires des rongeurs.

Blake, G. et F. Cuvier, ont plus particulièrement étudié ces dents. Erdl, dans un mémoire intéressant qu'il a publié en 1841, a décrit avec beaucoup de soin leur texture et leur configuration; mais il est à regretter que cet anatomiste, doué d'un si bon esprit d'observation, se soit exclusivement attaché à leurs formes extérieures, et qu'il n'ait tenu aucun compte des considérations physiologiques qui se rattachent à ces formes. Nous chercherons à remplir cette lacune de la science pour les molaires du lièvre et du lapin.

On peut diviser en deux classes les molaires des rongeurs; les unes sont pourvues de racines, (rats, écureuils, marmottes, etc.); les autres en sont privées.

Les molaires du lapin et du lièvre appartiennent à cette dernière classe.

C'est bien certainement de ces dents, qui possèdent la faculté de croître toujours, qu'on doit dire qu'elles sont formées par l'union de deux couronnes se prolongeant jusqu'au fond de l'alvéole. Elles peuvent être comparées à deux tubes, en partie pleins et en partie creux, adhérents ensemble, et placés l'un au devant de l'autre, ou plutôt elles ressemblent entièrement à deux incisives de rongeurs qui seraient réunies entre elles par un repli de leur substance émaillée.

Ainsi définie, chaque moitié d'une molaire de lapin nous représente donc une incisive de rongeur. Elle en a la configuration interne et externe; elle contient une pulpe semblable et se forme

8

de la même manière. Aussi ne reviendrons-nous pas sur ces points que nous avons exposés dans plusieurs de nos écrits. Le seul caractère spécial qu'elles nous offrent et dont nous ayons à nous occuper, est le mode d'union de ces deux moitiés de la même dent.

Mais avant, jetons un coup d'œil sur les organes chargés de les produire.

Lorsqu'on retire d'une molaire de lièvre ou de lapin, la pulpe qu'elle renferme, et qu'on la déploie sur une glace, elle se présente comme un cordon allongé, un peu plus épais à son milieu, mince et effilé à ses extrémités. Dans la dent, ce cordon est replié sur lui-même et représente la forme d'un U, dont les branches sont dirigées vers les gencives et dont la portion arrondie regarde le fond de la cavité alvéolaire. Ces jambes ou pulpes se distinguent en antérieure et en postérieure. Avant la production des substances dentaires, elles sont contiguës et en contact immédiat avec leurs membranes, lesquelles se comportent de la manière suivante : prises au côté interne ou lingual des pulpes, elles les recouvrent et se portent de là, en avant, sur la face antérieure de la pulpe antérieure, et, en arrière, sur la face postérieure de la pulpe postérieure. Arrivées au côté externe des pulpes, elles se replient dans l'intervalle qui les sépare et s'avancent de dehors au dedans, très près de la portion de ces membranes que nous avons prise au côté interne des pulpes.

Il résulte de cette description empruntée à l'examen des substances dentaires, que les membranes ne font que passer sur le côté interne des pulpes, tandis qu'au côté externe, elles se réfléchissent entre ces organes en formant un repli dans l'intérieur duquel existe un espace que l'imagination seule peut se représenter. Ainsi ces pulpes, qui paraissent contiguës l'une à l'autre, sont réellement séparées par quatre feuillets membraneux, deux antérieurs et deux postérieurs appartenant aux membranes émaillante et corticale.

Cette disposition des membranes par rapport aux pulpes de la molaire du lièvre et du lapin, disposition qu'on retrouve constamment, quoique sous des formes variées, dans toutes les couronnes réunies, établit le caractère essentiel de ces dents. Ces membranes, en déposant, dans l'espace compris entre ces pulpes, le produit de leur sécrétion, donnent naissance à un mode particulier de texture que les auteurs ont appelé du nom de plissure ou de repli. Le nombre, la figure et la direction de ces replis sont déterminés par les membranes dont ils représentent fidèlement les circonvolutions. Ils sont circonscrits dans toute leur étendue par une bande d'émail.

Dans les molaires du lièvre et du lapin le repli est simple. Il s'étend de la paroi externe de ces dents à la paroi opposée dont il n'est séparé que par un espace très petit et seulement appréciable au microscope. Ce repli, qui, de cette manière, partage la dent en deux parties à peu près égales, suit exactement les contours de l'ivoire auxquels il correspond. Il se termine en dedans par une espèce de cul-de-sac arrondi. Une bande d'émail le borde dans tout son trajet. Sa portion antérieure recouvre la face postérieure de l'ivoire de la moitié antérieure de la dent. La postérieure est appliquée sur la face antérieure de l'autre moitié. Entre ces deux lames d'émail, on découvre, au micoscrope, un intervalle qui est rempli par de la substance corticale. Ce repli s'ouvre au dehors dans un sillon vertical creusé au milieu du côté externe de la dent, lequel sillon reçoit une petite crête qu'on remarque à la face interne de la partie externe de l'alvéole.

On peut juger par cette description que la texture des molaires du lièvre et du lapin, offre, dans sa configuration générale, une grande analogie avec ce que nous avons vu dans la couronne des molaires des ruminants et de l'éléphant. Les replis qui divisent l'intérieur de ces dents sont tous de même nature et ont tous une origine semblable. Ils se distinguent seulement par leur nombre et leur direction. Chez les ruminants, ils marchent perpendiculairement et parallèlement entre eux de la surface triturante de la couronne vers le collet de la dent. Pour le lapin et le lièvre il en est autrement. Il n'y a chez eux qu'un seul repli qui s'ouvre sur un côté de leurs molaires et en occupe toute la hauteur. Cette circonstance qui se lie à la constitution anatomique et au mode d'accroissement de ces dents, mérite d'autant plus de fixer notre attention qu'aucun auteur, jusqu'à présent, ne s'en est occupé.

Ici, nous nous trouvons en présence d'un organisme dont la destination est toute particulière. Ces dents que l'usure atteint sans cesse, avaient besoin de toujours trouver, dans le concours des organes qui prennent part à leur production et à leur accroissement, les moyens de réparer les pertes habituelles qu'elles éprouvent par le travail de la mastication. Or, la nature a pourvu à cette condition de leur existence, en imposant à la pulpe et aux membranes émaillante et corticale, un caractère de fixité et de permanence qui répondit aux fonctions qu'elles ont à accomplir. D'abord elle a donné à leur pulpe la configuration qu'on retrouve dans toutes les dents où la production de l'ivoire s'opère sans discontinuité. Mais cela ne suffisait pas. Le lièvre et le lapin ne se nourrissent que de substances végétales, il fallait que leurs molaires fussent accommodées au travail mécanique qu'exige cette alimentation; pour satisfaire à cette nécessité, elle les a formées d'une texture semblable à celle des molaires des animaux herbivores, et a, en outre, distribué les membranes de telle sorte que cette texture se maintint toujours la même malgré la détrition que subissent continuellement ces dents. Or, ici encore, l'arrangement de ces organes se prête merveilleusement au but que la nature s'est proposé.

Nous avons vu que dans les molaires des ruminants et de l'éléphant, les membranes se prolongent plus ou moins profondément de la surface libre ou gingivale de la pulpe vers son extrémité opposée, mais sans jamais en atteindre la base. Il en résulte que l'émail et le cément qu'elles déposent ne vont pas au delà d'un certain point de l'intérieur de la couronne. Aussi, quand les replis que ces substances constituent ont été détruits par le travail de la mastication, ce qui reste de la couronne n'offre plus qu'une surface éburnée entourée d'un cercle d'émail. En cet état ramenées à leur unité essentielle, les molaires du ruminant, de l'éléphant, sont entièrement semblables à la molaire de l'homme quand celle-ci a perdu par l'usure l'émail qui en revêt la couronne.

Une telle disposition se concilie avec l'épaisseur et la dureté des substances qui entrent dans la composition des molaires des ruminants; mais il ne pouvait en être ainsi pour les molaires du lièvre et du lapin dont la texture délicate eût été incapable de résister longtemps aux efforts incessants qu'elles ont à supporter et au besoin qu'elles ont de réparer les pertes continuelles que l'usure leur fait subir. La nature y a suppléé en distribuant leurs membranes de telle manière que leurs fonctions ne pussent, comme celles de leurs pulpes, jamais éprouver d'interruption et pour que de nouvelles productions d'émail et de cément vinssent sans cesse réparer la destruction de ces substances. Pour cela, elle a appliqué ces membranes sur le côté des molaires du lapin en les étendant jusqu'à leur base, et les a, en outre, repliées transversalement entre les deux couronnes qui composent ces dents. Au moyen de cette combinaison admirable, aucun obstacle ne peut s'opposer à la sécrétion continue de l'émail et de la substance corticale. Placées, les unes, au centre de chaque milieu de la

dent, les autres, à leur surface, les pulpes et les membranes versent sans cesse, de tous les points de leur étendue, les matériaux
destinés à son accroissement, et tandis que la dent, libre et mo-
bile au milieu des organes qui l'entourent de toutes parts, obéit
au mouvement de progression qui la pousse continuellement au
dehors, ses pulpes et ses membranes se maintiennent constamment dans leur situation et leurs rapports primitifs; leurs fonctions n'ayant d'autre terme que celui qui est assigné à la vie de
l'animal.

Toutefois, cette disposition des molaires du lièvre ne fait que
reproduire, sous une forme plus compliquée, ce que nous avons
déjà observé dans les incisives des rongeurs. A cet égard, ces
dents se trouvent entre elles dans la même situation que les molaires de l'homme par rapport à celles des ruminants et de l'éléphant.

C'est ainsi qu'en procédant par voie d'analogie, l'organisme
dentaire, au milieu des combinaisons si diverses qu'il nous présente, se trouve constamment ramené à ses conditions premières
et générales, et que l'on voit disparaître à chaque pas que l'on
fait, les barrières qu'une observation superficielle avait établies.

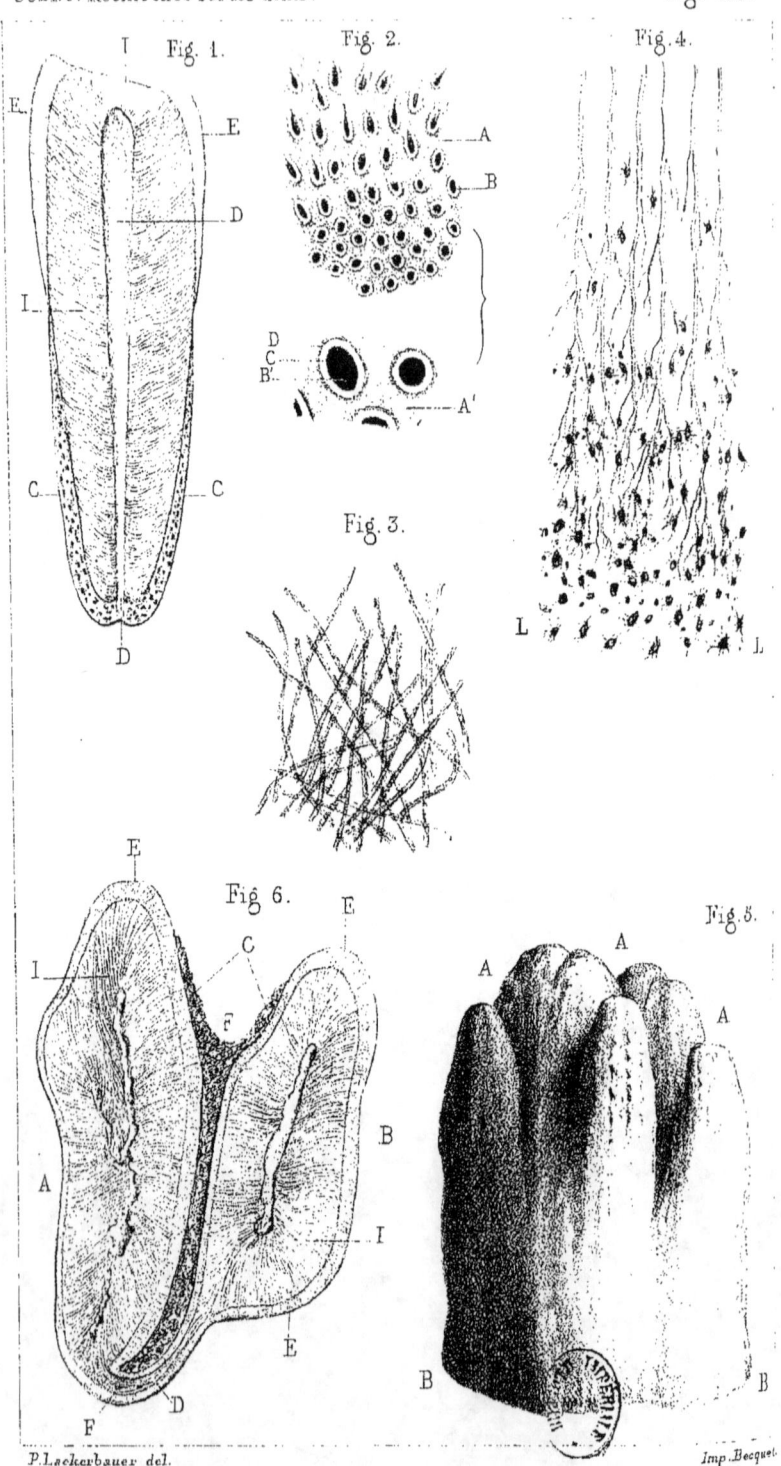

Fig. 1.

Fig. 2.

Fig. 4.

Fig. 3.

Fig. 6.

Fig. 5.

P.Lackerbauer del.

Imp. Becquet.

Paris, J.B.Baillière et fils.

EXPLICATION DE LA PLANCHE.

————

Fig. 1. — Section verticale d'une incisive. (Retzius.)
    E. E. Émail.
    I. I. Ivoire.
    C. C. Substance corticale.
    D. D. Cavité dentaire.

Fig. 2. — Section transversale d'une bicuspide montrant les orifices
    des canalicules dentaires.
    A. Substance intermédiaire ou intercanaliculaire.
    B. Canalicule.

        Canalicules :

    A'. Substance intercanaliculaire.
    B'. Point noir indiquant l'orifice du canalicule.
    C. Paroi du canalicule marquée par un cercle blanc.
    D. Cercle gris ; effet de lumière produit par les rapports de
    contiguïté de la paroi du canalicule avec la substance inter-
    canaliculaire.

Fig. 3. — Lamelle d'ivoire qui a été soumise à une solution d'acide
    hydro-chlorique. On y voit les canalicules qui ont été privés
    de leurs sels calcaires. Quelques-uns sont isolés et dépassent
    les autres d'une manière très prononcée.

Fig. 4. — Substance corticale. On y aperçoit des corpuscules de Purkinje ou lacunes L. L., qui caractérisent toute structure osseuse.

FIG. 5. — Pulpe d'une molaire d'éléphant. De sa base B. B. partent les digitations A. A. A. qui les surmontent.

FIG. 6. — Section transversale d'une molaire de lièvre. (Erdl.)
A. Couronne antérieure.
B. Couronne postérieure.
C. Plissure ou pli régnant le long du côté externe de la dent et séparant les deux couronnes qui la constituent.
D. Point d'union des deux couronnes.
E. E. E. Émail.
I. I. Ivoire.
F. F. Substance corticale.

ERRATA.

Dernier mot de la page 42, au lieu de l'organisme, lisez l'*organicisme*. — Au lieu de gengival, reproduit en plusieurs endroits, lisez *gingival*.

AVANT-PROPOS.

AVANT-PROPOS.

———

Le travail que je publie devait servir d'introduction à un ouvrage terminé depuis longtemps, et dont
j'ai déjà extrait plusieurs parties, pour composer les
articles : DENT (pathologie), et DENTITION (physiologie), qui ont été insérés, en 1835, dans le *Dictionnaire de médecine, ou Répertoire général des sciences
médicales.*

Il me tardait de donner au sujet que j'avais traité
en 1822 et 1823, tous les développements qu'il
comporte, et auxquels n'avaient pu se prêter les
limites imposées à des lectures académiques.

M'emparant d'un des faits les plus curieux et certainement le plus important de tous ceux qu'offre
la dentition, j'avais, à cette époque, soumis aux
épreuves de la physiologie expérimentale et aux investigations de l'anatomie comparative, le phénomène si remarquable de l'accroissement continu et
de la reproduction des incisives chez les rongeurs,
et j'en avais découvert la cause dans la configuration
particulière de la pulpe de ces dents. J'avais cherché à démontrer que, bien que les incisives des ron-

geurs fussent, comme les autres dents, le produit
d'un même acte organique s'exerçant sous des lois
semblables, elles devaient, à cette seule disposition,
la double faculté dont elles jouissent. J'ajoutais,
comme conséquence de ce mode particulier d'accroissement, qu'elles restaient toujours à l'état de
couronne, et qu'on ne devait plus considérer comme
une racine, la portion de ces dents qui se trouve
contenue dans les mâchoires. Ce fait, accueilli, tant
en France qu'à l'étranger, par l'assentiment presque
unanime des anatomistes et des naturalistes, fut
jugé, par les uns, comme ouvrant une voie nouvelle
à l'anatomie comparative des dents, et trouvé, par
d'autres, tellement simple et tellement facile, si je
puis ainsi dire, qu'on eut de la peine à croire qu'on
eût pu se méprendre sur une disposition aussi pa-
tente, et qu'on eût pris si longtemps pour une racine,
ce qui n'était qu'une portion d'une couronne. Peu
s'en fallut même qu'on ne prétendît, qu'en disant que
les incisives des rongeurs et les défenses de l'éléphant avaient des racines, on eût émis la même pensée que moi qui venais de prouver qu'elles en étaient
privées. Cependant, je crois que la proposition que
je formulais ainsi avait un sens assez clair et assez
précis pour repousser toute équivoque, et qu'en sup-
posant même, ce qu'il me serait difficile de comprendre, qu'elle pût laisser encore de l'obscurité
ou de l'incertitude, c'est moins au texte de cette
proposition qu'on aurait dû avoir égard, qu'aux re-

cherches et aux considérations dont elle n'était que
la conséquence; car pour l'auteur ces dernières l'in-
téressaient certainement plus que la première.

A Dieu ne plaise que je conteste que le génie, par
un heureux et rare privilége, ne puisse quelquefois
entrevoir, au delà des faits, certaines vérités; mais
là s'arrête sa puissance. Quels que soient le respect
et l'admiration qu'il commande, il ne lui est pas
donné de leur imprimer cette évidence, cette conviction dont elles ont toujours besoin pour être
admises dans le domaine de la science. D'ailleurs,
l'anatomie et la physiologie ont aussi leurs exigences; entre le simple énoncé d'une opinion ou d'une
théorie, de quelles formes séduisantes qu'elles se
revêtent, et leur démonstration expérimentale, elles
établissent une grande différence. Elles veulent,
avant de les accepter, qu'elles leur soient constatées
par des recherches positives. Aristote, dont le nom
rappelle l'une des pensées les plus heureuses et les
plus fécondes, qui, dans les sciences naturelles, soient
peut-être jamais sorties de l'intelligence humaine,
l'*unité de composition*, Aristote n'a-t-il pas dit que les
dents étaient des cornes? Pour lui, c'était plus qu'une
assertion; cependant, après cet immortel naturaliste,
n'a-t-on pas moins continué à regarder les dents
comme des os. A des époques diverses, des auteurs
ont pu comparer le bec des oiseaux aux dents. Cette
idée a-t-elle fait faire un pas à la science? Mais qu'un
anatomiste vienne; qu'avec le concours de Delalande,

il se livre à l'examen des mâchoires de fœtus d'oiseaux ; qu'il constate, sur le pourtour de ces os, l'existence de véritables follicules , et E. Geoffroy Saint-
Hilaire aura le mérite d'avoir découvert la structure
du bec et son analogie avec les productions dentaires. J. Hunter, dont le génie brilla d'un si vif
éclat, n'avait-il pas avancé que les *dents doivent être
regardées comme des corps étrangers, à ne prendre en
considération que l'absence de toute circulation dans leur
intérieur, mais qu'elles sont certainement douées du principe vital, par l'intermédiaire duquel elles font partie
du corps?* Comment cette proposition fut-elle reçue?
En Angleterre, on la traita de paradoxe, et on crut
ne pouvoir mieux honorer son auteur, qu'en le montrant ici, sacrifiant à son amour de la vérité, l'intérêt
même de ses opinions. En France, elle ne fut pas comprise. Le célèbre auteur de l'anatomie comparée,
G. Cuvier, recula devant la hardiesse d'une telle proposition, n'en adopta que la première partie, tant il
jugeait impossible qu'une partie privée de tout système vasculaire pût être douée de vitalité, et il assi-
mila les dents à des cloux implantés dans une planche.

Cependant, depuis, on a répété les injections
que Hunter avait tentées sur le tissu dentaire ; on a
renouvelé ses expériences sur la coloration de l'ivoire
par l'usage de la garance; on a soumis, de nouveau,
à un examen plus attentif, le mode de formation et
d'accroissement des dents; on a reconnu que les
substances dentaires sont continuellement pénétrées

par un fluide d'imbibition qui leur est fourni par la pulpe, et on a ainsi réduit à leur juste valeur les faits avancés par Th. Bell; on a étudié avec un esprit plus libre et dégagé, cette fois, de toute prévention, le caractère des altérations des dents, et on a pu remonter à leur étiologie.

Mais c'est surtout à l'anatomie et à la physiologie comparatives, à ces sciences qui seules possèdent les secrets de l'organisme, qu'on s'est adressé. Des expériences ont été pratiquées sur les animaux vivants, et particulièrement sur les incisives des rongeurs; leurs résultats, d'abord méconnus ou mal appréciés, ont été ici pris au sérieux; on n'a pas voulu que les phénomènes si remarquables que ces dents manifestent, ne fussent qu'un jeu, qu'un écart de la nature, et, pour la science, qu'un sujet digne seulement de satisfaire la curiosité. On fit ce qui n'avait pas encore été fait : on suivit pas à pas et on compara le développement de ces dents, avec ce qui se passe pendant les diverses phases que parcourt l'accroissement des dents chez l'homme et chez les êtres qui, sous ce rapport, se rapprochent de lui, etc., etc. Eh bien, tous ces travaux que j'ai poursuivis sans relâche, pendant plus de vingt ans, m'ont conduit à la même conclusion, et ont fait accepter, comme une œuvre commune, en France de même qu'en Angleterre, la proposition si judicieusement formulée par Hunter.

Cependant une école qui s'était déjà fait connaître par les belles descriptions que Vicq-d'Azyr avait conçues, s'élevait en Allemagne et en France. Elle n'avait assurément pas la prétention d'apporter avec elle l'observation, mais elle venait avertir qu'elle devait désormais prendre une direction différente de celle que jusqu'alors elle avait suivie. Cette école, du reste, loin de contester les immenses services que sa devancière avait rendus, n'hésitait pas à avouer qu'elle avait heureusement accompli son œuvre; elle reconnaissait, de plus, que cette œuvre lui avait été nécessaire, indispensable; néanmoins elle annonçait, en même temps, que de nouvelles obligations étaient imposées à l'anatomie comparative.

Je n'opposerai pas entre eux, en ce moment, les principes de ces deux écoles. J'ai cherché, tout en me renfermant exclusivement dans mon sujet, à les exposer et à faire ressortir l'esprit différent qui les anime, dans les articles de cet ouvrage que j'ai consacrés à la *définition, à la division des dents* et *aux caractères des racines*.

Pour éclairer cette dernière question, j'ai eu besoin de rappeler, en leur ajoutant de nouvelles considérations, les expériences que j'ai entreprises sur les incisives des rongeurs. On me reprochera peut-être de m'être laissé entraîner à des développements trop étendus; mais, d'une part, il s'agissait ici d'un fait anatomique sur lequel repose tout l'édifice des travaux que j'ai exécutés sur la dentition; de l'autre, je sentais que j'avais à lui restituer une signification qui me paraissait n'avoir pas toujours été com-

prise ou acceptée. C'est pourquoi je me suis attaché,
après l'avoir dégagé de toute obscurité et de toute
équivoque, à le traiter de manière qu'il restât enfin
dans la science comme une vérité complétement
démontrée.

On sait que les auteurs qui se sont occupés des
follicules dentaires, les font naître et se développer
dans l'intérieur des mâchoires, la plupart admettant
qu'ils communiquent par leur membrane externe avec
les gencives. Depuis longtemps l'induction m'avait
fait pressentir que des rapports plus intimes devaient exister entre ces parties. Les dissections auxquelles je me suis livré, et qui sont relatées au commencement de ce travail, ont résolu ce point d'anatomie, et sont ainsi venues compléter l'analogie que
je me suis efforcé d'établir entre les dents et les autres productions du système tégumentaire.

Enfin, j'ai terminé par l'exposition succincte des
recherches microscopiques qui ont été faites, dans
ces derniers temps, sur les dents. Elles m'ont paru
mériter trop d'intérêt pour pouvoir être passées sous
silence. Outre les services qu'elles ont déjà rendus à
la zoologie, elles ont éclairé plusieurs points de l'anatomie dentaire, et presque résolu la question qui se
rapporte à la nature et à la formation du cément. J'ai
cherché à montrer en quoi elles concordaient avec les
inductions fournies par la physiologie, et de quelles
manières elles se rencontraient ici toutes deux, pour
se prêter un mutuel secours. Mais, tout en reconnais-

sant l'importance des observations microscopiques,
je n'ai pas moins cru devoir indiquer les limites dans
lesquelles elles devaient se renfermer, et signaler le
danger où de fausses applications pourraient les entraîner.

Tel est, en substance, le travail que je publie. J'ai
eu à éclairer, à combattre ou à défendre plus d'une
proposition. Pour cela, j'ai eu recours à deux instruments intellectuels qui m'ont constamment guidé
dans mes investigations : l'induction et l'observation ;
la première indiquant à l'autre la voie qu'elle doit
suivre pour arriver à la vérité. Ai-je réussi ? C'est
au jugement des savants que je soumets cette question. Quelle que soit leur réponse, je puis au moins
me rendre ce témoignage, que si je n'ai pu faire entrer dans leur esprit mes propres convictions, ce
n'aura été, de ma part, ni faute de labeurs, ni faute
de persévérance.

DE

L'ACCROISSEMENT CONTINU

DES

INCISIVES CHEZ LES RONGEURS.

I.

ORIGINE DES FOLLICULES DENTAIRES.

EPOQUES DE LEUR APPARITION.

M'appuyant sur les lumières que la physiologie expérimentale et l'anatomie comparative venaient de me fournir, j'ai démontré, il y a vingt-cinq ans, qu'étudiées sous le rapport des actes organiques qui président à leur formation et à leur accroissement, les dents étaient au système muqueux ce que sont à la peau les cornes, les poils, les ongles, etc. Aujourd'hui, je vais montrer que la même analogie existe dans la disposition anatomique première des organes chargés de produire ces diverses substances.

Les follicules des appareils des deux dentitions ne se forment pas en même temps et n'affectent pas tous la même disposition. Vers le commencement du troisième mois après la conception, chaque cavité des deux mâchoires contient quatre sacs, dont deux antérieurs et deux postérieurs, adossés par paires étroitement l'un contre l'autre, de manière à laisser entre les deux sacs antérieurs et les deux postérieurs un intervalle assez grand. Les premiers sont plus petits et appartiennent aux incisives temporaires ; les autres appartiennent aux molaires de la même classe. A la fin du troisième mois, au milieu et en dehors de l'intervalle que nous venons d'indiquer et qui est marqué par une forte saillie de la lame externe de l'os maxillaire, on découvre un cinquième sac pour la canine, lequel complète ainsi le nombre total des follicules des premières dents.

Le développement des follicules de la deuxième dentition s'annonce, vers la fin du quatrième mois, par l'apparition d'un sixième sac au fond de la gouttière que représente l'intérieur des mâchoires. Ce sac appartient à la première grosse molaire. Ce n'est, en général, que dans le cours du septième mois qu'on aperçoit distinctement les capsules des incisives secondaires, et plus tard celles des canines. A l'époque de la naissance, tous ces petits sacs existent accolés contre les follicules des dents temporaires ; il faut même prendre quelques précautions pour les découvrir. Le meilleur moyen est d'enlever la lame interne des os maxillaires ; on trouve alors, à la partie supérieure et postérieure des sacs des incisives et des canines temporaires, un nombre égal d'autres petits sacs qui leur correspondent et que l'on reconnaît bientôt, après avoir incisé la face postérieure de leurs

capsules, pour être les follicules des incisives et des
canines permanentes. Ces sacs sont plus élevés que
les autres et sont situés très près des gencives avec
lesquelles il serait facile de les enlever si l'on
n'agissait avec soin.

La pulpe des incisives permanentes est alors très
développée et sa configuration entièrement dessinée.
Celle de la canine est beaucoup plus petite et bien
moins avancée. Ces sacs ne sont séparés des follicules
des temporaires que par une lame fibreuse fort mince
et sont contenues dans les mêmes cavités alvéolaires.
Quant aux follicules des bicuspides dont M. Serres
dit avoir constaté l'existence chez les fœtus, et dont il
indique la situation au-dessous des germes des molaires de la première dentition, quelque nombreuses
que soient les dissections auxquelles je me suis livré,
je ne les ai jamais rencontrés qu'à une époque beaucoup plus avancée. Ce n'est qu'à la fin de la deuxième
année, le plus souvent dans le cours de la troisième,
qu'on voit apparaître le follicule de la bicuspide antérieure, précédé ordinairement de quelques mois
par celui de la deuxième grosse molaire permanente,
et bientôt suivi du follicule de la bicuspide postérieure. Du reste, les follicules des bicuspides ont
primitivement avec les gencives les mêmes rapports
que les follicules des incisives et des canines permanentes. Très petits d'abord, ils adhèrent étroitement
au bord interne de cette membrane; peu à peu ils
acquièrent plus de volume, s'allongent et paraissent

comme supendus aux gencives par un cordon très mince et très court formé par leur enveloppe externe, lequel cordon, en prenant une extension plus grande, constituera par la suite leur appendice. A cette épo-que, ils correspondent à la face interne des racines des molaires de lait vis-à-vis l'intervalle qui les sé-pare ; par les progrès de la dentition, ils continuent à descendre vers le fond des alvéoles et vont enfin se placer au-dessous de la voûte formée par les racines de ces dents. Je n'ai jamais trouvé, au moins distinc-tement, le follicule des troisièmes grosses molaires avant l'âge de neuf à dix ans et même souvent plus tard. Cependant, en suivant sur les mâchoires de jeunes enfants le filet nerveux qui est destiné à ces dents, j'avais, il y a longtemps, reconnu et publié (1) qu'à l'endroit où il se rend à la gencive, j'avais re-marqué un renflement ayant quelques ressemblances avec un ganglion nerveux; mais je n'osai affirmer que ce fût le follicule de la dent de sagesse. Toutefois ces faits ne sont pas restés stériles, et bientôt je ferai connaître à quelles recherches nouvelles ils de-vaient me conduire.

Tels sont les follicules dentaires, comme ils se montrent dans l'intérieur des mâchoires, quand ils ont acquis des dimensions qui les rendent accessibles à nos moyens d'investigation. Du reste, l'époque de

(1) *Dictionnaire de médecine*, ou *Répertoire général des sciences médicales*, t. X, article DENTITION, p. 99. 1835.

leur apparition, l'ordre même suivant lequel ils se
succèdent, présentent de nombreuses différences qui
nous expliquent celles que nous voyons se reproduire
si fréquemment dans l'éruption des dents. Elles sont
telles que, pour me renfermer dans les résultats
fournis par l'observation anatomique, je n'ai pu leur
assigner que des termes généraux et plus ou moins
approximatifs. Ce sont sans doute ces difficultés,
jointes à celles qui naissent de la délicatesse des
parties qu'ils avaient à étudier, qui peuvent nous
rendre raison du désaccord qui règne sur ce sujet
entre les anatomistes. Je ne les en blâmerais pas, si
je n'avais été frappé du petit nombre des auteurs qui
ont vérifié par eux-mêmes les faits qu'ils ont décrits,
la plupart cherchant à déguiser leurs emprunts en
les modifiant plus ou moins. Pour moi, je préfère
l'auteur de la *Vraie anatomie des dents*; il copie au
moins fidèlement un célèbre anatomiste, et laisse,
pour l'avenir, des écrivains se demander, si ce n'est
point à Urbain Hémard que l'anatomie est redevable
des belles recherches qu'avant lui Eustachi (1) avait
faites sur les follicules dentaires.

Éverard Home, et particulièrement Blake, ont émis
sur la formation des follicules des grosses molaires
des idées qu'il ne m'est pas permis de passer sous
silence. Suivant eux, le follicule de chacune de ces
dents peut être regardé tour à tour comme le résultat

(1) Bartholomæi Eustachii, *Tractatus de dentibus*. 1726.

d'une élongation du sac qui le précède. Ainsi, dans le principe, les membranes de la molaire postérieure de lait et de la première grosse molaire permanente sont intimement unies ensemble et contenues dans le même alvéole; mais, à mesure que cette dernière se développe et que les mâchoires s'étendent en arrière, elle se place dans un alvéole particulier qui communique avec le précédent par une ouverture traversant leur cloison commune. Sa capsule émet alors un plongement pour la deuxième grosse molaire; celle-ci se forme d'abord dans l'alvéole qui lui est commun avec la première, puis elle s'en sépare par une cloison osseuse pour constituer à son tour et de la même manière le sac de la troisième grosse molaire ou dent de sagesse.

Cette explication, tout ingénieuse qu'elle ait pu paraître à quelques physiologistes, et bien qu'elle repose même sur certaines apparences, n'en est pas moins une pure hypothèse; il faut avoir bien peu étudié les actes de la nature pour lui attribuer ces sortes de caprices où elle se plairait à sortir, pour quelques cas particuliers, des lois générales qu'elle s'est elle-même imposées. Toutefois la question soulevée par Éverard Home et Blake sur l'origine des germes des grosses molaires permanentes, m'avait, dès mes premiers travaux, sérieusement occupé pour les germes de toutes les dents, et je l'aurais résolue depuis longtemps si en pareille matière l'induction pouvait suffire.

Deux conditions essentielles sont attachées à tout organisme dentaire, à savoir : d'être, par ses fonctions, le siége d'un travail de production, et, par ses connexions, toujours en rapport avec le système muqueux. Mais quels sont ces rapports ? Tous les auteurs qui ont écrit sur les germes des dents les font naître et s'accroître dans la cavité des os maxillaires, très près des gencives avec lesquelles les uns sont dans un contact immédiat, et les autres en communication par le prolongement de leurs capsules. Eh bien, cette opinion que j'ai partagée un certain temps, il ne m'est plus permis de l'admettre. Je crois que des liens encore plus intimes unissent les dents au tissu gengival.

J'ai rapporté plus haut qu'il m'était arrivé plusieurs fois, en suivant, sur les mâchoires de jeunes enfants, le filet nerveux destiné aux dents de sagesse, de le voir se rendre à une espèce de renflement formé par la gencive à l'endroit où il s'y termine. Dominé par les idées reçues et rencontrant dans ce corps plutôt la configuration propre aux ganglions que les caractères que j'étais habitué à trouver dans les follicules que j'avais pu souvent saisir presque au moment de leur naissance, j'hésitai, et, dans le doute, je n'osai affirmer que j'eusse alors réellement découvert les follicules des dents de sagesse. Cependant ces faits avaient une trop grande importance pour que je ne tinsse pas à sortir du doute où ils m'avaient laissé. Je ne pouvais m'adresser aux germes des dents de la

première dentition ni à ceux des incisives et des canines permanentes ; ils se montrent à une époque si
peu avancée de l'existence fœtale, les parties qui auraient été soumises à ces investigations, déjà par
elles-mêmes toujours très délicates, sont si petites,
que j'aurais couru le risque, ou de voir ce qui n'existait pas, ou de ne pas apercevoir ce qui existait. Pour
ces raisons, je dirigeai mes recherches sur les
deuxièmes grosses molaires permanentes dont les
follicules, comme je l'ai dit, apparaissent à une époque où les mâchoires ont acquis des dimensions assez
grandes. Lorsqu'après avoir fait macérer dans une
solution acidulée l'os maxillaire inférieur d'un fœtus
ou d'un enfant peu de temps après sa naissance, on
met à découvert le nerf dentaire inférieur, on voit
celui-ci, à peine entré dans le canal de son nom, en-
voyer un filet nerveux ayant un demi-millimètre de
diamètre. Ce filet suit une marche rétrograde ; il se
porte d'abord de bas en haut et d'avant en arrière, et
ensuite d'arrière en avant en contournant le bord interne de la face postérieure du follicule de la première grosse molaire permanente, de manière à décrire une anse dont la concavité est tournée en avant
et la convexité répond en arrière à la branche de la
mâchoire ; de là ce filet se rend à la gencive, laquelle
offre très distinctement en cet endroit un renflement
sphéroïdal situé au-dessus et en dedans du follicule
de la première grosse molaire permanente. Si l'on
examine les mêmes parties à une époque plus avan-

cée de la dentition, dans le cours de la troisième année, on remarque que le cordon dentaire, dont nous venons de donner la description, est plus gros et se trouve séparé du follicule de la première grosse molaire permanente par une cloison ossifiée. Son volume augmente sensiblement lorsqu'il approche de la gencive à laquelle il se termine par un petit cordon membraneux, long de 6 millimètres, d'un rouge vif et d'une consistance pulpeuse très marquée. L'apparition de ce petit corps annonce le travail qui s'est opéré dans le germe contenu dans la gencive et d'où doit sortir le follicule de la deuxième grosse molaire permanente.

D'après ces faits (1), je me crois en droit de conclure que les germes des dents existent primitivement et à l'état rudimentaire dans les gencives. Ils y demeurent stationnaires jusqu'à ce que l'activité vitale, hâtive pour les uns, tardive pour les autres, vienne les animer et les appeler aux fonctions qu'ils ont à remplir.

Ainsi, après avoir prouvé, en 1823, l'analogie qui existe entre les dents et les productions cornées, sous le rapport des actes organiques qui concourent à leur formation et à leur accroissement, je viens de montrer que la même analogie se retrouve dans la situation primitive des parties chargées d'accom-

_____

(1) Plusieurs de ces dissections ont été faites sous les yeux d'un de mes honorables collègues, M. le docteur Huguier, dont on connaît l'habileté dans les travaux anatomiques.

plir ces actes, et que les germes des dents, pour le
système muqueux, comme les bulbes, pour le
système cutané, constituent, les uns et les autres,
une partie intégrante de ces systèmes organiques. La
démonstration est donc complète. Or, qui m'y a conduit? L'induction physiologique, j'aurais dit philosophique, si je n'eusse craint de me servir d'une
expression qui pût paraître prétentieuse.

C'est elle qui, dès mes premiers travaux, me fit pressentir, au milieu des difficultés dont j'étais entouré,
la voie qui devait me conduire, un jour, à la vérité.
Ici, je voyais des dents qui n'étaient revêtues d'é-
mail que dans une certaine portion de leur surface,
tandis que d'autres en étaient recouvertes dans toute
leur étendue; chez les unes, le développement était
invariablement limité; ailleurs j'en rencontrais dont
l'accroissement était continu et qui possédaient en
outre la faculté de se reproduire à l'instar des autres
productions du système tégumentaire; je trouvais
des dents simples, des dents composées, etc. Je fus
frappé de ces dissemblances, de ces contrastes si
grands; j'en tins compte sans doute, mais je ne voulus pas, à l'exemple de mes devanciers, qu'ils restassent comme autant de lignes de démarcation tranchée que la nature aurait posées entre ces dents. Loin
de là, je ne les acceptai que comme des formes
diverses d'un travail qui devait se retrouver partout
le même. J'étudiai ce travail, et dans les organes
chargés de l'exécuter, et dans les lois qui le dirigent.

Dès lors, toutes ces formes extérieures, toutes ces
combinaisons si diverses et souvent si compliquées,
sous lesquelles ils étaient cachés, se déroulèrent
d'elles-mêmes, simplement et naturellement, et
trouvèrent leur explication comme leurs nécessités,
dans la disposition première de ces organes et dans
l'exercice même des lois physiologiques auxquelles
ils sont tous également et invariablement soumis.

Je venais, à mon insu, de mettre en pratique les
principes d'une école célèbre, l'anatomie philosophique ou comparative. Cette école, que le génie
d'Aristote avait pressentie, et dont Vicq-d'Azyr avait
tracé la route, était alors accueillie avec défiance,
quand elle ne l'était pas avec dédain. Elle avait le
tort, qu'on pardonne si difficilement, d'attaquer des
idées universellement reçues, et le malheur plus
grand, de rencontrer, pour adversaires, les hommes
les plus illustres et les plus puissants de la science.
Pendant qu'elle préludait aux luttes que plus tard
elle eut à soutenir, je m'élevais, de mon côté,
contre la marche suivie par l'anatomie comparée
dans l'étude générale des dents; je montrais qu'elle
s'attachait trop exclusivement à des caractères extérieurs, secondaires, et qu'elle ne s'occupait pas
assez de l'organe qui en est la cause, et des modifications anatomiques qu'il subit lui-même; qu'elle
avait surtout le grave défaut d'isoler les faits, d'en
tracer des tableaux séparés au lieu de les réunir
par des liens organiques en un seul et même sys-

tème ; en un mot, que, considérée à ce point de
vue, elle était plutôt une méthode de classification
qu'une science, à proprement parler. Je faisais plus,
je posais les jalons qui pouvaient guider les naturalistes dans l'ordre de distribution des dents, et j'ap-
pelais leur concours pour une œuvre que j'indiquais
être un sujet neuf à traiter. Depuis ce temps, plusieurs ouvrages ont paru sur cette matière, et leurs
auteurs n'ont pas cru devoir renoncer à leurs an-
ciennes convictions ; je les respecte, tout en défen-
dant les miennes. Je vais les opposer les unes aux
autres : ce parallèle fera juger, je l'espère, combien
l'esprit qui anime une science exerce d'influence
sur la direction et le caractère de ses travaux.

Je vais avoir à revenir sur quelques unes des propositions que j'ai formulées dans mes précédents mémoires. Quoiqu'elles n'aient pas été attaquées positivement, j'ai cru néanmoins m'apercevoir que peut-
être le peu de développements que je leur avais donné,
rendait quelques explications nécessaires, soit pour
les faire mieux comprendre, soit pour en faire
ressortir la valeur scientifique. En outre, un autre
motif m'y engage : je me trouve, à regret, sur plusieurs points principaux de l'anatomie et de la physiologie dentaires, en dissentiment avec les opinions
émises dans un ouvrage que protége un des noms les
plus célèbres de notre siècle, et qui compte, parmi
ses collaborateurs, un naturaliste distingué qu'hono-
rent de nombreux travaux. En passant sous silence

ces opinions, j'aurais craint de me montrer indifférent devant l'autorité qu'elles empruntent de la position élevée de leur auteur, ou paraître sacrifier l'intérêt de la science à des considérations personnelles et à mes propres répugnances. Aussi, en les discutant, suis-je au moins heureux de pouvoir rendre un hommage, en même temps que j'accomplis un devoir.

Toutefois, je ne me dissimule pas combien est souvent pénible la tâche de combattre des idées généralement accréditées, et qui ont pour elles la consécration du temps et la sanction des plus hautes illustrations de la science. Je n'ignore pas ce qu'a de force la puissance de l'habitude qui se traduit sous la forme de préjugés; et puis, toute vérité nouvelle, lorsqu'elle apparaît, est presque toujours reçue comme un reproche. Plus elle frappe la raison et moins on lui pardonne; on la voit tellement simple, tellement facile, tellement naturelle, si je puis parler ainsi, qu'à peine ose-t-on s'avouer à soi-même qu'on ait pu si longtemps la méconnaître. Plus d'une fois il est arrivé que, placé, dans ce débat intérieur, si près de l'illusion, on n'ait pas accordé à l'équité ce qu'elle avait droit d'obtenir.

Les questions que j'examinerai se rapportent à la définition, à la division des dents, et aux caractères des racines.

A. Définition des dents.

Pour procéder méthodiquement, il serait peut-être
convenable, quand, dans une science d'observation,
on traite un sujet qui a donné lieu à de profonds dis-
sentiments, d'en remettre la définition à la fin du
travail. Celle-ci n'arriverait alors que comme la conséquence nécessaire des faits rapportés, comme le
résumé succinct de la science. Par cette marche, je
le conçois, elle deviendrait moins libre, car elle serait
obligée de se mettre d'accord avec les faits ; mais ces
derniers, à leur tour, commanderaient un examen
plus sérieux, et acquerraient par là plus d'autorité.

Tant que les dents ont été regardées comme des
os, leur définition a dû naturellement découler de
cette opinion. On savait ou l'on croyait savoir ce qu'é-
taient les os, et l'on appliquait aux dents des idées
connues et appréciables. Il importait seulement de
les en distinguer par quelques caractères accessoires
que l'on tirait de leur situation et de leurs usages.
On était, je crois, dans l'erreur, mais au moins on
agissait conséquemment, rigoureusement même, et le
nom de *dent* entraînait avec lui une idée précise, déterminée. Des anatomistes avaient, il est vrai, à des
époques diverses, émis des doutes sur la nature osseuse des dents ; mais ces doutes étaient demeurés
stériles. J. Hunter (1) a le mérite d'avoir, le premier,

(1) *The natural history of the teeth*, par J. Hunter. 1808. 3ᵉ édit.
— *OEuvres complètes*, trad. par Richelot, Paris, 1841, t. II, in-8.

établi que les dents n'étaient pas des os. Il alla plus loin ; devançant par son génie les progrès que la science devait faire un jour, il est également le premier qui ait assigné aux substances dentaires leurs véritables caractères. Toutefois, comme je l'ai fait remarquer ailleurs, la théorie de Hunter était incomplète, et ne pouvait conduire à aucune signification positive. Il appartenait plus tard à l'anatomie comparative, aidée du concours de la physiologie expérimentale, de la compléter en démontrant ce que sont les dents : des productions du système muqueux, en tout semblables aux productions qui s'élèvent à la surface de la peau. Or, c'est cette conséquence des faits que je venais de signaler, que je consacrais, il y a plus de vingt-cinq ans, comme base de la définition des dents, dans un mémoire que je lus à la Société médicale d'émulation. Je disais alors, pour l'appuyer, que toute définition, quand elle s'applique à un organe, devait exprimer le trait le plus essentiel, le plus constant de cet organe, celui qui se lie davantage à son existence, et qui est le plus propre à donner de suite une idée parfaite de sa nature. Sous ce rapport, on pourrait donc dire aussi qu'une bonne définition est la meilleure introduction aux travaux descriptifs, qu'elle en facilite l'intelligence, et les anime d'avance d'un esprit de généralisation qui se répand dans tous les détails qu'ils doivent embrasser.

Cependant, treize ans après, un des ouvrages les plus importants de l'anatomie comparée définissait

les dents(1) : « Des instruments mécaniques, plus durs
» encore que les os, placés, dans les animaux verté-
» brés, à l'entrée du canal alimentaire, pour saisir,
» couper, déchirer, briser ou broyer les substances
» *nutritives* avant leur transmission de la bouche ou
» de l'arrière-bouche dans l'œsophage, ou pour opé-
» rer avec facilité la déglutition en les accrochant
» successivement. Elles peuvent encore servir à l'ani-
» mal d'arme offensive ou défensive. »

On ne peut certainement pas accuser de laconisme
cette définition ; mais quelque soin qu'elle ait pris de
l'éviter, n'est-on pas en droit de lui demander ce que
sont les dents, et quelle place elles doivent occuper
parmi les divers systèmes de notre économie. Serait-
il vrai, qu'après tous les travaux qui depuis trente
ans ont été publiés sur ces organes, l'anatomie comparée en soit restée à les considérer seulement comme
des instruments mécaniques plus durs que les os ? A
ce sens, il faudrait donc refuser le nom de dents
aux productions dentaires qui, chez certains animaux, sont moins dures que le tissu osseux? Et ce
déplacement, pourquoi le ferait-on? Pour satisfaire
à un caractère anatomique? Nullement. A un caractère physiologique? Moins encore.

Toutes les définitions des dents pèchent par deux
vices principaux : elles reposent bien moins sur la
nature réelle de ces productions étudiées en elles-

(1) G. Cuvier, *Leçons d'anatomie comparée*, 2ᵉ édition, 1835.
Note de M. Duvernoy, t. IV, 1ʳᵉ partie, p. 197.

mêmes, que sur la désignation de certains rapports
vrais ou apparents, d'analogie ou de différence, avec
un tissu sur lequel la science ne s'est peut-être pas
encore prononcée définitivement ; mais elles pèchent
surtout en ce que, faisant abstraction de la partie la
plus importante de la dent, son organe producteur,
de celle qui la précède et lui assigne d'avance sa
constitution future, elles s'adressent exclusivement
aux qualités physiques et chimiques de sa substance extérieure, c'est-à-dire à des caractères secondaires qui ne peuvent avoir aucune valeur pour une
détermination anatomique.

En cela, ces définitions ne font que traduire l'esprit de la science qui les a formulées. Il faut bien le
répéter, pour l'anatomie comparée, les dents ont
presque toujours été plutôt un instrument de classification, qu'un sujet d'investigations physiologiques ;
c'est ce qui fait que cette science est restée si longtemps incertaine en présence de phénomènes qui
étaient cependant bien propres à l'éclairer.

Je sais bien qu'elles ne se bornent pas à ces signes
extérieurs ; que, pour se rendre applicables aux
dents, elles comprennent en outre les usages que ces
organes remplissent chez les divers animaux ; mais
cette dernière indication est-elle plus satisfaisante
que la première ? Je ne le pense pas. Comment a-t-
on jamais pu prétendre donner à un organisme sa
véritable signification, d'après la part qu'il prend
aux fonctions de notre économie ! Geoffroy-Saint-Hi-

laire n'a-t-il pas assez souvent et assez longtemps
insisté pour faire comprendre qu'on ne saurait défi-
nir un organe d'après les actes fonctionnels qu'il
peut accomplir !

Les dents servent le plus généralement à la mastication ; mais sont-ce les seuls services qu'elles puissent
rendre ? ne varient-ils pas tellement selon les besoins, les goûts, les habitudes, et même, dans certaine
région élevée de l'échelle des animaux, suivant l'intelligence, qu'il serait oiseux de chercher à les énumé-
rer ? Pour les uns, ce sont des instruments propres à
saisir ou à retenir leur proie ; pour d'autres, des
armes offensives ou défensives ; ailleurs, elles concourent à l'articulation des sons, etc. Quand on ajou-
terait encore beaucoup d'autres usages, quand même
on n'omettrait pas le plus physiologique de tous, si
je puis ainsi m'exprimer, la faculté tactile qu'elles
possèdent et qui leur permet de reconnaître les qualités physiques des corps soumis à leur action, en
serait-on plus avancé ? Connaîtrait-on mieux ce que
sont les dents et le rang qu'elles doivent tenir dans
l'organisme ? Assurément non.

Cependant la définition des dents est loin d'être
une énigme dont la solution nous paraisse douteuse
ni même embarrassante. Elle n'était pas, je crois,
plus difficile en 1835 qu'en 1823. Il n'existe pas un
fait anatomique ou physiologique de quelque importance dont elle ne découle et ne devienne la conséquence forcée. A cet égard, nous pourrions dire

qu'elle se trouve écrite presque à chaque page des recherches qui, dans ces derniers temps, ont été publiées sur ces organes.

Le caractère fondamental des dents, celui qui repose sur leur nature essentielle, sur le mode suivant lequel elles se forment et croissent, sur les propriétés intimes des parties qui les constituent, le caractère, enfin, sans lequel on ne peut concevoir leur existence, c'est d'être une production du système muqueux. Qu'ensuite ces productions soient composées d'une substance calcaire ou d'une matière cornée, qu'elles occupent l'entrée des voies digestives ou s'étendent plus profondément, qu'elles servent à la mastication ou à tels autres usages, cela importe peu, ce sont des traits accessoires qui ne doivent apparaître qu'après le premier, et comme complément de la définition principale.

Il ne m'appartient pas de juger cette définition, mais je ne crains point d'avancer qu'elle exprime au moins une idée claire et précise. Le nom de *dents* en reçoit un sens positif qui place ces organes parmi les productions du système tégumentaire, et les separe à jamais du tissu osseux. Et que l'on ne prétende pas que, dans cet énoncé, il ne s'agisse que d'une opinion purement spéculative. Ce serait, à mon avis, se méprendre gravement. Dans les sciences d'observation, la vérité se fortifie par les vérités nouvelles, de même que l'erreur grandit et se propage par l'erreur. Si l'on reconnaît que les dents sont semblables aux os, il

faudra fondre dans un même corps de doctrine tous
les faits qui se rattachent à l'histoire de ces organes,
et on sera autorisé à généraliser et à étendre à chacun
d'eux les déductions auxquelles ils conduiront. Dès
lors, l'observation et la théorie, tout leur deviendra
commun, et la science ne pourra avancer pour les uns
sans qu'elle ne marche également pour les autres.
Mais que l'on admette, au contraire, que les dents
doivent être assimilées aux autres productions du
système tégumentaire, toutes les questions se trouveront transportées sur un autre terrain ; on sera
obligé de renoncer à des analogies trompeuses pour
s'éclairer des lumières nouvelles que de nouveaux
rapports feront surgir ; on les recherchera dans les
circonstances où elles se manifestent, et telle sera la
situation dans laquelle on se sera placé, qu'une découverte importante ne pourra se faire sur un point,
sans qu'en même temps elle ne rejaillisse sur tous les
autres. C'est ainsi, et les recherches placées en tête
de ce travail le prouvent, qu'il m'est plus d'une fois
arrivé de lever certaines difficultés que je rencontrais, par le secours de cette étude comparative.

B. **Division des dents.**

Dégageant par une analyse physiologique la dentition des phénomènes qui la compliquent chez le plus
grand nombre des animaux, j'avais cherché à ramener à leur unité et à leur simplicité primitives les
actes variés qu'elle présente. Envisagé à ce point de

vue général, j'avais montré que ce travail organique
parcourait dans son accomplissement deux périodes
distinctes : la première, commune à tous les êtres
pourvus d'un appareil dentaire, était marquée par le
développement d'un follicule, lequel bientôt se recouvrait, dans la presque totalité de son étendue, d'une
substance calcaire ou cornée pour former la couronne ; j'avais fait connaître que, pour les incisives
des rongeurs, les défenses de l'éléphant, les canines
de l'hippopotame, etc., cette période existait seule,
et que là s'arrêtait et se bornait le travail de leur
dentition ; que la seconde période, qui lui succède
chez l'homme et chez la plupart des mammifères,
s'en distinguait particulièrement par l'adjonction
d'un corps nouveau à la couronne, les racines. Il résultait de cet exposé sur lequel j'avais cru devoir appeler l'attention des naturalistes, que les incisives des
rongeurs, etc., méritaient seules le nom de *dents
simples*, et que cette qualification ne pouvait plus désormais convenir aux autres dents. Cette opinion n'a
point prévalu ; les auteurs n'en ont pas moins cru
devoir conserver la division anciennement établie, et
considérer encore les dents de l'homme comme des
dents simples. S'il ne s'agissait que d'une classification insignifiante, je ne serais pas revenu sur ce sujet ;
mais il n'en est point ainsi. Cette division a, selon moi,
le double défaut de taire une disposition anatomique
importante, et de méconnaître l'ordre que je m'étais efforcé d'introduire dans l'étude comparative des dents.

D'abord est-il permis, dans l'état actuel de la
science, de placer sur la même ligne et de présenter
également comme des dents simples, et les incisives
des rongeurs, qui n'ont qu'une couronne, et les dents
de l'homme et des autres mammifères, qui possèdent
tout à la fois une couronne et des racines? Ce serait
évidemment vouloir réunir sous un titre commun des
parties qui sont aussi éloignées les unes des autres
par leur composition anatomique, que par la marche
opposée que suit chez elles le travail organique qui
préside à leur accroissement.

Il y a plus. En commençant, comme on a persisté
à le faire jusqu'à présent, l'étude de l'anatomie comparée des dents, par les dents de l'homme, par ces
dents que l'on continue à regarder comme des dents
simples, ne doit-il pas naturellement venir à l'idée
du lecteur de les prendre pour le type de l'organisme dentaire? Dès lors, son esprit devra tendre à
généraliser tous les faits que cet organisme lui manifeste, et il lui deviendra impossible de ne pas tomber dans les conséquences erronées où une telle
généralisation devra nécessairement le conduire. On
aura voulu donner la description spéciale des dents
humaines, mais, en réalité, on aura fait l'histoire
générale des dents.

Ce n'est pas tout. Après avoir décrit les dents de
l'homme, des carnivores, on arrive enfin à l'ordre
des rongeurs. En marchant ainsi, procède-t-on avec
méthode, et se montre-t-on fidèle à cette règle

logique qui ,prescrit de passer constamment, dans
l'exposition des faits, des plus simples aux plus compliqués? Comment, après avoir attribué à toutes ces
dents la même simplicité de composition, pourra-
t-il comprendre les phénomènes si remarquables qui
vont tout à coup surgir de la dentition des rongeurs? Son intelligence ne risquera-t-elle pas de
s'égarer lorsque le fil qui la dirigeait viendra subite-
tement à se rompre?

Ce n'est pas que je ne conçoive très bien qu'il est
une anatomie où ces inconvénients se trouvent cachés par la marche avec laquelle elle procède; qu'ils
peuvent passer inaperçus, quand on traite isolément
et par abstraction le système dentaire de chaque
animal ou de chaque ordre; lorsqu'on se renferme
exclusivement dans l'indication du nombre, de la
configuration, des dimensions, de la situation des
dents; dans leurs rapports respectifs, leur ordre de
mutation et de succession; que tirant, après, la barre,
on poursuit successivement le même travail pour les
autres dents ou pour les autres ordres. Je conçois
très bien que de telles descriptions, qui ne sont gênées ni par celles qui les précèdent, ni par celles
qui les suivent, donnent un avantage, celui de conserver dans leurs mouvements une liberté et une indépendance qui les rendent plus faciles. Toutefois elles
n'achètent cet avantage, si c'en est un, qu'au prix
d'un sacrifice, que rien, à mes yeux, ne saurait compenser. Je reconnais sincèrement que, par cette voie,

il soit possible d'arriver à des descriptions spéciales
d'un véritable intérêt et qui se recommandent souvent par des recherches laborieuses fort utiles pour
la zoologie. Elles peuvent, en un mot, prises chacune
à part, fournir de bonnes monographies; mais il leur
manquera toujours le lien physiologique, seul capable de les animer et de leur imprimer ce caractère
scientifique si indispensable quand la science à laquelle elles appatiennent s'appelle l'anatomie comparative.

Je dirai donc de la division des dents ce que j'ai
dit de leur définition. Elle était, dès 1823, formel-
lement contenue dans le résumé général que j'avais
tracé de la dentition comparée chez les rongeurs et
chez les autres mammifères. N'avais-je pas alors
démontré jusqu'à l'évidence, si je ne m'abuse, qu'en-
visagées, soit au point de vue de leur composition
anatomique, soit sous le rapport des phénomènes
physiologiques qui marquent leur développement,
les dents se partageaient en deux grandes classes :
les unes formées seulement d'une couronne, constituaient les dents simples; les autres, possédant, en
plus, des racines, devaient être considérées comme
des dents composées.

La première conséquence de cette division nouvelle était de changer complétement l'ordre suivi
jusqu'alors dans leur exposition. Ce n'était plus
désormais par les dents de l'homme, des carnivores, etc. qu'on devait commencer, mais par les

incisives des rongeurs. Cette marche, en effet, n'est pas seulement imposée par une méthode rationnelle, elle est encore commandée par la nature même des choses et pour l'intelligence des faits.

En plaçant les incisives des rongeurs en tête de l'anatomie comparative des dents, on a l'avantage d'étudier tout d'abord l'organisme dentaire sous ses traits les plus généraux et les plus faciles à saisir. On y fait voir comment un organe, dépendant du système muqueux, d'une forme conique, et partout uni, procède à la production continue de ces dents; on suit les progrès de leur développement, et ce n'est qu'après qu'on est parvenu à en déterminer le véritable caractère, qu'on arrive aux dents d'une composition plus compliquée. Mais déjà on est préparé à cette étude nouvelle par celle qu'on vient de faire. Le cône, que la pulpe des incisives des rongeurs représente, avait sa base en arrière et son sommet en avant; eh bien, que la direction de ce cône soit changée, que sa base regarde la gencive, et son sommet le fond de l'alvéole, et des racines naîtront. Leur pulpe formait un seul corps uni dans toutes ses parties; que cette pulpe soit divisée profondément, comme dans les molaires de l'éléphant, qu'elle le soit moins, ainsi que cela a lieu pour les molaires des ruminants, et on verra l'ivoire et l'émail se déposer plus ou moins avant entre les interstices qu'on y découvre, de la même manière qu'ils étaient déposés à la surface des rongeurs. Dans le premier cas, on

aura ce que les anatomistes appellent encore des
dents composées, et, dans le second, les dents qu'ils
désignent sous le nom de demi-composées, dénominations impropres qui ne sauraient subsister, du
moins au point de vue où on les présente, car elles
ne s'adressent qu'à des états secondaires et tout à fait
étrangers aux actes fonctionnels des organes produc-
teurs.

Irons-nous plus loin? Chez les rongeurs les pulpes
et leurs membranes sont isolées et libres ; cependant
que les premières se confondent ensemble, que les
secondes s'unissent soit entre elles, soit avec les parties qui les entourent, et aussitôt des organisations
nouvelles vont apparaître. Ces organisations pourront
même acquérir des proportions et des formes telles
qu'elles en aient longtemps imposé sur leur véritable
nature. Mais toutes ces complications, quelque
grandes qu'elles soient, se dissiperont ainsi que se
sont dissipées les autres, et, comme ces dernières,
elles seront à leur tour ramenées à la constitution organique d'une simple incisive de rongeur.

On peut juger par ces considérations, qu'une bonne
division, comme une bonne définition des dents, n'est
pas une chose indifférente; que son premier devoir,
ainsi que son premier mérite, est de distribuer les
faits qu'elle embrasse suivant l'ordre anatomique
d'après lequel ils se montrent à l'observation, afin
d'en faciliter l'intelligence et de marquer la progression qu'ils suivent dans leur développement. Or,

en la considérant sous ce rapport, on ne peut méconnaître que deux grands faits ne se placent en
première ligne, et ne dominent les combinaisons
diverses que manifeste l'organisme dentaire chez les
mammifères : d'un côté, l'absence des racines, de
l'autre, leur adjonction à la couronne. Ainsi se trouve
naturellement établie la division des dents, en dents
simples ou privées de racines, et en dents composées
ou pourvues de racines ; qu'ensuite on tienne compte
des autres modifications que le système dentaire
éprouve, cela pourra être utile, mais ces modifications ne devront jamais être admises que comme des
subdivisions dans la classification générale des
dents.

C. Des racines.

Peut-on considérer comme une racine, la portion
des incisives des rongeurs, des défenses d'éléphant, etc., qui est contenue dans les os maxillaires?
Existe-t-il des signes certains qui permettent de distinguer les racines, de la couronne des dents?

J'éprouve, en abordant ces questions, deux sentiments différents : d'une part, j'ai quelque embarras,
quelque répugnance à revenir sur un sujet, que j'ai,
il y a vingt-huit ans, traité dans deux mémoires (1),
lus en séances académiques, en présence des hautes

(1) *Mémoires sur l'accroissement continu et la reproduction des
dents chez les lapins.* 1822 et 1823. (*Journal de physiologie*, de
Magendie, vol. 4.)

illustrations de ce temps, sans qu'une seule objection, une seule observation, soit là, soit ailleurs, m'ait été adressée, qui pût me faire douter que je n'eusse obtenu un complet assentiment.

De l'autre, je sens toute l'importance des questions que j'ai à examiner. C'est par la disposition anatomique que j'ai découverte dans les incisives des rongeurs, qu'il m'a été donné d'expliquer le phénomène si remarquable que ces dents présentent dans leur accroissement, et qu'il m'a été possible de les rattacher aux autres dents pour les fondre, les unes et les autres, dans un seul et même système organique. C'est elle, enfin, qui m'a servi de point de départ dans les recherches ultérieures que j'ai entreprises pour formuler les bases d'une théorie générale de la dentition. Que le fait, que je signalais alors, n'ait été qu'une illusion ou une erreur, aussitôt toutes les conséquences physiologiques que j'en ai tirées se dissiperont avec lui ; qu'il soit amoindri ou obscurci, et la confusion renaîtra dans la science. Il m'intéresse donc, pour ces motifs, de le maintenir dans sa vérité et de le conserver dans toute sa clarté.

M. Duvernoy, opposant les dents de l'homme et de la plupart des mammifères, aux incisives des rongeurs, aux défenses d'éléphant, de morse, etc., s'exprime ainsi (1) : « Dans le premier cas, on peut » dire que les dents ont de *vraies racines;* dans le

(1) G. Cuvier, ouvrage cité, p. 200.

» second (incisives des rongeurs), que leurs racines
» ne se rétrécissent pas, ou qu'elles n'ont pas de
» *vraies racines*, et que le prolongement intra-alvéo-
» laire de la couronne (1) en tient lieu, ou qu'elles
» n'ont pas de racine du tout. »

J'aurais pu passer sous silence une telle proposition, si je l'avais rencontrée dans une œuvre obscure.
Mais M. Duvernoy occupe en anatomie un rang trop
distingué, pour qu'il ne donne pas à ses paroles une
valeur dont on doive tenir compte. Déjà, un habile
anatomiste, connu par d'intéressantes découvertes,
s'en est autorisé pour traiter de mauvaise la dénomination de dents privées de racine qu'il me repro-
chait d'avoir introduite dans la science ; c'est pourquoi, plus je rends de justice au mérite de M. Duvernoy, plus je sens le devoir de combattre une opinion
que je croyais avoir détruite pour toujours.

Je ne m'arrêterai pas sur ce qu'on peut entendre
par des racines qui, dans un cas, seraient *vraies*, et,
dans un autre, *ne seraient pas vraies ;* j'avoue que j'ai
de la peine à saisir le sens de cette division, toute
nouvelle qu'elle soit, et je me hâte d'arriver au point
important de cette discussion.

Peut-on dire des incisives des rongeurs, des dé-

(1) Cette désignation, que M. Duvernoy attribue à F. Cuvier, je
l'ai le premier employée, trois ans avant lui, pour indiquer qu'on ne
devait pas, contrairement à l'opinion de ce savant naturaliste, considérer comme une racine la portion des incisives des rongeurs, qui
s'étend dans l'alvéole et est recouverte d'émail. (Ier Mémoire déjà
cité, p. 12. 1822.)

fenses d'éléphant, etc., qu'elles ont des racines qui
ne se rétrécissent pas, ou qu'elles n'en ont pas du
tout? Ces termes, comme l'avance l'auteur, sont-ils
indifférents, et expriment-ils clairement une différence bien tranchée dans la forme et dans l'accroissement des dents?

Avant d'examiner cette question, essayons d'abord
de rendre au langage anatomique sa clarté et sa précision. Il est évident pour tout le monde, qu'une racine qu'on dit être émaillée, et non distincte de la
couronne (1), ne pas se boucher ni se fermer, rester
ouverte ou ne pas se rétrécir, n'en est pas moins
une racine. Tous les anatomistes et les naturalistes

(1) F. Cuvier, dans son *Traité des dents des mammifères*, plaçait
en tête de la première livraison qui a paru en 1821, le titre suivant :
Dents simples à racines distinctes de la couronne, expliquant, par
une note placée au bas de la page 5, que les racines distinctes de la
couronne *sont celles* (les racines) *qui n'ont pas la même forme
qu'elle, et ne sont point émaillées*. F. Cuvier admettait donc alors, du
reste avec tous les anatomistes de son temps, qu'il existait des racines
qui avaient la même forme que la couronne, et qui, comme elle,
étaient émaillées. De mon côté, six mois plus tard, en juillet 1822, je
lisais à l'Académie de médecine mon premier mémoire sur les incisives des rongeurs, dans lequel je prouvais que ces dents n'étaient
composées que d'une couronne, et que l'on avait eu tort de regarder
comme une racine la portion des incisives des rongeurs qui est contenue dans les os maxillaires. Pendant ce temps, les livraisons se suc-
cédaient, et à la fin de cette année, 1822, parut la cinquième livraison comprenant l'ordre des rongeurs. Ici, et afin de correspondre au
titre de la première livraison, devaient naturellement venir les dents
à racines non distinctes de la couronne. Mais F. Cuvier possédait un
jugement trop éclairé pour ne pas comprendre que la distinction

qui, à toutes les époques, tant en France, qu'en Angleterre et en Italie, se sont servis de ces expressions,
en parlant des incisives des rongeurs, des défenses
de l'éléphant, etc., ont certainement eu tous la même
pensée, et ont tous entendu qu'il s'agissait bien réellement pour eux de racines. A présent, faut-il admettre
que parmi ces désignations, parmi ces synonymies
anatomiques, il en est qui soient moins éloignées de
la vérité que certaines autres; qu'il valait mieux
énoncer qu'une racine d'incisive de rongeur n'est
pas distincte de la couronne, que de dire qu'elle
ne se bouche ou ne se ferme pas, et qu'il y a une différence bien tranchée entre une racine qui reste
ouverte et une racine qui ne se rétrécit pas? J'avoue

qu'il avait établie au commencement de son ouvrage ne se trouvait
plus en rapport avec les progrès que la science venait de faire. Aussi
l'abandonna-t-il pour lui substituer une division toute nouvelle, et
l'ordre des rongeurs parut sans titre. Cette sanction accordée à mes
travaux par un savant aussi distingué, eût été pour moi un hommage
bien flatteur, si je n'eusse lu avec autant de peine que de surprise, à
la page 141, cette phrase : « *On doit se rappeler ce que nous disons
dans notre discours préliminaire de la manière dont les dents sont
produites, et de la division que nous avons établie entre les dents
pourvues de racines et celles qui en sont privées.* » Or, ce discours
préliminaire, qu'on invitait le lecteur à se rappeler, il *n'existait pas;*
l'auteur, dans l'avertissement, page 3, avait annoncé qu'il ne le ferait
paraître qu'avec la dernière livraison, et il n'a, en effet, été publié
que trois ans plus tard, en 1825. Je réclamai... Mais j'ai hâte de déclarer que, grâce à l'intervention digne et franche de Geoffroy Saint-
Hilaire, non moins qu'au caractère honorable de F. Cuvier, ce dissentiment ne fut que passager, et que c'est bien malgré moi que j'ai
été contraint d'y revenir.

que pour me prononcer sur des nuances aussi inap-
préciables, j'aurais eu besoin que les auteurs qui ont
fait usage de ces dénominations, les eussent accompagnées de quelque chose de plus que la seule indication de la forme matérielle qui frappait leur vue.
Jusque-là, je maintiendrai qu'aucunes racines ne sauraient exister avec l'un des caractères qui viennent
de leur être assignés. Je m'explique.

Il en est des racines comme des procès alvéolaires ;
les unes et les autres, considérés au point de vue de
la cause qui en détermine la formation, constituent
un phénomène mécanique de la dentition. Un follicule se montre dans une des cellules du tissu spongieux des os maxillaires ; très petit dans le principe,
il grossit peu à peu, presse les parois de la cavité qui
le renferment et les applique contre les parois oppo-
sées des cellules voisines. Avec le temps, ce follicule
acquérant un volume plus considérable, et la dent
venant à se déposer à sa surface, la pression qu'ils
exercent devient plus grande et s'étend à des cellules
de plus en plus éloignées. Un plus grand nombre de
cloisons du tissu spongieux se trouvent ainsi réunies
les unes aux autres, et transformées en des lames de
tissu compacte, qui se moulent sur la dent et la suivent dans le mouvement de progression qui la porte
au dehors. Voilà en quels termes succincts se résume
la production des procès alvéolaires. Ils sont le résultat de la compression que le follicule d'abord, et
la dent ensuite, exercent de proche en proche sur le

tissu spongieux qui les entoure. Supposez que ni le
follicule, ni la dent n'aient existé, et vous ne verrez
naître aucun alvéole; le tissu spongieux demeurera
dans son état primitif, et tel qu'il se montre chez les
animaux dont certaines parties des mâchoires sont
privées de dents.

Eh bien, ce qui se passe pour les procès alvéolaires, se passe également, quoique dans des situa-
tions et avec des états différents, pour les racines.
Cette partie des dents ne peut se former qu'autant
que la pulpe qui est contenue dans la cavité de la
couronne, venant à être pressée, est obligée d'en sortir et de s'étendre vers le fond de l'alvéole. Or, comme
cette pression agit d'une manière incessante, qu'après
s'être exercée dans la cavité de la couronne, elle se
continue successivement sur tous les points de la cavité des racines que parcourt la pulpe, il en résulte
que cet organe est forcé de toujours marcher dans
la direction première qui lui a été imprimée, et de
s'allonger de plus en plus, jusqu'à ce que, réduite à
un mince filament, la racine, qui se moule sur lui,
se termine en une extrémité pointue. Voilà, en dernière analyse, en quoi se résume la production des
racines : elles reconnaissent pour cause la pression
que la pulpe éprouve de la part des parois qui la renferment. Supposez que cette pression n'ait point eu
lieu ; que l'orifice évasé de la cavité de la couronne
ne se soit pas rétréci, et soit toujours resté largement ouvert, alors vous aurez une pulpe qui, libre

dans la cavité dentaire, conservera toujours son volume primitif, ses communications vasculaires, ses connexions avec la membrane émaillante, et qui ne se prolongera jamais en arrière ; vous aurez une dent dont l'orifice évasé en constituera la partie la plus large, qui sera recouverte d'émail dans toute sa longueur (1) ; vous aurez une couronne, une incisive de rongeur, mais vous n'y verrez jamais naître de *racine*. Pour cette pulpe, comme nous le montrerons bientôt, la pression s'exercera dans un sens opposé, et aura pour effet l'accroissement continu de la dent. Ainsi dans le premier cas, la pression de la pulpe aura donné lieu à la formation d'une racine, et, dans le second, à l'accroissement permanent de la couronne. Comment des résultats si opposés peuvent-ils découler d'une même cause ? C'est ce que nous allons chercher à faire connaître. Mais pour être compris, nous avons besoin d'entrer dans quelques détails, et de revenir sur la disposition anatomique que nous avons signalée dans le temps, et dont ces résultats ne sont eux-mêmes que la conséquence.

(1) La face convexe des incisives du lapin est seule revêtue d'émail ; la face concave en est privée, et laisse à nu l'ivoire. Mais un fait remarquable s'observe sur ces dents : tandis que la gencive passe au-dessus de la surface émaillée pour se rendre à la pulpe, elle s'arrête au contraire à l'orifice de l'alvéole, sur la surface éburnée, et y adhère comme elle le fait au collet des dents de l'homme. Cette disposition, que je me propose d'étudier de nouveau, doit être prise en sérieuse considération. Je ne doute pas qu'un jour elle ne serve à éclairer la question si délicate de la production de l'émail.

II.

DE L'ACCROISSEMENT CONTINU

DES INCISIVES DES RONGEURS,

ET DE LEUR REPRODUCTION.

L'accroissement continu des incisives chez les rongeurs, est une condition attachée à l'existence de ces
animaux. Appelés à se nourrir de substances très
dures, la destruction de ces dents en eût été la conséquence inévitable, si la nature n'y avait pourvu en
leur donnant une disposition particulière qui leur
permît de remplacer, par un travail réparateur, les
pertes habituelles qu'elles font. L'absence des canines, chez eux, et l'impossibilité où ils sont de suppléer à l'action des incisives par les molaires dont
sont armées leurs mâchoires, rendaient cette disposition nécessaire. Aussi, voyons-nous que, soit que la
détrition des incives provienne de l'acte de la mastication, soit qu'elle dépende de quelques causes accidentelles, la nature tend toujours à rétablir entre ces
dents les rapports de régularité et de correspondance
indispensables pour les fonctions qu'elles ont à exercer. De sorte que, par un double mouvement d'usure
et d'accroissement, ces organes, dans l'état ordinaire,
conservent toujours leur même longueur.

Ce phénomène, peut-être le plus important de tous

ceux que nous offre l'organisme dentaire, n'avait point échappé à l'attention des anatomistes. Déjà, en 1768, un membre distingué de l'Académie des sciences, Forgeroux, avait reconnu que, chez beaucoup de lapins, l'accroissement excessif de l'une de leurs incisives, en donnant à cet organe une longueur disproportionnée, était souvent la cause de la mort de ces animaux. Pallas, de son côté, avait fait la même remarque, et Blake, de Dublin, l'avait signalée dans l'ouvrage qu'il publia, en 1801, sur la structure et la formation des dents. Mais, soit que cet auteur ne lui ait point accordé toute l'attention qu'il méritait, soit, comme il arrive souvent, qu'il ait été entraîné par les idées qu'il cherchait à faire prévaloir sur la nature osseuse des dents, il crut trouver en faveur de son opinion un argument puissant dans ce fait qui, seul, suffisait pour la détruire.

Plus tard, en Italie, le professeur Mangili avait eu l'occasion d'observer la reproduction des incisives supérieures sur une marmotte qui, en tombant, se les était rompues plusieurs fois en des sens différents. C'est cette dernière observation qui donna à Lavagna l'idée des expériences qu'il a entreprises sur la reproduction des incisives des rongeurs, et qu'en 1820 j'ai répétées plus particulièrement sur celles du lapin.

Ces expériences ont pour but de démontrer :

1° L'accroissement continu,

2° La reproduction totale de ces dents.

1° Si l'on pratique, avec une lime, une rainure à la surface de ces dents, on ne tarde pas à voir la marque tracée, s'élever vers l'extrémité libre de la couronne et disparaître avec elle.

2° Le défaut d'usure, soit qu'il résulte de l'absence de l'une ou des deux incisives à la mâchoire opposée, ou qu'il provienne d'une direction vicieuse qu'aurait prise l'accroissement de ces dents, en détermine l'allongement. Cet allongement peut même être porté à un tel point, qu'il amène la mort de l'animal.

3° Si l'on rompt, avec une pince coupante, au niveau de la gencive, une dent incisive appartenant à un jeune ou à un vieux lapin, on voit, au bout de quelques jours, que cette dent a repris sa première longueur.

Sur quelques uns de ces animaux, j'ai répété plusieurs fois la même expérience, et de manière à avoir enlevé, par ces diverses ablations, toute la longueur présumée de la dent, et j'ai obtenu chaque fois le même résultat. L'animal ayant été tué quelque temps après, j'ai comparé la longueur de cette dent, y compris la portion renfermée dans la mâchoire, et je l'ai trouvée égale à celle de la dent qui l'avoisinait, et à laquelle je n'avais pas touché.

4° Si l'on enlève à un lapin une incisive supérieure ou inférieure, en ayant la précaution de ne pas entraîner avec elle la pulpe dentaire, et, qu'au bout de trois à quatre semaines, on découvre l'intérieur de

la cavité alvéolaire, on la trouve remplie d'une nouvelle dent, d'une forme irrégulière, surtout dans la
portion qui répond au fond de l'alvéole, laquelle ne
présente plus cette large ouverture qu'on remarque
à l'état normal. C'est en vain que chez plusieurs de
ces animaux, j'ai attendu jusqu'à quatre à cinq mois,
je n'ai jamais vu sortir ces dents reproduites de leur
alvéole, dont l'ouverture était fermée par le retour
sur elles-mêmes de ses parois osseuses.

Il peut arriver dans cette expérience que la dent,
se fracturant dans l'alvéole, se sépare de son extrémité
postérieure ; c'est dans des cas de ce genre, qu'après
avoir replacé cette portion de la dent extraite, de manière que les deux bouts fracturés se touchassent,
je les ai trouvés, après la mort de l'animal, parfaitement réunis ensemble.

Ces faits étant exposés, reprenons notre sujet.

On se rappelle qu'en envisageant la dentition au
point de vue des phénomènes généraux et divers auxquels elle donne lieu, nous avons dit que, dans l'accomplissement de ses actes, elle parcourait deux périodes qui, bien qu'elles se rattachassent au même
travail organique, n'en étaient pas moins distinctes
par les résultats qui les caractérisent. De ces périodes,
l'une pourrait être appelée, période de *production*
ou de *formation générale* ; l'autre, période *d'accroissement.*

La première s'étend depuis et y compris le développement des follicules jusqu'au moment où la pulpe

étant recouverte dans presque toute son étendue par les substances qui ont été déposées à sa surface, la couronne est terminée extérieurement. Cette période, commune à tous les êtres pourvus d'un appareil dentaire, donne la signification réelle de l'acte organique qui préside à la formation des dents. Elle existe seule pour les incisives des rongeurs, etc., et là, elle permet de mieux en saisir la nature et d'en observer plus facilement la marche. Que la pulpe constitue un seul corps uni à sa surface, comme dans les dents de l'homme des carnivores et autres, qu'elle soit divisée, ainsi qu'on le remarque pour les molaires des ruminants et de l'éléphant, que les dents doivent avoir un accroissement continu ou limité, être pourvues ou privées de racines, qu'elles doivent demeurer isolées, ou se réunir entre elles, partout ce premier temps de la dentition est marqué par des phénomènes semblables et nous offre, sous les rapports anatomiques et physiologiques, une entière analogie avec le mode de production des substances cornées.

Constamment on voit naître, dans le système muqueux, un follicule, comme on voit le bulbe apparaître dans le tissu de la peau. Ce follicule s'accroît peu à peu, et ne tarde pas à parvenir au volume qu'il devra avoir. Il affecte des formes variées, mais qui expriment toujours la configuration de la dent qu'il est destiné à sécréter. Dépendants l'un et l'autre du

même système organique, ce follicule et ce bulbe
présentent la même organisation et les mêmes connexions. Ils sont, l'un et l'autre, pénétrés par des
vaisseaux et des nerfs très prononcés, et ont également, tous deux, pour fonctions, de déposer de dehors
en dedans, successivement et sans interruption,
des couches très minces qui, s'adossant les unes aux
autres, donnent à la substance qu'elles constituent la
solidité et la dureté que nous lui connaissons. Ces
couches, que des expériences sur les animaux vivants
font apparaître distinctement, sont également évi-
dentes sur les défenses fossiles de l'éléphant et les
dents desséchées d'un grand nombre d'animaux. Une
fois sécrétées, elles deviennent, quoique vivantes,
étrangères à tout acte et à toute influence directe de
l'organisme, et ne sont unies, soit entre elles, soit
avec la pulpe, par aucun lien vasculaire ni nerveux.
Précédées et formées, comme les productions cornées, par un organe de même nature, leur accroissement, indépendant de tout travail nutritif qui s'opérerait dans leur substance, s'effectue de la même manière, et n'a pour limites que celles assignées à l'existence de la pulpe. Mais, ici, nous pouvons avancer
qu'un des traits principaux des fonctions de cet organe, est de s'exercer partout et constamment d'une
manière continue. Il lui est tellement inhérent, que,
chez les incisives des rongeurs, où la dentition conserve toujours le caractère qu'elle présente dans

cette période, ces dents possèdent la double faculté de croître et de se reproduire à l'instar des productions épidermiques.

Quoique partout les couches dentaires naissent et s'accroissent d'une manière semblable, elles n'offrent cependant pas toujours la même composition chimique ; elles sont formées, tantôt et le plus généralement, d'une matière calcaire, et quelquefois d'une matière cornée. Mais cette différence saurait-elle suffire pour rompre la chaîne qui les unit, de même que longtemps l'analogie chimique a fait confondre ensemble les os et les dents ? Cette double proposition me semble également inadmissible. Pour qu'elle fût vraie, il faudrait reconnaître un rapport constant et nécessaire entre les propriétés chimiques et vitales des corps animés, et dès lors la science de l'organisation ne se découvrirait qu'au fond du creuset des analyses chimiques.

Mais il n'en est pas ainsi. La nature, en formant de matière cornée les dents de certains animaux, celles de l'ornithorinque, par exemple, nous a dévoilé que cette composition n'implique aucune différence essentielle, en même temps qu'elle nous a conviés dans la voie d'une application et d'une détermination plus générales pour certaines parties, qu'à tort on s'est refusé jusqu'à présent de faire entrer dans le système dentaire.

Les couches dentaires se montrent d'abord sur les points les plus saillants de l'extrémité libre de la

pulpe, et s'étendent de là jusqu'à son extrémité opposée ; elles ont d'autant plus de longueur qu'elles
sont plus internes ou plus nouvellement déposées.
C'est ce qui fait que les dernières couches, dépassant
celles qui les ont précédées, se présentent sous la
forme de lames très minces, cédant facilement sous
le doigt, et ayant une apparence comme cartilagineuse
qui en a imposé à plus d'un auteur sur leur nature.
Mais une circonstance remarquable de ce travail,
c'est que la pulpe est plus rouge dans les points où
elle est recouverte par la substance éburnée, et que
les progrès de cette coloration sont dans un rapport
constant avec ceux de l'éburnification. Du reste, ces
couches, continuant à prendre plus d'extension, finissent par revêtir toute la surface de leur organe
producteur, à l'exception des points par lesquels lui
arrivent ses vaisseaux et ses nerfs. A ce terme, la
pulpe et le bulbe sont contenus dans une espèce de
coiffe ou de calotte, qui, pour la première, prend le
nom de *couronne*.

Tels sont, en résumé, les actes et les phénomènes
organiques qui marquent la première période de la
formation des dents. Ils nous retracent fidèlement ce
qui s'observe dans la production de toutes les substances épidermiques. Il me serait facile de pousser
plus loin ce parallèle, et de montrer que, soit qu'on
les considère dans les phénomènes physiologiques
dont elles sont le siége, tant sous le rapport des modifications physiques qu'elles subissent, que des mu-

tations qu'elles éprouvent avant d'arriver à leur chute
naturelle, soit qu'on les étudie dans le caractère de
leurs altérations, etc., il me serait facile de montrer
que, dans le système organique où je les range, les
dents y occupent leur place au même titre que les
cornes, les ongles, les poils, etc., et qu'elles ne sauraient pas plus qu'aucun de ces derniers en être
distraites.

Ici se termine la première période et va commencer la seconde ou période d'accroissement. Si jusqu'à
présent la dentition s'est offerte avec cette simplicité
et cette uniformité que nous avons observées dans
ses actes, il n'en est pas de même de la période que
nous allons décrire. A cet égard, les dents présentent
un caractère particulier qui les distingue des autres
productions épidermiques. Tandis que les ongles et
les poils se développent de la même manière chez
tous les animaux, les premières s'entourent de phénomènes souvent si éloignés, qu'on serait tenté de
les attribuer à des actes fonctionnels différents, si
leur origine commune ne nous permettait de découvrir les liens organiques qui les unissent ensemble.

Dans cette période, nous verrons comment le même
organisme, tout en continuant d'obéir aux lois qui
jusqu'alors ont dirigé ses actes, va cependant donner
naissance à des phénomènes si discordants entre eux
Suivons-le, d'une part, dans les incisives des ron
geurs, et, de l'autre, dans les dents de l'homme.

L'incisive du rongeur est encore contenue dans

l'alvéole ; son volume est à peu près égal dans toute sa longueur ; elle offre à l'intérieur une large cavité dont l'orifice répond à la pulpe et se trouve situé au-devant du point d'insertion des membranes de cet organe. Celui-ci représente un cône dont la base, appliquée contre le fond de l'alvéole, est placée derrière l'extrémité de la dent qui l'embrasse antérieurement par son orifice évasé. Son sommet se prolonge en avant dans la cavité de cet organe ; il y est libre, et n'a avec ses parois aucune adhérence vasculaire. Aussi peut-on chez les rongeurs enlever facilement les incisives sans entraîner avec elles la pulpe.

Tels sont, chez les rongeurs, la configuration et les rapports de la pulpe, lorsque, encore renfermée dans les mâchoires, elle est recouverte par les doubles couches d'ivoire et d'émail qui composent la couronne. Un moment de suspension dans le travail de la dentition semble alors s'établir ; l'accroissement en longueur de la dent est momentanément interrompu, et il n'a lieu, pendant un temps de courte durée, il est vrai, que suivant l'épaisseur de la couronne ; mais il ne peut se faire dans ce sens, sans que la cavité de celle-ci ne diminue ; or, comme la pulpe a conservé son même volume, elle se trouve comprimée. Le premier effet de cette pression, qui marque la limite de ce qu'ont de commun pour les phénomènes extérieurs la dentition des rongeurs et celle des autres mammifères, est de déterminer l'allongement de la pulpe, lequel a lieu, pour tous, de sa base à son sommet ;

celui-ci, en même temps qu'il s'amincit, se porte en avant ; la dent, obéissant à l'impulsion que lui communique son organe producteur, suit le même mouvement et sort de son alvéole en traversant les gencives. Sous l'action incessante de ce mouvement entretenu par les couches qui sont sans cesse déposées à la surface de la pulpe, la dent continue et continuera toujours de croître dans la même direction et de la même manière qu'on l'observe par toutes les productions du système tégumentaire (1).

C'est cette marche permanente imprimée à la dentition, chez les rongeurs, qui fait que l'accroissement des incisives ayant lieu d'arrière en avant, c'est-à-dire de la base au sommet de la pulpe, et ne rencontrant dans ce sens aucun obstacle qui puisse le limiter, il s'opère d'une manière continue. Mais quelle que soit la continuité de ce travail, quel que soit le développement que pourra acquérir la dent, jamais celle-ci ne dépassera l'espèce de barrière que lui oppose en arrière le point d'insertion des membranes à l'extrémité de la pulpe (2). Cet organe res-

---

(1) Les incisives permanentes des rongeurs ne sont pas les seules dents qui présentent le phénomène d'accroissement continu. On l'observe également dans les incisives et les canines de l'hippopotame, les canines du sanglier, les défenses de l'éléphant, et même encore dans des molaires du lapin, du cochon d'inde, du cabiai, etc.

(2) Pour m'en assurer, j'enlevai à un lapin une incisive supérieure. Je savais qu'une nouvelle dent se reproduirait et resterait renfermée dans son alvéole, car j'avais attendu inutilement jusqu'à cinq mois sans l'avoir vue sortir. Je me proposai donc de l'y laisser plus long-

tera fixe au milieu du mouvement habituel qui s'exécute au-devant de lui ; il conservera ses rapports
primitifs soit avec sa membrane émaillante, soit avec
la dent, et non seulement aucune racine ne pourra
se former, mais encore l'ivoire et l'émail seront continuellement produits ensemble. Il résultera de là
que, toujours libre dans ses communications vasculaires, la pulpe en recevra la continuité et l'activité
des fonctions qu'elle est appelée à remplir. C'est ce
qui fait que cet organe, d'abord peu considérable,
augmente de volume jusqu'à une certaine époque de

temps, et je ne tuai l'animal qu'au bout de huit mois. J'espérais que la
dent reproduite, ayant pris dans ce cas plus d'accroissement, et ne
pouvant se faire jour au dehors, s'étendrait en arrière de la pulpe et
donnerait naissance à une racine ; mais, après la mort de l'animal,
je la trouvai, quant à sa constitution anatomique, à l'état normal.

Cette circonstance m'avait vivement frappé dans les premières recherches que je fis sur le développement comparatif des dents du lapin et de l'homme. J'avais remarqué que, tandis que les incisives du
premier s'arrêtaient invariablement devant le point d'insertion des
membranes à la pulpe, la couronne, au contraire, chez l'homme,
franchissait cet obstacle, se dégageait de sa membrane émaillante, et
poursuivait sa marche vers le fond de l'alvéole. Il était tout naturel
que je reportasse la cause de la direction opposée que suivaient ces
dents, aux rapports différents que, chez elles, les pulpes ont avec leurs
membranes. Cette explication concordait parfaitement, d'une part,
avec les phénomènes physiologiques que ces dents manifestent, et, de
l'autre, avec les changements ultérieurs que leurs pulpes éprouvent
dans leur configuration. En effet, la pulpe des incisives des rongeurs,
comme celle des dents humaines, est loin d'offrir, dans le principe, la
configuration que plus tard elle recevra. Bien qu'elles présentent l'une
et l'autre une forme conique, ce cône, dans l'origine, est très peu
prononcé ; son sommet chez les rongeurs est tronqué, et chez

la vie de l'animal. Aussi observe-t-on que les incisives permanentes du lapin ne se renouvellent pas ; leur pulpe, participant à l'accroissement général du corps, la dent qu'elle produit en profite nécessairement, et son volume se maintient ainsi toujours en rapport avec les dimensions nouvelles qu'acquièrent les os maxillaires dans leur développement. Chez l'homme, au contraire, l'accroissement des dents étant limité, le remplacement de ces dernières devenait nécessaire pour que de nouveaux organes fussent assortis , soit aux changements survenus dans les os maxillaires , soit aux fonctions qu'ils auront à exercer. C'est pour-

l'homme, où il remplit tout le large orifice de la couronne, il est tellement étendu, qu'il ne mérite réellement pas cette désignation. Ce n'est
que plus tard, et par les progrès de la dentition, qu'ils se dessinent et se
prononcent de plus en plus, de manière à former, à une certaine époque,
un filament mince et pointu pour la pulpe des incisives des rongeurs,
et à terminer, dans un sens opposé, la pulpe des dents humaines par
un véritable pédicule. Cette théorie me séduisait d'autant plus qu'elle
se liait avec des idées d'un ordre plus élevé que j'entrevoyais sur la
dentition. Elle me conduisait, en la complétant et en la généralisant,
à trouver dans les rapports primitifs des pulpes ou de leurs enveloppes, soit entre elles, soit avec les parties voisines, dans le mode d'insertion de ces dernières, et dans la manière dont se distribuent, dans
l'origine, les vaisseaux qui se rendent à la pulpe, la raison des combinaisons si variées , sous lesquelles se manifeste l'organisme dentaire.
Cependant, je n'osai même pas faire pressentir une telle théorie, toute
plausible qu'elle me parût et qu'elle puisse être, tant je craignais
qu'elle ne touchât de trop près à une idée hypothétique. C'est pourquoi je m'en suis tenu, et je m'en tiendrai encore au fait patent, appréciable , que j'ai signalé, en 1822, qu'il soit la cause première des
phénomènes que nous étudions, ou qu'il ne soit lui-même que le premier effet d'une disposition primitive.

quoi le renouvellement des premières dents devra avoir lieu chez tous les animaux où elles sont pourvues de racines, tandis que la nature n'y recourt pas pour ceux dont l'accroissement des substances dentaires est continu.

Quand les incisives des rongeurs ont franchi leur alvéole, elles s'élèvent sur les mâchoires à la hauteur qu'elles doivent avoir, laquelle par la suite deviendra invariable, car ce qu'elles acquerront de nouveau et toujours par leur organe producteur, elles le perdront par la détrition habituelle que l'usure leur fera éprouver.

On a dû reconnaître par ce qui précède que, pour les incisives des rongeurs, comme pour les autres productions du système tégumentaire, l'acte organique qui préside à leur accroissement est le même que celui qui a présidé à leur formation, et qu'il s'accomplit suivant les mêmes lois et dans une direction semblable. Nous avons suivi les progrès de cet accroissement; nous avons fait voir que pendant le mouvement continu qui porte ces dents au dehors, pendant le déplacement non interrompu qu'elles éprouvent et qui fait que la partie qui se trouve aujourd'hui dans l'alvéole, se montrera plus tard en dehors des mâchoires, les incisives des rongeurs se maintiennent constamment dans leur configuration et leurs rapports primitifs, en un mot, qu'elles demeurent ce qu'elles ont toujours été et resteront toujours, une *couronne*. Nous allons à présent étudier cet acte organique dans l'accroissement des dents de l'homme et de la plupart des mammifères. Nous allons faire connaître comment la nature, tout en restant fidèle aux lois générales que nous venons de tracer, en fera cependant sortir des résultats si différents.

La pulpe des dents de l'homme est entourée dans la plus grande partie de son étendue de doubles couches d'ivoire et d'émail ; la couronne est achevée extérieurement et présente une ressemblance complète avec les incisives des rongeurs. Ici se termine la première période, et commence la seconde. De ce moment, chez l'homme, l'accroissement en longueur de la couronne, au lieu d'être momentanément interrompu, comme nous l'avons indiqué pour les rongeurs, est définitivement arrêté. Elle ne croît plus chez lui que par le dépôt des couches nouvelles qui en augmentent l'épaisseur et en diminuent la cavité. La pulpe se trouve par là comprimée et s'allonge de sa base à son sommet, ainsi que nous l'avons fait observer pour les rongeurs. Mais ici commence une série de phénomènes qui, pour être compris, demandent quelques explications.

Bien que la pulpe des dents de l'homme affecte, comme celle des incisives des rongeurs, une forme conique, il importe de savoir que le cône qu'elle représente chez lui est placé en sens inverse de ce que nous avons vu pour ces animaux. La pulpe dentaire de l'homme a sa base tournée vers les gencives, son sommet regardant le fond de l'alvéole. Il suit de là que les vaisseaux et les membranes se rendent à son sommet au lieu d'arriver, comme chez les rongeurs, à la base de la pulpe. Il résulte en outre de cette disposition, que lorsque la couronne est formée, l'accroissement ultérieur de la dent s'opérant de même ici dans la direction que lui imprime de sa base à son sommet l'allongement de son noyau pulpeux, celui-ci la porte par un mouvement opposé vers le fond de l'alvéole.

Eh bien, c'est ce renversement du cône, et, par suite, les changements qu'il apportera, tant dans les rapports nouveaux des vaisseaux et des membranes, que dans la direction que prend l'accroissement de la dent, qui va nous rendre raison des phénomènes dont il nous reste à nous occuper.

Nous avons dit que le premier effet de l'accroissement en épaisseur de la couronne par l'addition des couches qui se déposent incessamment à sa face interne, est de comprimer la pulpe. Sous cette pression, son sommet s'allonge et sort de la cavité dans laquelle il était renfermé. Il résulte de ce mouvement qui entraîne avec lui la dent, et qui désormais se continuera dans la même direction jusqu'au dernier terme de la dentition, et de l'allongement du noyau pulpeux :

1° Que cet organe se rétrécit à mesure qu'il se prolonge ;

2° Que la membrane émaillante du follicule qui était en rapport avec la surface extérieure de la dent

se trouve par là séparée de la portion de la pulpe
qui a dépassé l'orifice de la couronne;

3° Enfin, que la membrane externe ou la capsule
qui lui servait d'enveloppe et qui se rend aux vaisseaux de la pulpe auxquels elle adhère intimement,
s'étend également et suit le même mouvement.

Ces faits nous expliquent comment l'allongement
de la pulpe précède toujours et nécessairement la
formation de la racine; et comme cet organe se rétrécit à mesure qu'il se prolonge, nous concevons dès
lors pourquoi cette partie de la dent qui se moule sur
lui présente la forme conique que nous lui connaissons. De plus, la pulpe ne pouvant s'étendre ainsi,
sans abandonner les rapports médiats qu'elle avait
primitivement avec sa membrane interne, on conçoit
dès lors, contrairement à l'opinion des anatomistes
qui m'ont précédé, que les racines des dents doivent
toujours être privées d'émail. Quant à la membrane
externe qui est unie au cordon dentaire, elle est
obligée d'en suivre les mouvements, et de s'éloigner
par conséquent de la portion de la membrane interne
à laquelle elle correspondait d'abord. C'est elle qui,
dans la suite, constitue l'enveloppe de la racine,
n'ayant avec les parois alvéolaires que des rapports
de contiguïté.

Du reste, la pulpe continuant toujours à produire
de nouvelles couches d'ivoire et d'émail dans le
double sens de la longueur et de l'épaisseur de la
dent, la racine finit par acquérir presque toute l'é-

tendue qu'elle devra avoir, en même temps que sa
cavité et celle de la couronne diminuent de plus en
plus.

Parvenu à ce point, l'accroissement en longueur
de la dent est presque terminé, et il n'a plus lieu
que suivant son épaisseur. Alors, la pulpe, entourée
de tous côtés par la substance éburnée qu'elle a
sécrétée, se trouve réduite à un très petit volume;
ses communications vasculaires existent à peine, et
elle disparaît enfin sous les dernières couches qu'elle
a déposées (1). Cependant, même dans ces limites où
nous les trouvons renfermées, il est impossible de
méconnaître, chez l'homme et chez les autres mammifères, la continuité des fonctions que nous avons
observées dans la pulpe des incisives des rongeurs ;
car, depuis les premières lames d'ivoire sécrétées,
jusqu'au dernier terme de la dentition, elles se sont

(1) Quand la pulpe est arrivée à cet état, qu'elle se trouve réduite
en un mince filament qui occupe le centre de la dent, et, qu'avec elle
va s'éteindre également la sécrétion de l'ivoire, un nouveau travail s'effectue à l'extérieur. La membrane externe, prenant alors une activité
plus grande, dépose, sur la surface de l'ivoire, des couches de substance corticale qui, se succédant de dedans en dehors, viennent ainsi
terminer l'accroissement de la racine. Ce fait, qui a de l'importance
au point de vue pathologique, et que je me borne à constater, me ré-
servant, pour un autre temps, de lui donner plus de développement,
montre que cette membrane n'est pas seulement destinée à servir d'enveloppe au follicule et, plus tard, à la racine, mais qu'elle concourt
encore à l'achèvement de cette dernière. Au reste, ses actes fonctionnels se manifestent d'une manière bien plus remarquable dans les
dents de beaucoup d'animaux.

exercées sans interruption, et n'ont cessé qu'avec l'organe qui en est la source.

En suivant l'accroissement des incisives des rongeurs et des dents de l'homme, on a dû remarquer que, tandis que chez les premières, la pulpe conserve son même volume pendant toute la durée de ce travail, chez l'homme, au contraire, elle diminue successivement de grosseur, et subit dans sa configuration des modifications qui la .font se terminer, d'abord en un sommet largement tronqué, puis en un pédicule qui, en s'allongeant, s'amincit de plus en plus, jusqu'à ce qu'elle disparaisse entièrement. C'est ce fait, vrai en lui, qui en a imposé aux anatomistes, et, entre autres, à G. Cuvier et à Lavagna. Reproduisant des idées déjà émises, ils ont cru pouvoir expliquer le phénomène de l'accroissement continu des incisives des rongeurs, par l'ampleur considérable de la racine de ces dents, laquelle, suivant eux, laisse toujours un libre accès aux vaisseaux qui se rendent à la pulpe, tandis que les racines des dents de l'homme présentent un trou si petit que des vaisseaux sanguins à peine perceptibles peuvent les traverser. G. Cuvier et Lavagna ne pensaient pas qu'ils confondaient ensemble des organes dont la composition anatomique n'était pas la même ; que le travail de production, dont les résultats si différents les frappaient, demeurait chez les uns constamment en voie d'exécution, pendant qu'il était achevé ou près de l'être chez les autres. Ils ne pensaient pas surtout

5

qu'ils comparaient ces dents à des phases de leur
développement qui ne se correspondaient nullement.
Si la science eût été plus avancée, ils auraient su
qu'il est une époque de la dentition qui, seule, leur
est commune, où les incisives des rongeurs, de même
que les dents des autres mammifères, se montrent
extérieurement avec des caractères semblables, où
elles laissent apercevoir, les unes et les autres, dans
leur intérieur, une large cavité qui contient une pulpe
également volumineuse et ayant de même un système
vasculaire très développé. Quant à l'étroitesse de
l'extrémité des racines qu'on observe, plus tard, sur
les dents de l'homme, et à l'imperceptibilité des vaisseaux qui les traversent, j'ai démontré ci-dessus que
cet état anatomique sur lequel Lavagna s'appuyait
principalement, n'est que consécutif, et résulte d'un
travail qui, quoique le même, a pris dans ces dents
une direction différente de celle que continue à suivre
le développement des incisives des rongeurs. En un
mot, G. Cuvier, comme Lavagna, croyaient voir dans
l'incisive d'un rongeur, dans la défense d'un éléphant,
une dent complète, et ils n'avaient sous leurs yeux
qu'une *couronne*.

Toutefois, quoique Lavagna paraisse rattacher
l'accroissement des incisives des rongeurs au grand
nombre de vaisseaux qui, selon lui, pénètrent leurs
racines, l'esprit éclairé de cet habile physiologiste est
loin d'être satisfait de cette explication. Il a soin d'a-
vertir qu'il ne prétend pas que la disposition vascu-

laire de ces dents donne entièrement raison des phénomènes qu'elles manifestent. Aussi termine-t-il en avouant que , *malgré ces réflexions , la cause de la reproduction des incisives chez les animaux rongeurs ne lui semble pas plus claire que celle qui préside à la reproduction des ongles* (1).

Ainsi donc , il est aussi impossible qu'une racine soit recouverte d'émail, ne se rétrécisse pas et constitue la partie la plus large d'une dent, qu'il serait impossible qu'une couronne pût croître toujours, si une racine venait s'y adjoindre. Ce sont des états qui s'excluent les uns les autres. A présent, serait-on arrivé aux déductions physiologiques que nous avons tirées , en s'en tenant à l'examen des formes extérieures que manifestent les organismes que nous avons comparés entre eux, en étudiant ces organismes séparément et d'une manière abstraite? Je ne le pense pas. Aurait-on jamais pu comprendre et expliquer le phénomène si remarquable que nous offre la dentition des rongeurs, en attribuant aux incisives de ces animaux et aux dents de l'homme la même constitution anatomique? Je ne le crois pas davantage.

Toutefois, je me plais à le reconnaître , le dissentiment scientifique qui , sur ce sujet, existe entre M. Duvernoy et moi, me semble moins profond que

(1) F. Lavagna, *Esperienze e riflessioni sopra la carie de denti umani, coll' aggiunta di un nuovo saggio su la reproduzione dei denti negli animali rosicanti.* Genova, 1842.

ne l'indique sa proposition ; si je m'en rapporte du
moins aux réflexions qui la suivent et qui ne pouvaient échapper au jugement d'un aussi habile observateur. Mais ces réflexions, bien qu'elles aient évidemment pour but de rendre au fait que j'avais énoncé
sa véritable signification, n'empêchent pas que la
proposition principale ne subsiste avec son incertitude et son obscurité, et ne pèse de tout son poids
dans la question qui m'occupe en ce moment. Peut-
être aussi ce dissentiment tient-il à ce que nous n'en-
visageons pas au même point de vue l'anatomie générale des dents (1).

On s'est de tout temps tellement habitué à regarder comme une racine la portion des dents qui se
trouve renfermée dans les os maxillaires, qu'on a eu
de la peine à accepter, pour une couronne, la portion
des incisives des rongeurs, des défenses de l'éléphant, etc., qui se prolonge jusqu'au fond de l'alvéole.
L'anatomie comparée n'a pas même cette fois tenu
compte des différences que présentent leur conformation et leur aspect extérieurs. Pour elle, la situation des racines dans l'intérieur des mâchoires a été
leur principal caractère. Ce n'est, en effet, que sur
cette considération qu'on a pu avancer, même dans
ces derniers temps, que les incisives des rongeurs
ont en réalité une racine. Cependant, pour peu qu'on y

_____

(1) Je crois que cette dénomination conviendrait mieux que celles
d'anatomie *philosophique, comparative* ou *comparée,* employées par
les auteurs.

eût réfléchi, il eût été facile d'éviter une pareille méprise. Ne sait-on pas que s'il est des racines implantées dans les os, il en est aussi qui sont fixées dans le système muqueux, et qu'on en rencontre parfois dans ce cas et à l'état normal chez l'homme? En mettant même de côté tant de caractères anatomiques et physiologiques qui les distinguent, est-il permis un seul instant d'assimiler l'implantation d'une racine qui lui donne une fixité et des rapports permanents avec les parois de son alvéole, à la position d'une incisive de rongeur qui ne reste jamais stationnaire dans la cavité alvéolaire, et qui obéit à chaque moment au mouvement progressif et continu qui la déplace et la porte sans cesse en dehors des mâchoires? Enfin comment, dans l'état actuel de la science, pourrait-on tirer une induction anatomique de la seule situation d'un organe?

On veut que les incisives des rongeurs aient une racine. Soit. J'enlève une de ces dents, et je demande s'il serait possible qu'on montrât sur ce tout uniforme et semblable ce qui est la racine, ce qui appartient à la couronne, et la ligne de démarcation qui les sépare l'une de l'autre. Certainement non. On éprouverait le même embarras que si, ayant séparé d'une dent humaine sa couronne, on voulait faire voir sur celle-ci l'endroit où elle serait une racine, et l'endroit où elle est une couronne. La comparaison n'a rien d'exagéré, car je ne fais qu'opposer entre eux deux corps parfaitement identiques. Or, de quel nom appeler une distinction qui ne peut se faire apercevoir par aucun signe appréciable?

Ce n'est pas tout. Les incisives des rongeurs ont, dit-on, une racine. Cependant cette racine, qui se trouve actuellement dans son alvéole, ne tardera pas à en sortir entièrement. Pendant ce déplacement elle conserve tous ses caractères et toute sa constitution anatomiques. Lui conservera-t-on sa dénomination première? Mais alors cette dent ayant au dehors et au dedans la même composition, ne serait donc plus, dans sa totalité, qu'une racine.

Mais, j'admets que, de même que les dents des autres mammifères, les incisives des rongeurs possèdent des racines, peu importe sous quelle dénomination on les indique. Ce principe étant posé, on sera, par la nécessité des choses, forcé de les diviser aussitôt en deux classes; les unes, seront privées d'émail, se termineront en pointe et limiteront l'accroissement de la couronne; les autres, au contraire, seront émaillées, présenteront une ouverture évasée et laisseront libre l'accroissement de la couronne; c'est-à-dire qu'on aura réuni sous un titre commun des parties qui se repoussent le plus par tous leurs caractères.

Voilà à quels résultats arrive l'anatomie comparée quand elle marche sans le concours de la physiologie. Encore, s'il n'était question ici que d'une erreur anatomique. Mais dans cette fusion qu'on opère de corps si disparates, on commet, à mon avis, une faute plus grave, et j'appuie à dessein sur ce point, parce qu'il ne m'a pas paru avoir été saisi, on commet la faute de détruire un des jalons que la nature semble avoir posés pour éclairer et guider l'observateur. Il est de toute évidence, qu'en accordant également aux incisives des rongeurs et aux autres dents des mammifères, et une couronne et une racine, il devient absolument impossible de concevoir pourquoi les premières jouissent de la faculté de croître continuellement, et pourquoi l'accroissement des secondes est limité. En présence, d'un côté, d'un état anatomique qu'on dit être semblable, de l'autre, de phénomènes si opposés qui s'y rattachent, l'esprit demeure étonné de tels contrastes dont la cause lui est cachée. J'ai le droit de l'attester; car, moi aussi je me suis, au commencement de mes recherches, trouvé trop longtemps placé en face de cette difficulté que la science m'avait laissée, pour l'avoir oubliée.

Qu'on ne croie pas que les avertissements lui aient manqué. Il y a plus de vingt-cinq ans qu'un des zoologistes les plus illustres de notre époque, M. de Blainville, a reproché à l'anatomie comparée de trop négliger, dans l'étude des dents, l'organe producteur, pour ne s'occuper que de la partie produite. Cependant, c'est là seulement qu'on peut découvrir la raison des phénomènes si divers qu'elles nous offrent. Je dirai donc, à mon tour, que, pour moi, ce qui, dans ma pensée, constitue essentiellement une racine, c'est moins encore sa configuration générale,

que l'appréciation de l'acte organique qui lui donne
naissance. Je vois, en une racine, une pulpe d'une
forme donnée, qui, après avoir produit la couronne,
cédant à la pression que celle-ci exerce sur elle,
s'allonge dans la direction de son sommet, abandonne
les rapports primitifs qu'elle avait avec la membrane
émaillante, se rétrécit de plus en plus à mesure
qu'elle s'étend davantage vers le fond de l'alvéole
et finit par s'éteindre, avec ses fonctions, sous les
dernières couches éburnées qu'elle a déposées. C'est
là le fait physiologique qui me frappe, m'attache, et
dont je suis les progrès à travers les substances dentaires. Le reste en découle, comme des résultats nécessaires, inévitables, ou plutôt ces derniers ne sont
que la forme par laquelle se traduit au dehors le travail organique qui s'effectue dans l'intérieur de la
dent.

De même aussi, continuant ma pensée, je pourrais ajouter que ce fait physiologique, pris à part,
ne se développe, de son côté, que comme une conséquence de l'exercice des lois qui dirigent l'acte de
la dentition chez les incisives des rongeurs ; et, cela,
à ce point, que dans un bon système d'anatomie
comparative, il aurait pu, comme tant d'autres non
moins remarquables, être établi *à priori* par la connaissance parfaite de ces lois.

Les questions que je viens d'examiner ont donc
un grand intérêt, car elles agitent les bases mêmes
de l'anatomie et de la physiologie comparatives des

dents. C'est mon excuse pour les développements
que j'ai cru devoir leur consacrer. Je me suis efforcé
de les élever assez haut pour qu'elles ne descendis-
sent pas à une puérile logomachie. Sans doute, il n'y
a, entre une couronne et une racine, que la différence d'un mot; mais il n'existe également que la
différence d'un mot, entre l'erreur et la vérité. Ce
mot, pour la composition anatomique des incisives
des rongeurs, pour la nature des racines, exprime à
lui seul toute une théorie, car il lui sert de fondement et de point de départ; retranchez-le, et vous
aurez à refaire une autre anatomie, une autre physiologie, et, par suite, une autre pathologie des dents.
Il signifie, dans le premier cas, que l'accroissement
des incisives des rongeurs, se faisant au-devant de la
pulpe par un mouvement qui conserve toujours sa
direction première et ne s'interrompt pas, non seulement il est continu, mais encore qu'aucune racine
ne peut s'ajouter à ces dents; dans le second, que
les racines constituent une partie entièrement distincte de la couronne, ayant, pour caractères anatomiques, d'être implantées d'une manière fixe et
permanente dans l'intérieur des mâchoires, d'être
privées d'émail, de se terminer en pointe vers le
fond de leur alvéole; et, pour conséquence physiologique, de borner l'accroissement de la couronne.
Qu'ainsi, prétendre qu'on peut indifféremment donner le nom de racine ou de couronne à la même
partie des incisives des rongeurs, des défenses d'é-

léphant, de morse, de sanglier, etc., c'est méconnaître complétement une différence bien tranchée
dans la constitution anatomique de ces dents et dans
leur mode d'accroissement.

Ce mot, l'anatomie comparative, aidée du concours de la physiologie expérimentale, l'a trouvé en
interrogeant l'organisme dentaire dans ce qu'il a
d'essentiel et de plus important, et en le poursuivant
ensuite sous les formes et sous les combinaisons variées qu'offrent les dents. Procédant par la double
voie de l'analyse et de la synthèse, elle a d'abord
ramené ces dernières à leur unité de composition organique et à leur simplicité primitive. Elle a montré
que ces combinaisons si diverses se résumaient toutes
en de seules modifications de formes et de rapports
de la part des organes qui les déterminent. Forte de
ces lumières, elle s'en est ensuite servie pour re-
constituer, avec les mêmes matériaux, les combinaisons qu'elle venait de décomposer. Mais sont-ce là ses
dernières paroles? Je l'ai déjà dit, peut-être, un
jour, poussera-t-elle plus loin ses investigations et
parviendra-t-elle à expliquer ces états si différents,
par la manière dont se distribuent, dès l'origine, les
vaisseaux qui doivent plus tard appartenir à la
pulpe, et par les rapports, soit des pulpes entre
elles, soit de leurs enveloppes.

Quoi qu'il arrive, et dût-elle encore longtemps s'en
tenir aux résultats qu'elle a déjà obtenus, l'anatomie philosophique n'aurait pas moins à se féliciter

d'avoir tenté pour les dents des mammifères, ce qu'ont fait, en suivant ses principes, E. Geoffroy Saint-Hilaire, pour le système osseux et les organes de la génération; Audouin, Dugès et M. Savigny, pour les parties dures des animaux articulés; M. Serres et plusieurs anatomistes allemands, pour le système nerveux; M. Isidore Geoffroy Saint-Hilaire, sur les anomalies de l'organisation; Dutrochet, MM. Velpeau, Coste, Pouchet, Bischoff, etc., pour l'ovologie, etc. C'est ainsi qu'elle a répondu au dédain superbe avec lequel naguère elle était accueillie. On l'accusait de négliger l'observation; les travaux que je viens de citer et d'autres non moins recommandables que j'aurais pu y ajouter, repoussent assez ce reproche. Mais elle ne veut pas que les faits demeurent isolés et stériles. Elle ne comprend la science que dans les rapports généraux qui doivent les lier ensemble et les fondre tous dans une seule et même théorie. Aussi recherche-t-elle avec soin leurs analogies, pour de là s'élever à la cause de leurs différences; car ces différences, qui l'intéressent au même degré, elle a la prétention de pouvoir seule les comprendre, les expliquer et en faire ressortir la véritable signification.

III.

ÉTUDE MICROSCOPIQUE DES DENTS.

Un puissant instrument d'observation est venu, dans ces derniers temps, s'ajouter aux moyens employés par l'anatomie pour découvrir la structure de nos tissus. Je veux parler des recherches microscopiques.

Leeuwenhoek (1) est le premier qui, en 1678, annonça, d'après des observations microscopiques auxquelles il s'était livré, que les dents sont entièrement formées de très petits tubes transparents et droits, si déliés que six ou sept cents d'entre eux égalent à peine la grosseur d'un poil. On y attacha peu d'importance, et ce n'est qu'un siècle et demi après qu'elles ont été sérieusement reprises, d'abord par Purkinje qui fit publier, en 1835, par son élève Fraenkel (2), la découverte de la structure tubuleuse de l'ivoire, en même temps que M. Retzius (3), célèbre anatomiste de Stockholm, communiquait le même résultat à la Société royale de cette ville. Plus tard, MM. Owen (4),

---

(1) *Microscopical observations on the structure of the teeth and other Bones, Philos. trans.*, 1678.

(2) *De penitiori dentium structura.* Breslau, 1834.

(3) *Archives de physiologie*, par J. Muller, 1838.

(4) *Odontograghy or a treatise an the comparative anatomy of the teeth.* Londres, 1840. 2 vol. in-8, avec 168 planches.

Goodsir (1), Nasmyth (2) et Mandl (3), ont continué
les mêmes recherches et les ont étendues aux animaux. Il résulte de cette étude microscopique des
dents, qu'elles sont composées, pour les uns, de fibres
solides, diversement arrangées, selon qu'on les examine dans une dent simple ou composée ; pour
les autres, de fibres creuses, tubuleuses, formant des espèces de petits canaux remplis, soit de
fluide sanguin, soit de matière calcaire, soit même
d'un liquide incolore. M. Nasmyth affirme, d'après
des préparations qu'il a soumises à l'Académie des
sciences, qu'il existe, entre les fibres dont l'ivoire se
compose, des aréoles nombreuses, à parois distinctes,
représentant assez exactement la disposition que l'on
nomme *celluleuse* dans les autres organismes. M. Retzius semble avoir résolu la question de la canalicula-
tion du tissu dentaire, en plongeant les préparations
dans l'huile de térébenthine, afin d'augmenter leur
transparence. M. Muller a continué les observations
de cet habile physiologiste, et il a vu, ainsi que
M. Purkinje, l'encre s'élever dans l'intérieur des
tubes des dents de cheval et les injecter en noir par
l'action de leur capillarité. M. F. Dujardin admet également des canalicules dentaires ; enfin, M. Serres,
en répétant les expériences de M. Retzius, a décou-

(1) *Edimb. med. and surg. journal.* January, 1838.
(2) *Researches on the teeth.* Londres, 1839.
(3) *Manuel d'anatomie générale.* Paris, 1843. in-8. p. 411 et suiv.
— *Anatomie microscopique.* Paris, 1838-1847, tome I, p, 111 et
pl. 13 et 14.

vert sur plusieurs préparations une série de globules
sanguins correspondants au débouchement des canalicules dans la cavité dentaire. Il est vrai que M. Nasmyth s'est élevé contre ce fait; mais M. Serres ne pense
pas que la forme élémentaire globuleuse indiquée par
M. Nasmyth, détruise l'existence des canalicules.

Quoi qu'il en soit de ces dissidences, l'ivoire, d'a-
près les observations de M. Retzius, que je vais rapporter, « contient des tuyaux et des cellules qui communiquent entre eux. Ces deux formations sont identiques avec celles des petits canaux et cellules qui
forment une partie importante de l'organisation des
os. Les tuyaux de l'ivoire s'ouvrent vers la cavité de
la pulpe dentaire et en sortent en rayons. Souvent
parallèles entre eux, ils jettent de tous côtés des ramifications ultérieures beaucoup plus subtiles qui
forment entre elles de nombreuses anastomoses ré-
ticulaires et aboutissant dans des cellules. L'épaisseur des tuyaux principaux varie de 1/400 jusqu'à
1/1000 de ligne. Cette épaisseur devient de plus en
plus faible pour chaque division que les vaisseaux
subissent, et les ramifications les plus fines sont plusieurs fois plus petites. Les cellules, ainsi que les ramifications, sont pénétrées d'un liquide limpide, de
même que les parties qui les entourent. L'ivoire se
déposant par couches de dehors en dedans, autour
de la surface de la pulpe, les cellules extérieures se
forment d'abord, puis les tuyaux aboutissants. Pendant l'accroissement des couches nouvelles, les troncs

des tuyaux se continuent aussi, de manière que les continuations du même tuyau dans les couches diverses forment un canal sans interruption. Il paraît que les nombreuses ondulations parallèles qu'ils présentent naissent pendant le passage de ces tuyaux d'une couche à l'autre. Pour ce cas, on est porté à présumer dans la pulpe un mouvement périodique par lequel les tuyaux naissants s'approchent, pendant un certain temps, de l'extrémité de la couronne de la dent, et, pendant un autre temps, vers l'extrémité de sa racine. Ces mouvements périodiques dans la pulpe sont de plusieurs espèces : les ondulations les plus faibles et les plus nombreuses doivent leur origine à des mouvements périodiques d'une assez courte durée. De même, les *serpentements* étendus, dont chaque tronc d'un tuyau complet ne présente que quelques uns, accusent d'autres changements qui se sont opérés dans des intervalles de temps plus longs, tandis que les mouvements plus petits qui ont produit les courtes ondulations se sont continués sans interruption. Sous ce point de vue, la ressemblance entre l'ivoire et l'os est plus grande qu'on ne ne le croit au premier abord. Cependant la plus grande différence se trouve dans leur mode de formation. Dans l'ivoire, c'est la couche externe qui se forme la première, tandis que dans l'os, la couche externe autour de chaque filet médullaire se forme en dernier.

La composition de l'émail, qui est sans vaisseaux, soit sanguins, soit osseux, est beaucoup plus simple.

Sa structure ressemble assez à celle de la lentille
cristalline. Aussi probablement a-t-il besoin pour sa
substentation d'une humeur habituelle qui peut être
supposée lui arriver par les vaisseaux de l'ivoire.

Quant à la substance corticale, elle se compose,
comme les os dentaires et les autres os, de cartilage
et de terre osseuse. Le cartilage de la substance corticale dont la partie calcaire (terre osseuse) a été
dissoute dans un acide, peut être séparée sous la
forme d'une membrane plus épaisse à l'extrémité de
la racine. Dans les dents humaines, il paraît avoir
moins de consistance que le cartilage de l'os dentaire. Vu au microscope, il présente les mêmes cellules, ou ce qu'on appelle des corpuscules, qu'on
trouve dans la substance osseuse proprement dite
(os dentaire), et une structure toute cartilagineuse. Il
est moins facilement dissous dans l'eau bouillante
que celui de la partie osseuse de la dent. Quand on
examine, avec une bonne lentille, de la substance corticale fraîche ou desséchée, polie ou coupée en lames
très minces, on y découvre une foule de points blancs
qui, examinés avec un plus fort grossissement, ne sont
autre chose que les cellules dont il a été parlé plus
haut, et dont la couleur blanche est due à la matière
osseuse qu'elles renferment. Comme dans l'os dentaire et les autres os, de nombreux tubes entrent et
sortent de ces cellules, en s'élargissant à mesure qu'ils
y pénètrent, et leur donnent l'apparence d'étoiles
irrégulières. Du reste, ces tubes ont entre eux de

nombreuses communications, dont les unes se font
directement, et les autres au moyen de branches dont
le diamètre varie d'une à 5/1000 de lignes, PM.
Quelques uns passent d'une cellule à l'autre exactement comme dans l'os dentaire. Les cellules osseuses
varient dans leur forme et leur volume. Quelques
unes sont allongées comme des tubes, d'autres sont
presque rondes. Leur grandeur moyenne est de
1/150 de ligne.

Quand on fait une section transversale à l'axe de
la dent, il est facile de voir que les cellules osseuses
sont disposées en lignes parallèles ou en anneaux
concentriques. On s'aperçoit aussi que la substance
corticale se trouve déposée en couches minces et co-
hérentes.

Dans la dent humaine, le cément consiste dans une
lamelle excessivement mince, qui prend son origine
dans les dents dont les racines ont acquis leur accroissement complet, au point du collet où vient se
terminer l'émail, et qui augmente en volume à mesure qu'elle descend vers l'extrémité de la racine où
elle est généralement plus épaisse. Dans les jeunes
dents, dont les racines ne sont pas encore complète-
ment développées, la substance corticale est si mince,
qu'on n'y distingue pas les cellules osseuses ; elle a
simplement l'apparence d'une membrane très fine.
D'un autre côté, plus une dent est âgée, plus la cavité de la pulpe est oblitérée, et plus le cément est
épais à l'extrémité de la racine, où il forme quelque-

fois un renflement auquel on a donné vulgairement
le nom d'*exostose*. »

Telle est l'analyse des recherches microscopiques
que M. Retzius a entreprises sur les dents. J'ai eu l'a-
vantage de pouvoir les répéter avec un de mes élèves,
M. Lindber, actuellement dentiste de la cour de Stockholm, qui lui-même avait pris part aux belles préparations du savant anatomiste suédois. Que doit-on en
conclure ? Qu'observée au microscope, la texture des
substances dentaires et osseuses présente une grande
ressemblance. C'est dans ces termes réservés que se
sont renfermés quelques physiologistes. Mais de là,
à leur attribuer une organisation semblable, à admettre dans l'ivoire une véritable circulation, la distance est grande ; aussi, est-ce avec peine que je l'ai
vue, sur ce seul document, être franchie tout d'un
coup par des hommes qui occupent un haut rang dans
la science.

Sans prétendre élever une induction, même rationnelle, à la hauteur d'une démonstration positive,
disons d'abord que la disposition de l'ivoire, rendue
sensible par le microscope, aurait pu être supposée
à priori. On aurait pu aisément concevoir, qu'entre
les bouches qui versent l'ivoire à la surface de la
pulpe, il existe des intervalles qui doivent se répéter
dans cette substance ; que ces intervalles, s'abou-
chant les uns aux autres par le dépôt successif des
couches éburnées, doivent former, depuis la plus
extérieure jusqu'à celle qui touche à la pulpe, un es-

pace continu qui, d'un côté, se termine vers la surface extérieure de l'ivoire, et, de l'autre, s'ouvre
dans la cavité dentaire. Cet espace non interrompu,
ce tuyau, serait droit, si les mêmes points de la
pulpe correspondaient toujours aux mêmes points de
l'ivoire. Mais il n'en est pas ainsi. La pulpe exécute
deux sortes de mouvements : l'un, organique, intestin, presque insensible, se passe en elle comme dans
toutes les autres parties de l'économie ; l'autre, plus
marqué, est déterminé par le déplacement de la
pulpe, et est lui-même le résultat de l'allongement
de cet organe pendant le travail d'accroissement de
la dent. Dans cette circonstance, la physiologie vient
en aide à l'étude microscopique et éclaire une difficulté (la sinuosité des tubes) qui avait embarrassé
M. Retzius, et qu'il n'a pu résoudre que par une présomption.

De cette manière, chaque couche d'ivoire doit porter, dans sa texture, l'empreinte de la pulpe qui l'a
sécrétée. Or, c'est un fait que M. Nasmyth a parfaitement démontré dans la liaison qu'il s'est efforcé d'é-
tablir entre la structure microscopique de l'ivoire, de
l'émail, et celle de la pulpe. Après avoir reconnu la
disposition celluleuse ou aréolaire dans les deux premières parties, il l'a également retrouvée dans la
troisième. Sur une de ses préparations, que le savant
rapporteur de l'Académie des sciences, M. Serres, a
répétée, une pellicule dentaire très mince est adhé-
rente à la pulpe ; on y voit manifestement la réticula-

tion de la pulpe se reproduisant sur la pellicule. Ici,
à leur tour, les observations microscopiques sont venues confirmer les prévisions de la physiologie.

Au reste, ce ne sont pas les seuls points sur lesquels elles se soient rencontrées. En traitant, il y a
quinze ans, des maladies de l'enveloppe externe des
racines (1), j'ai décrit, sous le nom d'ossifications, les
productions morbides de cette membrane, qu'on rencontre assez souvent sur les racines. Elles consistent,
tantôt, dans de petites lames osseuses, minces, plus
ou moins nombreuses, situées sur les divers points
de la racine, ou la recouvrant dans toute sa longueur,
de manière à former, autour d'elle, une espèce de
gaîne; d'autres fois, ces lames ont plus d'épaisseur, et
se montrent sous forme de bourrelets circulaires
qu'on trouve le plus ordinairement près de l'extrémité
de la racine ; enfin, elles peuvent, dans quelques cas,
acquérir une grosseur telle, qu'elles présentent tous
les caractères extérieurs d'une exostose, dénomination vicieuse, sous laquelle on les désigne généralement. Ces productions reconnaissent pour cause un
état pathologique de la membrane externe des racines
et ont une disposition et un aspect qui ne permettent
pas de les confondre avec l'ivoire, qui leur est d'ailleurs
tout à fait étranger. Eh bien, les considérations par
lesquelles l'anatomie et la physiologie pathologique
avaient constaté la cause et la nature de ces ossi-

(1) *Diction. de méd.*, déjà cité. t. X, p. 194.

fications, les recherches microscopiques les ont, depuis, pleinement confirmées sur ces deux points, et, aujourd'hui, pour M. Retzius comme pour moi, les tumeurs qui se développent à la surface des racines ne sont que des hypertrophies de la substance corticale.

Ainsi, les tubes, les aréoles que l'on aperçoit dans l'ivoire et dans l'émail, ne se montrent à moi que comme un arrangement de leurs molécules, qui se rattache à la production de ces substances. Ils constituent les voies par lesquelles leur arrive le liquide d'imbibition exhalé par la pulpe. C'est, en effet, en ces deux points, que se résument, et leur mode de formation, et leur destination. Je sais bien que plusieurs physiologistes ont prétendu déduire, de la texture tubuleuse de l'ivoire, l'existence de vaisseaux et d'une véritable circulation dans cette substance. Mais tous les faits s'élèvent contre une telle assertion. Les substances dentaires se trouvent, au point de vue de l'organisme, dans la même position que certains animaux, placés aux degrés inférieurs de l'échelle des êtres vivants, par rapport aux autres. Privés les uns et les autres de vaisseaux, l'imbibition y remplace la circulation. Le liquide versé par la pulpe s'introduit dans les intervalles que laissent entre elles les molécules de l'ivoire, les parcourt dans tous les sens, et vient se répandre jusqu'à la surface de la dent. Sans cesse produit, il est sans cesse renouvelé, et, par ce mouvement non interrompu qui l'agite, il communi-

que aux substances dentaires, et y entretient la vitalité dont elles jouissent. C'est à ce fluide qu'elles doivent la teinte brillante qui les anime, laquelle diminue, disparaît ou s'altère, par les progrès de l'âge,
par certaines lésions des dents, de la pulpe, du cordon dentaire, etc. L'imbibition est donc une des conditions attachées à la vitalité des dents, et qui les lie
à l'organisme. Du reste, elle se rencontre également
pour toutes les productions épidermiques. Toutefois
elle nous offre, ici, un caractère particulier ; tandis
que, chez certains êtres, l'imbibition remplace la circulation dans ses fonctions essentielles, pour les
dents, elle se borne aux usages que nous lui avons assignés, et est complétement étrangère à toute influence
nutritive qu'on pourrait être disposé à lui attribuer pendant leur formation et leur accroissement.
Cette absence de vaisseaux, qui les rend incapables
d'exercer par elles-mêmes aucun acte de l'organisme,
d'une part ; de l'autre, la vitalité qu'elles possèdent
néanmoins, sont les traits les plus saillants qui séparent entièrement les substances dentaires de toutes
les autres parties de notre économie. Sous ce double
rapport, on peut dire qu'elles participent, à la fois,
et des propriétés des corps inorganiques, et des propriétés des tissus vivants, ou plutôt elles forment le
lien de transition des uns aux autres. Une telle
disposition, qui s'applique à toutes les productions
cornées, était rendue nécessaire, aussi bien pour leur
existence que pour les usages qu'elles ont à remplir.

C'est elle qui leur permet de pouvoir supporter, sans
en souffrir, les influences diverses avec lesquelles
elles sont habituellement en contact; c'est à la nature
particulière de ces substances, qu'elles doivent d'être
placées, comme une barrière, entre le monde extérieur et l'organisation, pour protéger cette dernière.
C'est pourquoi, sous quelles formes qu'elles se montrent, quels que soient leurs caractères physiques ;
que, rassemblées en faisceaux, elles se détachent de
certaines parties de notre corps, ou qu'elles s'étendent en membranes à la surface des téguments internes et externes, partout on est sûr de les rencontrer là où notre économie doit être en rapport avec
un agent étranger.

J'ai peine à concevoir qu'en présence de tant de
faits qui militent contre elle, des physiologistes,
qui occupent dans la science un rang élevé, aient pu,
jusque dans ces derniers temps, admettre la vascularité de l'ivoire. Pour rester dans mon sujet, dira-t-
on des incisives des rongeurs, dont la substance se
forme continuellement, et qui, de plus, jouissent de
la faculté de se reproduire entièrement, que leur
pulpe fournit sans cesse et tout à la fois de la substance éburnée, des vaisseaux et même des nerfs.
Mais ces dents vont bientôt être soumises au travail
de la mastication ; comment, portant en elles tous
ces éléments de l'organisme, toujours si prompts à
réagir contre la plus légère excitation, supporteront-
elles la détrition qui les attend, sans éprouver la

moindre impression , la moindre atteinte, ne lui opposant que la faible résistance d'un corps inorganique qui obéit avec inertie aux lois de sa destruction ?

F. Cuvier (1) est allé plus loin. Tout en reconnaissant que les dents sont, comme les poils, les ongles,
les cornes, le résultat d'une excrétion, il leur trouve
néanmoins, par leurs affinités chimiques, plus d'analogie avec les os qu'avec ces productions. Selon ce
savant zoologiste, les dents seraient des os dont les
vaisseaux, réunis en une seule masse, déposeraient
autour d'elle la matière osseuse; et les os , des dents
dans l'intérieur desquelles les vaisseaux divisés fe-
raient, en quelque sorte, circuler cette matière. Une
telle doctrine, où la fiction est substituée à la réalité,
conduirait loin dans la voie des hypothèses. Certainement son auteur eût été le premier à repousser les
applications dangereuses auxquelles elle pourrait
donner lieu.

Il faut le reconnaître, l'argument que F. Cuvier
invoquait pour assimiler les dents aux os, est celui
qu'on a le plus fait valoir en faveur de cette opinion,
et le seul qui semble reposer sur une observation
exacte. Cependant, cet argument a-t-il toute la force
qu'on lui a prêtée? Qu'en chimie, on prenne, pour
base de classification des corps, leur composition
chimique, je le conçois, et il doit en être ainsi. Cette

(1) *Des dents des mammifères*, discours préliminaire, Paris, 1825,
p. XX.

science obéit, en cela, à ses propres principes. Mais,
qu'en anatomie et en physiologie, faisant abstraction
de tous les actes que la vie fait naître ou entretient
dans nos tissus, on emprunte les mêmes principes,
pour fonder les systèmes organiques, c'est inadmissible, c'est se tromper de science. J'aimerais autant
voir la chimie classer les corps d'après les éléments
de leur organisation.

Mais cette analogie de composition, sur laquelle
on insiste avec tant de persévérance, elle n'existe
évidemment pas pour toutes les substances dentaires.
La composition de l'émail n'est pas la même que
celle des os ; on ne la rencontre pas davantage parmi
les dents, dont quelques unes, comme nous l'avons
déjà dit, présentent des caractères chimiques très
différents que nous pourrions également retrouver
dans d'autres parties qui leur ressemblent sous tant
de rapports, qu'il nous paraît impossible de ne pas
les réunir ensemble. Il y a plus ; les productions
épidermiques elles-mêmes, celles qui sont regardées
comme telles par tous les anatomistes, n'ont pas toutes
la même composition. Les unes sont formées d'une
matière calcaire, les autres d'une matière cornée.
Les séparera-t-on à leur tour? Assimilera-t-on les
premières aux os, et les secondes, aux substances
cornées? c'est cependant ce qu'on devra faire, si
l'on veut rester fidèle au principe que l'on a posé.

Concluons que les observations microscopiques,
pas plus que les analyses chimiques, ne peuvent au-

toriser à établir une analogie entre les os et les dents.
Il est loin de ma pensée de contester leur utilité. Je
reconnais, et les détails dans lesquels je suis entré
suffisent pour le prouver, je reconnais que les premières ont déjà répandu des lumières précieuses
sur la texture organique, et procuré à la zoologie
des caractères très importants; j'ajouterai même
qu'aujourd'hui l'anatomie ne saurait se passer de
leur puissant concours; mais, je n'en demeure pas
moins convaincu qu'elles serviront d'autant mieux la
science, qu'elles se renfermeront avec sagesse dans
le beau rôle qu'elles ont à y remplir.

Pour s'élever à la connaissance de l'organisation,
pour se rendre compte des actes par lesquels la vie
s'y révèle, ce n'est pas à des recherches matérielles,
à des corps inanimés qu'on doit le demander. Il faut
l'interroger dans les phénomènes divers qu'elle manifeste pendant le cours de son développement, la
suivre dans ses anomalies et jusque dans les désordres morbides qui peuvent l'atteindre. Or, c'est à
l'anatomie générale, par ses investigations comparatives, à la physiologie, par ses expériences, et à l'a-
natomie pathologique, par des faits judicieusement
recueillis, qu'une telle tâche est exclusivement réser-
vée. Le concours de ces sciences est, au même degré,
indispensable. Toute doctrine qui ne les satisfera pas
également, sera ou incomplète ou erronée; car toutes
trois convergent vers un but commun, la détermination de l'organisme.

Que l'on renonce donc à trouver une ressemblance entre des organes qui sont si différents les uns des autres, et à toujours agiter une question qui, depuis vingt-cinq ans, est résolue. Nous avons exposé, ici et dans un autre ouvrage (1), les documents sur lesquels est fondée la théorie que nous avons établie. Nous avons prouvé qu'elle ressort, comme une conséquence inévitable, des faits et des expériences que nous avons rapportés ; qu'elle en est l'expression fidèle et rigoureuse. Eh bien, si ces documents paraissents insuffisants ; si ces faits et ces expériences sont jugés contestables, qu'au lieu de se livrer à des aperçus insignifiants, à des abstractions hypothétiques, on vienne les combattre sur le terrain de l'observation et de l'expérimentation. Mais, qu'on soit bien averti qu'on aura à prouver, ou que les dents ne sont pas des productions du système tégumentaire, ou que les os doivent faire partie de ce système.

(1) Articles DENT et DENTITION du *Diction. de méd.*, déjà cité.

1850.

TABLE DES MATIÈRES.

—

Paris.—Typographie FÉLIX MALTESTE et Cᵉ, rue des Deux-Portes-St-Sauveur, 22.

CATALOGUE

DES

LIVRES DE MÉDECINE

CHIRURGIE, ANATOMIE, PHYSIOLOGIE,

HISTOIRE NATURELLE, CHIMIE, PHARMACIE,

ART VÉTÉRINAIRE,

QUI SE TROUVENT CHEZ

J.-B. BAILLIÈRE et FILS,

LIBRAIRES DE L'ACADÉMIE IMPÉRIALE DE MÉDECINE,

Rue Hautefeuille, 19.

(CI-DEVANT RUE DE L'ÉCOLE-DE-MÉDECINE, 17.)

A PARIS.

———

NOTA. Une correspondance suivie avec l'Angleterre et l'Allemagne permet à MM. J.-B. BAILLIÈRE et FILS d'exécuter dans un bref délai toutes les commissions de librairie qui leur seront confiées. (*Écrire franco.*)

Tous les ouvrages portés dans ce Catalogue sont expédiés par la poste, dans les départements et en Algérie, *franco* et sans augmentation sur les prix désignés. — Prière de joindre à la demande des *timbres-poste* ou un *mandat* sur Paris.

Londres,	**New-York,**
HIPPOLYTE BAILLIÈRE, 219, REGENT STREET;	BAILLIÈRE BROTHERS, 440, BROADWAY;

MADRID, CARLOS BAILLY-BAILLIÈRE, PLAZA DEL PRINCIPE ALFONSO, 16.

———

N° 7.   **JANVIER 1862.**

Album de photographies pathologiques, complémentaire du livre intitulé : *De l'E-lectrisation localisée,* par le docteur Duchenne (de Boulogne), gr. in-8 de 20 p. avec 17 photographies. 25 fr.

Traité des affections nerveuses syphilitiques, par le docteur Zambaco, chef de clinique de la Faculté de médecine de Paris. In-8 de 600 pages.

Hygiène de la première enfance, comprenant les lois du mariage, les soins et les maladies de la grossesse, l'allaitement, le choix des nourrices, le sevrage, etc., par le docteur E. Bouchut, professeur agrégé de la Faculté de médecine de Paris, médecin de l'hôpital Sainte-Eugénie. In-18 de 400 pages.

Du principe vital et de l'unité de l'âme pensante, par F. Bouillier, doyen de la Faculté des lettres de Lyon. 1 vol. in-8.

Hygiène de l'Algérie. Exposé des moyens de conserver la santé et de se préserver des maladies dans les pays chauds, par le docteur J. Marit, professeur à l'École de Médecine d'Alger. 1 vol. in-8 de 500 pages.

Clinique médicale de l'Hôtel-Dieu de Paris, par A. Trousseau, professeur de clinique médicale à la Faculté de médecine de Paris, membre de l'Académie de médecine, etc. Paris, 1861. 2 forts vol. in-8 de chacun 800 pages.
Le tome Ier est en vente. 10 fr.

Description des animaux sans vertèbres découverts dans le bassin de Paris, pour servir de supplément à la Description des coquilles des environs de Paris, et contenant une revue générale de toutes les espèces actuellement connues, par M. G.-P. Deshayes, membre de la Société géologique de France.
Cet ouvrage formera environ 45 livraisons, in-4, chacune de 40 pages avec 5 planches. Prix de la livraison. 5 fr.
Les livraisons 1 à 28 sont en vente.

Traité de physiologie humaine, comprenant quelques notions élémentaires de physiologie comparée, par Julius Budge, professeur d'anatomie et de physiologie à l'Université de Greifswald, traduit de l'allemand sur la *huitième édition,* avec des notes, par H. J. Gosse et F. Joüon, et revu par l'auteur. 1 vol. gr. in-8, avec 150 figures intercalées dans le texte.

Anatomie, physiologie et pathologie du système nerveux cérébro-spinal (cerveau, moelle épinière, cervelet), par le docteur J.-B. Luys, ancien interne lauréat des hôpitaux. 1 vol. gr. in-8, d'environ 400 pages avec atlas gr. in-8 d'environ 38 pl. lithographiées et texte explicatif.

Dictionnaire de médecine légale, de jurisprudence et de police médicales, par le docteur Ambroise Tardieu, professeur agrégé de médecine légale à la Faculté de médecine, médecin des hôpitaux, 2 vol. in-8.

Paris. — Imprimerie de L. Martinet, rue Mignon, 2.

LIVRES DE FONDS.

ABEILLE. Traité des hydropisies et des kystes ou des Collections séreuses et mixtes dans les cavités naturelles et accidentelles, par le docteur J. ABEILLE, médecin de l'hôpital militaire du Roule, lauréat de l'Académie de médecine. Paris, 1852. 1 vol. in-8 de 640 pages.　　　　　　　　　　　　　　　　　　7 fr. 50

AMETTE. Code médical, ou Recueil des Lois, Décrets et Règlements sur l'étude, l'enseignement et l'exercice de la médecine civile et militaire en France, par AMÉDÉE AMETTE, secrétaire de la Faculté de médecine de Paris. *Troisième édition*, revue et augmentée. Paris, 1859. 1 vol. in-12 de 560 pages.　　　　　4 fr.

<small>Ouvrage traitant des droits et des devoirs des médecins. Il s'adresse à tous ceux qui étudient, enseignent ou exercent la médecine, et renferme dans un ordre méthodique toutes les dispositions législatives et réglementaires qui les concernent.</small>

AMYOT. Entomologie française. Rhyncotes. Paris, 1848, in-8 de 500 pages, avec 5 planches.　　　　　　　　　　　　　　　　　　　　　　8 fr.

ANGLADA. Traité de la contagion pour servir à l'histoire des maladies contagieuses et des épidémies, par CHARLES ANGLADA, professeur à la Faculté de médecine de Montpellier. Paris, 1853, 2 vol. in-8.　　　　　　　　　　　　　　　12 fr.

†**ANNALES D'HYGIÈNE PUBLIQUE ET DE MÉDECINE LÉGALE,** par MM. ADELON, ANDRAL, BOUDIN, BRIERRE DE BOISMONT, CHEVALLIER, DEVERGIE, FONSSAGRIVES, GAULTIER DE CLAUBRY, GUÉRARD, LÉVY, MÊLIER, DE PIÉTRA-SANTA, Amb. TARDIEU, TRÉBUCHET, VERNOIS, VILLERMÉ, avec une revue des travaux français et étrangers, par le docteur BEAUGRAND.

Les **Annales d'hygiène publique et de médecine légale,** dont la **seconde série** a commencé avec le cahier de janvier 1854, paraissent régulièrement tous les trois mois par cahiers de 15 à 16 feuilles in-8 (environ 250 pages), avec des planches gravées.
Le prix de l'abonnement par an pour Paris, est de :　　　　　18 fr.
　Pour les départements : 20 fr. — Pour l'étranger :　　　　24 fr.
La **première série,** collection complète (1829 à 1853), dont il ne reste que peu d'exemplaires, 50 vol. in-8, figures, prix : 450 fr. Les dernières années séparément ; prix de chaque.　　　　　　　　　　　　　　　　　　18 fr.

Tables alphabétiques par ordre des matières et des noms d'auteurs des Tomes I à L (1829 à 1853). Paris, 1855, in-8 de 136 pages à 2 colonnes.　　　3 fr. 50

ANNUAIRE DE CHIMIE, comprenant les applications de cette science et à la médecine à la pharmacie, ou Répertoire des découvertes et des nouveaux travaux en chimie faits dans les diverses parties de l'Europe ; par MM. E. MILLON, J. REISET, avec la collaboration de M. le docteur F. HOEFER et de M. NICKLÈS. Paris, 1845-1851, 7 vol. in-8 de chacun 700 à 800 pages.　　　　　　　　　　13 fr.
　Les années 1845, 1846, 1847, se vendent chacune séparément 2 fr. 50 le volume.

ARCHIVES ET JOURNAL DE LA MÉDECINE HOMOEOPATHIQUE, publiés par une société de médecins de Paris. *Collection complète.* Paris, 1834-1837. 6 vol. in-8. 30 fr.

BAER. Histoire du développement des animaux, traduit par G. BRESCHET. Paris, 1836, in-4.　　　　　　　　　　　　　　　　　　　　　　3 fr.

BALDOU. Instruction pratique sur l'hydrothérapie, étudiée au point de vue : 1° de l'analyse clinique ; 2° de la thérapeutique générale ; 3° de la thérapeutique comparée ; 4° de ses indications et contre-indications. *Nouvelle édition,* Paris, 1857, in-8 de 691 pages.　　　　　　　　　　　　　　　　　　　　5 fr.

BARRALLIER. Du typhus épidémique, et histoire médicale des épidémies de typhus observées au bagne de Toulon en 1855 et 1856, par le docteur A.-M. BARRALLIER, professeur de pathologie médicale à l'École de médecine navale du port de Toulon, second médecin en chef de la marine. Paris, 1861, in-8 de 350 pag.　　5 fr.

BAYLE. Bibliothèque de thérapeutique, ou Recueil de mémoires originaux et de travaux anciens et modernes sur le traitement des maladies et l'emploi des médicaments, recueillis et publiés par A.-L.-J. BAYLE, D. M. P., agrégé et sous-bibliothécaire à la Faculté de médecine. Paris, 1828-1837, 4 forts vol. in-8.　　12 fr.

BAZIN. Du système nerveux, de la vie animale et de la vie végétative, de leurs connexions anatomiques et des rapports physiologiques, psychologiques et zoologiques qui existent entre eux, par A. BAZIN, professeur à la Faculté des sciences de Bordeaux, etc. Paris, 1841, in-4, avec 5 planches lithographiées.   8 fr.

BEAU. Traité clinique et expérimental d'auscultation appliquée à l'étude des maladies du poumon et du cœur, par le docteur J.-H.-S. BEAU, médecin de l'hôpital de la Charité, professeur agrégé à la Faculté de médecine de Paris. Paris, 1856, 1 vol. in-8 de 626 pages.   7 fr. 50

BEAUVAIS. Effets toxiques et pathogénétiques de plusieurs médicaments sur l'économie animale dans l'état de santé, par le docteur BEAUVAIS (de Saint-Gratien). Paris, 1845, in-8 de 420 pages. Avec huit tableaux in-folio.   7 fr.

BEAUVAIS. Clinique homœopathique, ou Recueil de toutes les observations pratiques publiées jusqu'à nos jours, et traitées par la méthode homœopathique. *Ouvrage complet*. Paris, 1836–1840, 9 forts vol. in-8.   45 fr.

BÉGIN. Études sur le service de santé militaire en France, son passé, son présent et son avenir, par le docteur L.-J. BÉGIN, chirurgien-inspecteur, membre du Conseil de santé des armées. Paris, 1849, in-8 de 370 pages.   4 fr. 50

BÉGIN. Nouveaux éléments de chirurgie et de médecine opératoire, par le docteur L.-J. BÉGIN, *deuxième édition*, augmentée. Paris, 1838, 3 vol. in-8.   20 fr.

BÉGIN. Application de la doctrine physiologique à la chirurgie, par le docteur L.-J. BÉGIN. Paris, 1823, in-8.   1 fr. 50

BÉGIN. Quels sont les moyens de rendre en temps de paix les loisirs du soldat français plus utiles à lui-même, à l'État et à l'armée, sans porter atteinte à son caractère national ni à l'esprit militaire, par L.-J. BEGIN. Paris, 1843, in-8.   1 fr.

BELMAS. Traité de la cystotomie sus-pubienne. Ouvrage basé sur près de cent observations tirées de la pratique du docteur Souberbielle. Paris, 1827, in-8. fig. 3 fr.

BENOIT. Traité élémentaire et pratique des manipulations chimiques, et de l'emploi du chalumeau, suivi d'un Dictionnaire descriptif des produits de l'industrie susceptibles d'être analysés; par É. BENOIT. Paris, 1854, 1 vol. in-8   8 fr.
Ouvrage spécialement destiné aux agents de l'administration des douanes, aux négociants, aux personnes qui s'occupent de la recherche des falsifications, ou qui veulent faire de la chimie pratique.

BERNARD. Leçons de physiologie expérimentale appliquée à la médecine, faites au Collége de France, par Cl. BERNARD, membre de l'Institut de France, professeur au Collége de France, professeur de physiologie générale à la Faculté des sciences. Paris, 1855-1856, 2 vol. in-8, avec figures intercalées dans le texte.   14 fr.

BERNARD. Des effets des substances toxiques et médicamenteuses, par Cl. BERNARD, membre de l'Institut de France. Paris, 1857, 1 vol. in-8, avec figures intercalées dans le texte.   7 fr.

BERNARD. Physiologie et pathologie du système nerveux, par Cl. BERNARD, membre de l'Institut. Paris, 1858. 2 vol. in-8, avec figures intercalées dans le texte.   14 fr.

BERNARD (Cl.). Leçons sur les propriétés physiologiques et les altérations pathologiques des différents liquides de l'organisme, par CL. BERNARD. Paris, 1859, 2 vol. in-8 avec fig. intercalées dans le texte.   14 fr.

BERNARD. Recherches nouvelles sur les phénomènes de la nutrition, par le professeur CLAUDE BERNARD. Paris, 1862, in-8, avec figures intercalées dans le texte et planches gravées.

BERNARD (Cl.). Mémoire sur le pancréas et sur le rôle du suc pancréatique dans les phénomènes digestifs, particulièrement dans la digestion des matières grasses neutres, Paris, 1856, in-4 de 190 pages, avec 9 planches gravées, en partie coloriées. 12 fr.

BERTON. Traité pratique des maladies des enfants, depuis la naissance jusqu'à la puberté, fondé sur de nombreuses observations cliniques, et sur l'examen et l'analyse des travaux des auteurs qui se sont occupés de cette partie de la médecine, par le docteur A. BERTON, avec des notes de BARON, médecin de l'hôpital des Enfants-Trouvés, etc. *Deuxième édition*. Paris, 1842, 1 vol. in-8 de 820 pages.   4 fr.

BERZÉLIUS. De l'emploi du chalumeau dans les analyses chimiques et les déterminations minéralogiques; traduit du suédois, par F. FRESNEL. Paris, 1842, 1 vol.
in-8, avec 4 planches.   6 fr. 50

Bibliothèque du médecin praticien, ou Résumé général de tous les ouvrages
de clinique médicale et chirurgicale, de toutes les monographies, de tous les mémoires de médecine et de chirurgie pratiques, anciens et modernes, publiés en
France et à l'étranger, par une société de médecins, sous la direction du docteur
FABRE, rédacteur en chef de la *Gazette des hôpitaux*. — Ouvrage adopté par l'Université, pour les Facultés de médecine et les Écoles préparatoires de médecine et de
pharmacie de France; et par le Ministère de la guerre, sur la proposition du Conseil de santé des armées, pour les hôpitaux d'instruction. Paris, 1843-1851. *Ouvrage
complet*, 15 vol. gr. in-8, de chacun 700 p. à deux colonnes. Prix de chaque : 8 fr. 50

Les tomes I et II contiennent les *maladies des femmes* et le commencement des
maladies de l'appareil urinaire; le tome III, la suite des *maladies de l'appareil urinaire*; le tome IV, la fin des *maladies de l'appareil urinaire* et les *maladies des organes de la génération chez l'homme*; les tomes V et VI, les *maladies des enfants* de la
naissance à la puberté (médecine et chirurgie) : c'est pour la première fois que la médecine et la chirurgie des enfants se trouvent réunies; le tome VII, les *maladies vénériennes*; le tome VIII, les *maladies de la peau*; le tome IX, les *maladies du cerveau*,
maladies nerveuses et *maladies mentales*; le tome X, les *maladies des yeux* et des
oreilles; le tome XI, les *maladies des organes respiratoires*; le tome XII, les *maladies
des organes circulatoires*; le tome XIII, les *maladies de l'appareil locomoteur*. Le
tome XIV, *Traité de thérapeutique et de matière médicale* dans lequel on trouve une
juste appréciation des travaux français, italiens, anglais et allemands les plus récents sur
l'histoire et l'emploi de substances médicales. Le tome XV, *Traité de médecine légale
et de toxicologie (avec figures)* présentant l'exposé des travaux les plus récents dans
leurs applications pratiques.

Conditions de la souscription : La *Bibliothèque du médecin praticien* est *complète*
en 15 volumes grand in-8, sur double colonne, et contenant la matière de 45 vol. in-8.
On peut toujours souscrire en retirant un volume par mois, ou acheter chaque monographie séparément. Prix de chaque volume.   8 fr. 50

BLANDIN. Nouveaux éléments d'anatomie descriptive; par F.-Ph. BLANDIN, ancien chef des travaux anatomiques, professeur de la Faculté de médecine de Paris,
chirurgien de l'Hôtel-Dieu. Paris, 1838, 2 forts volumes in-8.   8 fr.

*Ouvrage adopté pour les dissections dans les amphithéâtres d'anatomie de l'École
pratique de la Faculté de médecine de Paris.*

BLANDIN. Anatomie du système dentaire, considérée dans l'homme et les animaux.
Paris, 1836, in-8, avec une planche.   2 fr. 50

BOENNINGHAUSEN. Manuel de thérapeutique médicale homœopathique, pour servir
de guide au lit des malades et à l'étude de la matière médicale pure. Traduit de l'allemand par le docteur D. ROTH. Paris, 1846, in-12 de 600 pages.   7 fr.

BOIVIN et DUGÈS. Traité pratique des maladies de l'utérus et de ses annexes,
appuyé sur un grand nombre d'observations cliniques; par madame BOIVIN, docteur en médecine, sage-femme en chef de la Maison impériale de santé, et A. DUGÈS,
professeur à la Faculté de médecine de Montpellier. Paris, 1833, 2 vol. in-8,
avec atlas in-folio de 41 planches, gravées et coloriées, *représentant les principales
altérations morbides des organes génitaux de la femme*, avec explication.   70 fr.
— Séparément le bel atlas de 41 pl. in-fol. coloriées.   60 fr.

**BOIVIN. Recherches sur une des causes les plus fréquentes et les moins connues
de l'avortement**, suivies d'un mémoire sur l'intro-pelvimètre, ou mensurateur interne du bassin; par madame BOIVIN. Paris, 1828, in-8, fig.   4 fr.

**BOIVIN. Nouvelles recherches sur l'origine, la nature et le traitement de la
môle vésiculaire**, ou Grossesse hydatique. Paris, 1827, in-8.   2 fr. 50

BOIVIN. Mémorial de l'art des accouchements, ou Principes fondés sur la pratique
de l'hospice de la Maternité de Paris, et sur celle des plus célèbres praticiens nationaux et étrangers, avec 143 gravures représentant le mécanisme de toutes les es-

pèces d'accouchements ; par madame BOIVIN, sage-femme en chef. *Quatrième édition, augmentée.* Paris, 1836, 2 vol. in-8.   6 fr.

Ouvrage adopté par le gouvernement comme classique pour les élèves de la Maison d'accouchements de Paris.

BOIVIN. Observation sur les cas d'absorption du placenta, 1829, in-8.   50 cent.

BONNAFONT. Traité pratique des maladies de l'oreille et des organes de l'audition, par le docteur BONNAFONT, médecin principal à l'École impériale d'état-major. Paris, 1860, in-8 de 650 pages, avec 22 figures intercalées dans le texte.   9 fr.

BONNET. Traité des maladies des articulations, par le docteur A. BONNET, chirurgien en chef de l'Hôtel-Dieu de Lyon, professeur de clinique chirurgicale à l'École de médecine. Paris, 1845, 2 vol. in-8, et atlas de 16 pl. in-4.   20 fr.

C'est avec la conscience de remplir une lacune dans les sciences que M. Bonnet a entrepris ce *Traité des maladies des articulations.* Fruit d'un travail assidu de plusieurs années, il peut être présenté comme l'œuvre de prédilection de cet habile chirurgien. Sa position à la tête de l'Hôtel-Dieu de Lyon, lui a permis d'en vérifier tous les faits au lit du malade, à la salle d'opérations, à l'amphithéâtre anatomique, et dans un enseignement public il n'a cessé d'appeler sur ce sujet le contrôle de la discussion et de la controverse. Voilà les titres qui recommandent cet ouvrage à la méditation des praticiens.

BONNET. Traité de thérapeutique des maladies articulaires, par le docteur A. BONNET. Paris, 1853, 1 vol. de 700 pages, in-8, avec 90 pl. intercalées dans le texte. 9fr.

Cet ouvrage doit être considéré comme la suite et le complément du *Traité des maladies des articulations*, auquel l'auteur renvoie pour l'étiologie, le diagnostic et l'anatomie pathologique. Consacré exclusivement aux questions thérapeutiques, le nouvel ouvrage de M. Bonnet offre une exposition complète des méthodes et des nombreux procédés introduits soit par lui-même, soit par les praticiens les plus expérimentés dans le traitement des maladies si compliquées des articulations.

BONNET. Nouvelles méthodes de traitement des maladies articulaires. *Seconde édition*, augmentée d'une notice historique, par le docteur GARIN, médecin de l'Hôtel-Dieu de Lyon, accompagnée de 17 planches intercalées dans le texte, de Mémoires et d'observations sur la rupture de l'ankylose, par MM. BARRIER, BERNE, PHILIPEAUX et BONNES. Paris, 1860, in-8 de 356 pages.   4 fr. 50

BOUCHARDAT. Du diabète sucré ou glycosurie, son traitement hygiénique, par A. BOUCHARDAT, professeur d'hygiène à la Faculté de médecine de Paris. Paris, 1851, in-4.   4 fr. 50

BOUCHUT. Traité pratique des maladies des nouveau-nés, des enfants à la mamelle et de la seconde enfance, par le docteur E. BOUCHUT, professeur agrégé à la Faculté de médecine, médecin de l'hôpital Sainte-Eugénie (Enfants). *Quatrième édition*, corrigée et considérablement augmentée. Paris, 1862, 1 vol. in-8 de 1024 pages, avec 46 figures.   11 fr.

Ouvrage couronné par l'Institut de France.

Après une longue pratique et plusieurs années d'enseignement clinique à l'hôpital des Enfants de Sainte-Eugénie, M. Bouchut, pour répondre à la faveur publique, a étendu son cadre et complété son œuvre, en y faisant entrer indistinctement toutes les maladies de l'enfance jusqu'à la puberté. On trouvera dans son livre la médecine et la chirurgie du premier âge.

BOUCHUT. Hygiène de la première enfance, comprenant les lois du mariage, les soins et les maladies de la grossesse, l'allaitement, le choix des nourrices, le sevrage, etc., par le docteur E. BOUCHUT, professeur agrégé à la Faculté de médecine de Paris, médecin de l'hôpital Sainte-Eugénie. Paris, 1862, in-18 de 400 p. 3 fr. 50

BOUCHUT. Traité des signes de la mort et des moyens de prévenir les enterrements prématurés, par le docteur E. BOUCHUT. *Ouvrage couronné par l'Institut de France.* Paris, 1849, in-12 de 400 pages.   3 fr. 50

Ce remarquable ouvrage est ainsi divisé : — *Première partie :* Appréciation des faits de morts apparentes rapportées par les auteurs. — De la vie et de la mort. — De l'agonie et de la mort. — Des signes de la mort. — Signes immédiats de la mort. — Signes éloignés de la mort. — Signes de la mort apparente. — *Deuxième partie :* Quels sont les moyens de prévenir les enterrements prématurés ? — Instructions administratives relatives à la vérification légale des décès dans la ville de Paris. — *Troisième partie :* 78 observations de morts apparentes d'après divers auteurs. — Rapport à l'Institut de France, par M. le docteur Rayer.

BOUCHUT. Nouveaux éléments de pathologie générale et de sémiologie, par le docteur E. BOUCHUT, médecin de l'hôpital Sainte-Eugénie, professeur agrégé de la Faculté de médecine de Paris. Paris, 1857, un beau volume grand in-8 de 1064 pages, avec figures intercalées dans le texte.   11 fr.

BOUCHUT. De l'état nerveux aigu et chronique, ou Nervosisme, appelé névropathie aiguë cérébro-pneumogastrique, diathèse nerveuse, fièvre nerveuse, cachexie nerveuse, névropathie protéiforme, névrospasmie; et confondu avec les vapeurs, la surexcitabilité nerveuse, l'hystéricisme, l'hystérie, l'hypochondrie, l'anémie, la gastralgie, etc., professé à la Faculté de médecine en 1857, et lu à l'Académie impériale de médecine en 1858, par E. BOUCHUT. Paris, 1860. 1 vol. in-8 de 348 p. 5 fr.

BOUDIN. Traité de géographie et de statistique médicales, et des maladies endémiques, comprenant la météorologie et la géologie médicales, les lois statistiques de la population et de la mortalité, la distribution géographique des maladies, et la pathologie comparée des races humaines, par le docteur J.-CH.-M. BOUDIN, médecin en chef de l'hôpital militaire de Vincennes. Paris, 1857, 2 vol. gr. in-8, avec 9 cartes et tableaux.   20 fr.
<small>Dans son rapport à l'Académie des sciences M. Rayer dit : « L'attention de la commission, déjà fixée » par l'intérêt du sujet, l'a été aussi par le mérite du livre. *Sans précédent ni modèle dans la litté-* » *rature médicale de la France,* cet ouvrage abonde en faits, et en renseignements ; tous les docu-» ments français ou étrangers qui sont relatifs à la distribution géographique des maladies, ont été » consultés, examinés, discutés par l'auteur. Plusieurs affections, dont le nom figure à peine dans nos » Traités de pathologie, sont là décrites avec toute l'exactitude que comporte l'état de la science. »</small>

BOUDIN. Souvenirs de la campagne d'Italie, observations topographiques et médicales. Etudes nouvelles sur la Pellagre, par le docteur BOUDIN, ex-médecin en chef de l'armée d'occupation en Italie. Paris, 1861, in-8, avec une carte.   2 fr. 50

BOUDIN. Système des ambulances des armées française et anglaise. Instructions qui règlent cette branche du service administratif et médical, par le docteur J.-CH.-M. BOUDIN. Paris, 1855, in-8 de 168 pages, avec 3 planches.   3 fr.

BOUDIN. Résumé des dispositions légales et réglementaires qui président aux opérations médicales du **recrutement, de la réforme et de la retraite** dans l'armée de terre, par le docteur J.-CH.-M. BOUDIN. Paris, 1854, in-8.   1 fr. 50

BOUDIN. Études d'hygiène publique sur **l'état sanitaire, les maladies et la mortalité des armées anglaises** de terre et de mer en Angleterre et dans les colonies, traduit de l'anglais d'après les documents officiels. Paris, 1846, in-8 de 190 pages.   3 fr.

BOUILLAUD. Traité de nosographie médicale, par J. BOUILLAUD, professeur de clinique médicale à la Faculté de médecine de Paris, médecin de l'hôpital de la Charité. Paris, 1846, 5 vol. in-8 de chacun 700 pages.   35 fr.

BOUILLAUD. Clinique médicale de l'hôpital de la Charité, ou Exposition statistique des diverses maladies traitées à la Clinique de cet hôpital. Paris,1837, 3 v. in-8. 21 fr.

BOUILLAUD Traité clinique des maladies du cœur, précédé de recherches nouvelles sur l'anatomie et la physiologie de cet organe ; par J. BOUILLAUD. *Deuxième édition augmentée.* Paris, 1841, 2 forts vol. in-8, avec 8 planches gravées.   16 fr.
Ouvrage auquel l'Institut de France a accordé le grand prix de médecine.

BOUILLAUD. Traité clinique du rhumatisme articulaire, et de la loi de coïncidence des inflammations du cœur avec cette maladie. Paris, 1840, in-8.   7 fr. 50
Ouvrage servant de complément au *Traité des maladies du cœur.*

BOUILLAUD. Essai sur la philosophie médicale et sur les généralités de la clinique médicale, précédé d'un Résumé philosophique des principaux progrès de la médecine et suivi d'un parallèle des résultats de la formule des saignées coup sur coup avec ceux de l'ancienne méthode dans le traitement des phlegmasies aiguës ; par J. BOUILLAUD. Paris, 1837, in-8.   6 fr.

BOUILLAUD. Traité clinique et expérimental des fièvres dites essentielles ; par J. BOUILLAUD. Paris, 1826, in-8.   7 fr.

BOUILLAUD. Exposition raisonnée d'un cas de nouvelle et singulière variété d'**hermaphrodisme,** observée chez l'homme. Paris, 1833, in-8, fig.   1 fr. 50

BOUILLAUD. De l'introduction de l'air dans les veines. Rapport à l'Académie impériale de médecine. Paris, 1838, in-8.   2 fr.

BOUILLAUD. Recherches cliniques propres à démontrer que le **sens du langage articulé** et le principe coordinateur des mouvements de la parole résident dans les lobes antérieurs du cerveau ; par J. BOUILLAUD. Paris, 1848, in-8.   1 fr. 50

BOUILLAUD. De la chlorose et de l'anémie. Paris, 1859, in-8.   1 fr.

BOUILLAUD. De l'influence des doctrines ou des systèmes pathologiques sur la thérapeutique. Paris, 1859, in-8.   1 fr.

BOUILLAUD. Discours sur le vitalisme et l'organicisme, et sur les rapports des sciences physiques en général avec la médecine. Paris, 1860, in-8.   1 fr, 50

BOUILLAUD. De la congestion cérébrale apoplectiforme, dans ses rapports avec l'épilepsie. Paris, 1861, in-8.   2 fr.

BOUISSON. Traité de la méthode anesthésique appliquée à la chirurgie et aux différentes branches de l'art de guérir, par le docteur E.-F. BOUISSON, professeur de clinique chirurgicale à la Faculté de médecine de Montpellier, chirurgien en chef de l'hôpital Saint-Éloi, etc. Paris, 1850, in-8 de 560 pages.   7 fr. 50

BOUISSON. Tribut à la chirurgie, ou Mémoires sur divers sujets de cette science. Paris, 1858-1861. 2 vol. in-4 de 564 et 576 pages, avec 21 planches lith.   24 fr.

Tome II, 1861, in-4 de 576 pages, avec 10 planches lithographiées.   12 fr.

BOURGEOIS. Traité pratique de la pustule maligne et de l'œdème malin, ou de deux formes du charbon externe chez l'homme, par le docteur J. BOURGEOIS, médecin en chef de l'hôpital civil d'Etampes. Paris, 1860, 1 volume in-8 de 316 pages.   4 fr. 50

BOUSQUET. Nouveau traité de la vaccine et des éruptions varioleuses ou varioliformes ; par le docteur J.-B. BOUSQUET, membre de l'Académie impériale de médecine, chargé des vaccinations gratuites. *Ouvrage couronné par l'Institut de France.* Paris, 1848, in-8 de 600 pages.   7 fr.

BOUSQUET. Notice sur le cow-pox, ou petite vérole des vaches, découvert à Passy en 1836, par J.-B. BOUSQUET. Paris, 1836, in-4, avec une grande planche.   2 fr.

BOUVIER. Leçons cliniques sur les maladies chroniques de l'appareil locomoteur, professées à l'hôpital des Enfants pendant les années 1855, 1856, 1857, par le docteur H. BOUVIER, médecin de l'hôpital des Enfants, membre de l'Académie impériale de médecine. Paris, 1858, 1 vol. in-8 de 500 pages.   7 fr.

BOUVIER. Atlas des Leçons sur les maladies chroniques de l'appareil locomoteur, comprenant les **Déviations de la colonne vertébrale.** Paris, 1858. Atlas de 20 planches in-folio.   18 fr.

BREMSER. Traité zoologique et physiologique des vers intestinaux de l'homme, par le docteur BREMSER ; traduit de l'allemand, par M. Grundler. Revu et augmenté par M. de Blainville, professeur au Muséum d'histoire naturelle. Paris, 1837, avec atlas in-4 de 15 planches.   13 fr.

BRESCHET. Mémoires chirurgicaux sur différentes espèces d'**anévrysmes,** par G. BRESCHET, professeur d'anatomie à la Faculté de Médecine de Paris, chirurgien de l'Hôtel-Dieu. Paris, 1834, in-4, avec six planches in-fol.   10 fr.

BRESCHET. Recherches anatomiques et physiologiques sur l'**Organe de l'ouïe et sur l'Audition dans l'homme et les animaux vertébrés ;** par G. BRESCHET. Paris, 1836, in-4, *avec 13 planches gravées.*   10 fr.

BRESCHET. Recherches anatomiques et physiologiques sur l'**organe de l'Ouïe des poissons ;** par G. BRESCHET. Paris, 1838, in-4, avec 17 planches gravées.   10 fr.

BRESCHET. Le Système lymphatique considéré sous les rapports anatomique, physiologique et pathologique. Paris, 1836, in-8, avec 4 planches.   3 fr.

BRIAND et CHAUDÉ. Manuel complet de médecine légale, ou Résumé des meilleurs ouvrages publiés jusqu'à ce jour sur cette matière, et des jugements et arrêts les plus récents, par J. BRIAND, docteur en médecine de la faculté de Paris, et Ernest CHAUDÉ, docteur en droit ; suivi d'un *Traité de chimie légale,* par H. GAULTIER DE CLAUBRY, professeur à l'école de pharmacie de Paris. *Sixième édition, revue et augmentée.* Paris, 1858, 1 vol. in-8 de 950 pages, avec 3 planches gravées et 60 figures intercalées dans le texte.   16 fr.

BRIQUET. **Traité clinique et thérapeutique de l'Hystérie,** par le docteur P. BRI-
QUET, médecin à l'hôpital de la Charité, membre de l'Académie impériale de Médecine de Paris. Paris, 1859. 1 vol. in-8 de 624 pages.   8 fr.

BRONGNIART. **Enumération des genres de plantes** cultivées au Muséum d'histoire
naturelle de Paris, suivant l'ordre établi dans l'Ecole de botanique, par Ad. BRON-
GNIART, professeur de botanique au Muséum d'histoire naturelle, membre de l'Institut, etc. *Deuxième édition*, revue, corrigée et augmentée, avec une *Table générale
alphabétique*, Paris, 1850, in-12.   3 fr.

Dans cet ouvrage indispensable aux botanistes et aux personnes qui veulent visiter avec fruit l'Ecole
du jardin botanique, M. Ad. Brongniart s'est appliqué à indiquer, non-seulement les familles dont il
existe des exemples cultivés au Muséum d'histoire naturelle, mais même celles en petit nombre qui
n'y sont pas représentées, et dont la structure est suffisamment connue pour qu'elles aient pu être
classées avec quelque certitude. La *Table alphabétique* comble une lacune que les botanistes regret-
taient dans la première édition.

BROUSSAIS. **Examen des doctrines médicales et des systèmes de nosologie,** précédé de propositions renfermant la substance de la médecine physiologique. *Troisième
édition*. Paris, 1828-1834, 4 forts vol. in-8.   10 fr.

BROUSSAIS. **De l'irritation et de la folie,** ouvrage dans lequel les rapports du physique et du moral sont établis sur les bases de la médecine physiologique. *Deuxième
édition*. Paris, 1839, 2 vol. in-8.   6 fr.

BROUSSAIS. **Cours de phrénologie,** fait à la Faculté de médecine de Paris. Paris,
1836, 1 vol. in-8 de 850 pages, fig.   6 fr.

BROWN-SÉQUARD. **Propriétés et fonctions de la moelle épinière.** Rapport sur quelques expériences de M. BROWN-SÉQUARD, lu à la Société de biologie par M. PAUL
BROCA, professeur agrégé à la Faculté de médecine. Paris, 1856, in-8.   1 fr.

† **BULLETIN DE L'ACADÉMIE IMPÉRIALE DE MÉDECINE,** publié par les soins de la
Commission de publication de l'Académie, et rédigé par MM. F. DUBOIS, secrétaire
perpétuel, et CH. ROBIN, secrétaire annuel.— Paraît régulièrement tous les quinze
jours, par cahiers de 3 feuilles (48 pag. in-8). Il contient exactement tous les travaux de chaque séance.

Prix de l'abonnement pour un an *franco* pour toute la France :   15 fr.
Collection du 1ᵉʳ octobre 1836 au 30 septembre 1861 : vingt-cinq années for-
mant 26 forts volumes in-8 de chacun 1100 pages.   200 fr.
Chaque année séparée in-8 de 1100 pages.   12 fr.

Ce *Bulletin officiel* rend un compte exact et impartial des séances de l'Académie impériale de médecine, et présentant le tableau fidèle de ses travaux, il offre l'ensemble de toutes les questions importantes que les progrès de la médecine peuvent faire naître ; l'Académie étant devenue le centre d'une
correspondance presque universelle, c'est par les documents qui lui sont transmis que tous les médecins peuvent suivre les mouvements de la science dans tous les lieux où elle peut être cultivée, en
connaître, presqu'au moment où elles naissent, les inventions et les découvertes.—L'ordre du *Bulletin*
est celui des séances : on inscrit d'abord la correspondance soit officielle, soit manuscrite, soit imprimée; à côté de chaque pièce, on lit les noms des commissaires chargés d'en rendre compte à la Com-
pagnie. Le rapport est-il lu, approuvé, les rédacteurs le donnent en totalité, quelle que soit son importance et son étendue : est-il suivi de discussion, ils s'appliquent avec la même impartialité à les
reproduire dans ce qu'elles offrent d'essentiel, principalement sous le rapport pratique. C'est dans le
Bulletin seulement que sont reproduites dans tous leurs détails les discussions relatives à l'*Empyème*,
au *Magnétisme*, à la *Morve*, à la *Fièvre typhoïde*, à la *Statistique appliquée à la médecine*, à
l'*Introduction de l'air dans les veines*, au *Système nerveux*, l'*Empoisonnement par l'arsenic*,
l'*Organisation de la pharmacie*, la *Ténotomie*, le *Cancer des mamelles*, l'*Ophthalmie*, les *Injections iodées*, la *Peste et les Quarantaines*, la *Taille et la Lithotritie*, les *Fièvres intermittentes*,
les *Maladies de la matrice*, le *Crétinisme*, la *Syphilisation*, la *Surdi-mutité*, les *Kystes de l'ovaire*,
la *Méthode sous-cutanée*, la *Fièvre puerpérale*, etc. Ainsi, tout correspondant, tout médecin, tout
savant qui transmettra un écrit quelconque à l'Académie, en pourra suivre les discussions et connaître
exactement le jugement qui en est porté.

CABANIS. **Rapports du physique et du moral de l'homme,** et Lettre sur les Causes
premières, par P.-J.-G. CABANIS, précédé d'une Table analytique, par DESTUTT
DE TRACY, *huitième édition*, augmentée de Notes, et précédée d'une Notice historique et philosophique sur la vie, les travaux et les doctrines de Cabanis, par
L. PEISSE, Paris, 1844, in-8 de 780 pages.   6 fr.

La notice biographique, composée sur des renseignements authentiques fournis en partie par la famille même de Cabanis, est à la fois la plus complète et la plus exacte qui ait été publiée. Cette édition
est la seule qui contienne la *Lettre sur les causes premières*.

CAILLAUT. Traité pratique des maladies de la peau chez les enfants, par le docteur CH. CAILLAULT, ancien interne des hôpitaux. Paris, 1859, 1 vol. in-18 de 400 pages.   3 fr. 5C

CALMEIL. Traité des maladies inflammatoires du cerveau, ou histoire anatomo-pathologique des congestions encéphaliques, du délire aigu, de la paralysie générale ou périencéphalite chronique diffuse à l'état simple ou compliqué, du ramollissement cérébral ou local aigu et chronique, de l'hémorrhagie cérébrale localisée récente ou non récente, par le docteur L.-F. CALMEIL, médecin en chef de la maison impériale de Charenton. Paris, 1859, 2 forts volumes in-8.   17 fr.

CALMEIL. De la folie considérée sous le point de vue pathologique, philosophique, historique et judiciaire, depuis la renaissance des sciences en Europe jusqu'au dix-neuvième siècle; description des grandes épidémies de délire simple ou compliqué qui ont atteint les populations d'autrefois et régné dans les monastères; exposé des condamnations auxquelles la folie méconnue a souvent donné lieu, par L. F. CALMEIL. Paris, 1845, 2 vol. in-8.   14 fr.

CALMEIL. De la paralysie considérée chez les aliénés, recherches faites dans le service et sous les yeux de MM. *Royer-Collard* et *Esquirol;* par L.-F. CALMEIL, médecin de la Maison impériale des aliénés de Charenton. Paris, 1823, in-8. 6 fr. 50

CAP. Principes élémentaires de pharmaceutique, ou Exposition du système des connaissances relatives à l'art du pharmacien; par P.-A. CAP, pharmacien, membre de la Société de pharmacie de Paris. Paris, 1837, in-8.   2 fr. 50

CARRIÈRE. Le climat de l'Italie, sous le rapport hygiénique et médical, par le docteur ED. CARRIÈRE. *Ouvrage couronné par l'Institut de France.* Paris, 1849. 1 vol. in-8 de 600 pages.   7 fr. 50

Cet ouvrage est ainsi divisé : Du climat de l'Italie en général, topographie et géologie, les eaux, l'atmosphère, les vents, la température. — *Climatologie méridionale de l'Italie :* Salerne (Caprée, Massa, Sorrente, Castellamare, Resina (Portici), rive orientale du golfe de Naples, climat de Naples; rive septentrionale du golfe de Naples (Pouzzoles et Baïa, Ischia), golfe de Gaete. — *Climatologie de la région moyenne de l'Italie :* Marais-Pontins et Maremmes de la Toscane: climat de Rome, de Sienne, de Pise, de Florence.— *Climat de la région septentrionale de l'Italie :* climat du lac Majeur et de Côme, de Milan, de Venise, de Gênes, de Mantoue et de Monaco, de Nice, d'Hyères, etc.

CARUS. Traité élémentaire d'anatomie comparée, suivi de **Recherches d'anatomie philosophique** ou **transcendante** sur les parties primaires du système nerveux et du squelette intérieur et extérieur; par C.-G. CARUS, D. M., professeur d'anatomie comparée; traduit de l'allemand et précédé d'une *esquisse historique et bibliographique de l'Anatomie comparée,* par A.-J.-L. JOURDAN. Paris, 1835. 3 forts volumes in-8 *accompagnés d'un bel Atlas de 31 planches gr. in-4 gravées.* 10 fr.

CASTELNAU et DUCREST. Recherches sur les abcès multiples, comparés sous leurs différents rapports, par H. DE CASTELNAU et J.-F. DUCREST, anciens internes des hôpitaux. *Mémoire couronné par l'Académie de médecine.* Paris, 1846, in-4. 4 fr.

CAZAUVIEILH. Du suicide, de l'aliénation mentale et des crimes contre les personnes, comparés dans leurs rapports réciproques. Recherches sur ce premier penchant chez les habitants des campagnes, par J.-B. CAZAUVIEILH, médecin de l'hospice de Liancourt, ancien interne de l'hospice de la Salpêtrière. Paris, 1840, in-8. 5 fr.

CAZENAVE. Traité des maladies du cuir chevelu, suivi de conseils hygiéniques sur les soins à donner à la chevelure, par le docteur A. CAZENAVE, médecin de l'hôpital Saint-Louis, etc. Paris, 1850, 1 vol. in-8, avec 8 planches dessinées d'après nature, gravées et coloriées avec le plus grand soin.   8 fr.

CELSE (A.-C.). Traité de la médecine en VIII livres; traduction nouvelle par FOUQUIER, professeur de la Faculté de médecine de Paris, et RATIER. Paris, 1824, in-18 de 550 pages.   2 fr.

CELSI (A.-C.). De re medica libri octo, editio nova, curantibus P. FOUQUIER, in Facultate Parisiensi professore, et F.-S. RATIER, D. M. Parisiis, 1823, in-18.   2 fr.

CHAILLY. Traité pratique de l'art des accouchements, par M. CHAILLY-HONORÉ, membre de l'Académie impériale de médecine, ancien chef de clinique de la Clinique d'accouchements à la Faculté de médecine de Paris. *Quatrième édition,* revue et corrigée. Paris, 1861, 1 vol. in-8 de 1068 pages, accompagné de 275 figures intercalées dans le texte, et propres à faciliter l'étude. 10 fr.

Ouvrage adopté par l'Université pour les facultés de médecine, les écoles préparatoires et les cours départementaux institués pour les sages-femmes.

CHAMBERT. Des effets physiologiques et thérapeutiques des éthers, par le docteur H. CHAMBERT. Paris, 1848, in-8 de 260 pages. 3 fr. 50 c.

CHATIN (G.-A.). Anatomie comparée des végétaux, comprenant : les plantes aquatiques ; 2° les plantes aériennes ; 3° les plantes parasites, par G.-A. CHATIN, professeur de botanique à l'École de pharmacie de Paris, 1856-1862. Se publie par livraisons de 3 feuilles de texte (48 pages) environ et 10 planches dessinées d'après nature, gravées avec soin sur papier fin, grand in-8 jésus. Prix de la livraison : 7 fr. 50

La publication se fera dans l'ordre suivant : 1° les *plantes aquatiques,* un vol. d'environ 560 pages de texte et environ 100 pl. ; 2° les *plantes aériennes* ou *épidendres* et les *plantes parasites,* un vol. d'environ 500 pages avec 100 planches.

Les livraisons 1 à 11 sont en vente.

Les livraisons 1, 2, traitent des *plantes aquatiques.*

Les livraisons 3, 4, 5, 6, 7, 8, 9, 10, 11 et 12 traitent des *plantes parasites.*

CHAUFFARD. Essai sur les doctrines médicales, suivi de quelques considérations sur les fièvres, par le docteur P.-E. CHAUFFARD, professeur agrégé à la Faculté de médecine de Paris. Paris, 1846, in-8 de 130 pages. 2 fr. 50

CHAUSIT. Traité élémentaire des maladies de la peau, d'après l'enseignement théorique et les leçons cliniques de M. le docteur A. Cazenave, médecin de l'hôpital Saint-Louis, par M. le docteur CHAUSIT, ancien interne de l'hôpital Saint-Louis. Paris, 1853, 1 vol. in-8. 6 fr. 50

Le développement que M. le docteur Cazenave a donné à l'enseignement clinique des maladies de la peau, la classification qu'une grande pratique lui a permis de simplifier, et par suite les heureuses modifications qu'il a apportées dans les dernières années dans le diagnostic et le traitement des variétés si nombreuses de maladies du système cutané, justifient l'empressement avec lequel les médecins et les élèves se portent à la clinique de l'hôpital Saint-Louis. Ancien interne de cet hôpital, élève particulier de M. Cazenave depuis longues années, M. le docteur Chausit a pensé qu'il ferait un livre utile aux praticiens en publiant un *Traité pratique* présentant les derniers travaux de l'habile et savant professeur.

CHAUVEAU. Traité d'anatomie comparée des animaux domestiques, par A. CHAUVEAU, chef des travaux anatomiques à l'École impériale vétérinaire de Lyon. Paris, 1857, un beau volume grand in-8 de 838 pages, illustré de 207 figures intercalées dans le texte, dessinées d'après nature. 14 fr.

Séparément la DEUXIÈME PARTIE (*Appareils de la digestion, de la respiration, de la dépuration urinaire, de la circulation, de l'innervation, des sens, de la génération*), pages 305 à 838, complétant l'ouvrage. Prix de cette deuxième partie : 8 fr.

C'est le scalpel à la main que l'auteur, pour la composition de cet ouvrage, a interrogé la nature, ce guide sûr et infaillible, toujours sage, même dans ses écarts. M. Chauveau a mis largement à profit les immenses ressources dont sa position de chef de travaux anatomiques de l'école vétérinaire de Lyon lui permettait de disposer. Les sujets de toutes espèces ne lui ont pas manqué ; c'est ainsi qu'il a pu étudier successivement les différences qui caractérisent la même série d'organes chez les animaux domestiques, qu'ils appartiennent à la classe des Mammifères ou à celle des Oiseaux. Parmi les *mammifères* domestiques, on trouve le Cheval, l'Ane, le Mulet, le Bœuf, le Mouton, la Chèvre, le Chien, le Chat, le Dindon, le Lapin, le Porc, etc. ; parmi les *oiseaux* de basse-cour, le Coq, la Pintade, le Dindon, le Pigeon, les Oies, les Canards.

CIVIALE. Traité pratique et historique de la lithotritie, par le docteur CIVIALE, membre de l'Institut, de l'Académie impériale de médecine. Paris, 1847, 1 vol. in-8, de 600 pages avec 8 planches. 8 fr.

Après trente années de travaux assidus sur une découverte chirurgicale qui a parcouru les principales phases de son développement, l'art de broyer la pierre s'est assez perfectionné pour qu'il soit permis de l'envisager sous le triple point de vue de la doctrine, de l'application et du résultat.

CIVIALE. De l'uréthrotomie ou de quelques procédés peu usités de traiter les rétrécissements de l'urèthre. Paris, 1849, in-8 de 124 pages avec une planche. 2 fr. 50

CIVIALE. Traité pratique des maladies des organes génito-urinaires, par le docteur CIVIALE, membre de l'Institut, de l'Académie impériale de médecine. *Troisième* *édition*, considérablement augmentée. Paris, 1859-1860, 3 vol. in-8 avec figures intercalées dans le texte.   24 fr.

Cet ouvrage, le plus pratique et le plus complet sur la matière, est ainsi divisé :
Tome I. Maladies de l'urèthre. Tome II. Maladies du col de la vessie et de la prostate. Tome III, Maladies du corps de la vessie.

CIVIALE. Lettres sur la lithotritie, ou Broiement de la pierre dans la vessie, *pour servir de complément à l'ouvrage précédent,* par le docteur CIVIALE. Ire Lettre à M. Vincent Kern. Paris, 1827.— IIe Lettre. Paris, 1828.— IIIe Lettre. *Lithotritie uréthrale.* Paris, 1831.— IVe Lettre à M. Dupuytren. Paris, 1833.— VIe Lettre, 1847, 5 parties, in-8.   8 fr.
Séparément les IIIe et IVe Lettres ; in-8. Prix de chaque :   1 fr. 50

CIVIALE. Parallèles des divers moyens de traiter les calculeux, contenant l'examen comparatif de la lithotritie et de la cystotomie , sous le rapport de leurs divers procédés, de leurs modes d'application, de leurs avantages ou inconvénients respectifs; par le docteur CIVIALE. Paris, 1836, in-8, fig.   8 fr.

CLARCK. Traité de la consomption pulmonaire, comprenant des recherches sur les causes, la nature et le traitement des maladies tuberculeuses et scrofuleuses en général ; trad. de l'anglais par H. Lebeau, docteur-médecin. Paris, 1836, in-8.   6 fr.

COLIN. Traité de physiologie comparée des animaux domestiques, par M. G.-C. COLIN, chef du service d'anatomie et de physiologie à l'Ecole impériale vétérinaire d'Alfort. Paris, 1855-1856. 2 vol. grand in-8 de chacun 700 pages, avec 114 fig. intercalées dans le texte.   18 fr.

COLLADON. Histoire naturelle et médicale des casses , et particulièrement de la casse et des sénés employés en médecine. Montpellier, 1816. In-4, avec 19 pl. 6 fr.

CORNARO. De la sobriété, *voyez* École de Salerne, p. 16.

COSTE. Manuel de dissection, ou Éléments d'anatomie générale, descriptive et topographique , par le docteur E. COSTE, chef des travaux anatomiques et professeur de l'École de médecine de Marseille. Paris, 1847. 1 vol. in-8 de 700 pages.   8 fr.

CRUVEILHIER. Anatomie pathologique du corps humain, ou Descriptions, avec figures lithographiées et coloriées, des diverses altérations morbides dont le corps humain est susceptible ; par J. CRUVEILHIER, professeur d'anatomie pathologique à la Faculté de médecine de Paris, médecin de l'hôpital de la Charité, président perpétuel de la Société anatomique, etc. Paris, 1830-1842. 2 vol. in-folio , avec 230 planches coloriées.   456 fr.

Demi-reliure, dos de maroquin, non rognés. Prix pour les 2 vol. grand in-folio. 24 fr.

Ce bel *ouvrage est complet* ; il a été publié en 41 livraisons, chacune contenant 6 feuilles de texte in-folio grand-raisin vélin, caractère neuf de F. Didot, avec 5 planches coloriées avec le plus grand soin, et 6 planches lorsqu'il n'y a que quatre planches de coloriées. Chaque livraison est de   11 fr.

CRUVEILHIER. Traité d'anatomie pathologique générale, par J. CRUVEILHIER, professeur d'anatomie pathologique à la Faculté de médecine de Paris. Paris, 1849-1862. 4 vol. in-8.   35 fr.
     Tome IV, 1862. 1 vol. in-8 de 948 pages.   9 fr.
     Tome V et dernier, *sous presse.*

Cet ouvrage est l'exposition du Cours d'anatomie pathologique que M. Cruveilhier fait à la Faculté de médecine de Paris. Comme son enseignement, il est divisé en XVII classes, savoir : 1° solutions de continuité ; 2° adhésions ; 3° luxations ; 4° invaginations ; 5° hernies ; 6° déviations ; 7° corps étrangers ; 8° rétrécissements et oblitérations ; 9° lésions de canalisation par communication accidentelle ; 10° dilatations ; 11° hypertrophies et atrophies ; 12° métamorphoses et productions organiques analogues ; 13° hydropisies et flux ; 14° hémorrhagies ; 15° gangrènes ; 16° lésions phlegmasiques ; 17° lésions strumeuses, et lésions carcinomateuses.

CZERMAK. Du laryngoscope et de son emploi en physiologie et en médecine, par le docteur J.-N. CZERMAK, professeur de physiologie à l'université de Pest, accompagné de deux planches gravées et 31 figures dans le texte. Paris, 1860, in-8.   3 fr. 50.

DARCET. Recherches sur les abcès multiples et sur les accidents qu'amène la présence du pus dans le système vasculaire, suivies de remarques sur les altérations du sang, par le docteur F. DARCET, ancien interne des hôpitaux. Paris, 1843. In-4 de 88 pages.   2 fr. 50

DAREMBERG. Glossulæ quatuor magistrorum super chirurgiam Rogerii et Rolandi ; et de Secretis mulierum, de chirurgia, de modo medendi libri septem, poema medicum ; nunc primum ad fidem codicis Mazarinei, edidit doctor CH. DAREMBERG. Napoli, 1854. In-8 de 64-228-178 pages. 8 fr.

DAVAINE. Traité des entozoaires et des maladies vermineuses de l'homme et des animaux domestiques, par le docteur C. DAVAINE, membre de la Société de Biologie, lauréat de l'Institut. Paris, 1860, 1 fort vol. in-8 de 950 pages, avec 88 figures intercalées dans le texte. 12 fr.
Ouvrage couronné par l'Institut de France.

DE CANDOLLE. Collection de mémoires pour servir à l'histoire du règne végétal ; par A.-P. DE CANDOLLE. Paris, 1828-1838. Dix parties en un volume in-4, avec 99 planches gravées. 30 fr.

Cette importante publication, servant de complément à quelques parties du *Prodromus regni vegetabilis*, comprend :

1o Famille des Mélastomacées, avec 10 pl.; — 2o Famille des Crassulacées, avec 13 pl.; — 3e et 4e Familles des Onagraires et des Paronychiées, avec 9 pl.; — 5o Famille des Ombellifères, avec 19 pl.; — 6e Famille de Loranthacées, avec 12 pl.; — 7e Famille des Valérianées, avec 4 pl.; — 8e Famille des Cactées, avec 12 pl.; — 9e et 10e Famille des Composées, avec 19 planches.

Chacun des six derniers mémoires se vend séparément. 4 fr.

DE LA RIVE. Traité d'électricité théorique et appliquée ; par A.-A. DE LA RIVE, membre correspondant de l'Institut de France, ancien professeur de l'Académie de Genève. Paris, 1854-1858. 3 vol. in-8, avec 450 fig. intercalées dans le texte. 27 fr.
— Séparément, les tomes II et III. — Prix de chaque volume. 9 fr.
Les nombreuses applications de l'électricité aux sciences et aux arts, les liens qui l'unissent à toutes les autres parties des sciences physiques ont rendu son étude indispensable au chimiste aussi bien qu'au physicien, au géologue autant qu'au physiologiste, à l'ingénieur comme au médecin : tous sont appelés à rencontrer l'électricité sur leur route, tous ont besoin de se familiariser avec son étude. Personne, mieux que M. de la Rive, dont le nom se rattache aux progrès de cette belle science, ne pouvait présenter l'exposition des connaissances acquises en électricité et de ses nombreuses applications aux sciences et aux arts.

DESALLE (E.). Coup d'œil sur les révolutions de l'hygiène, ou Considérations sur l'histoire de cette science et ses applications à la morale. Paris, 1825. In-8. 1 fr. 50

DESAYVRE. Études sur les **maladies des ouvriers de la manufacture d'armes de Chatellerault.** Paris, 1856, in-8 de 116 pages. 2 fr. 50

DESFONTAINES. Flora atlantica, sive Historia plantarum, quæ in Atlante, agro Tunetano et Algeriensi crescunt. Paris, an VII. 2 vol. in-4, accompagnés de 261 planches dessinées par Redouté, et gravées avec le plus grand soin. 70 fr.

DESHAYES. Description des Animaux sans vertèbres découverts dans le bassin de Paris, pour servir de supplément à la Description des coquilles fossiles des environs de Paris, comprenant une revue générale de toutes les espèces actuellement connues ; par G.-P. DESHAYES, membre de la Société géologique de France. Paris, 1857-1862.
Cet important ouvrage formera environ 45 livraisons in-4, composées chacune de 5 feuilles de texte et 5 planches. Les livraisons 1 à 28 sont publiées. Les autres livraisons paraîtront de six semaines en six semaines. Prix de chaque livraison. 5 fr.

DESLANDES. De l'onanisme et des autres abus vénériens considérés dans leurs rapports avec la santé, par le docteur L. DESLANDES. Paris, 1835. In-8. 7 fr.

DICTIONNAIRE DES SCIENCES NATURELLES, dans lequel on traite méthodiquement des différents êtres de la nature, considérés soit en eux-mêmes, d'après l'état actuel de nos connaissances, soit relativement à l'utilité qu'en peuvent retirer la médecine, l'agriculture, le commerce et les arts ; par les professeurs du Muséum d'histoire naturelle de Paris, sous la direction de G. et de FR. CUVIER. Texte 61 vol. in-8 ; l'Atlas composé de 12 vol. in-8, contenant 1220 planches gravées ; figures noires. Prix, au lieu de 670 fr. : 175 fr.

— Avec l'atlas, figures coloriées. Prix, au lieu de 1,200 fr. : 350 fr.

Devenus propriétaires du petit nombre d'exemplaires restant de ce bel et bon livre, qui est sans contredit le plus vaste et le plus magnifique monument qui ait été élevé aux sciences naturelles, et dans le désir d'en obtenir l'écoulement rapide, nous nous sommes décidés à l'offrir à un rabais de plus des trois quarts.

DICTIONNAIRE GÉNÉRAL DES EAUX MINÉRALES ET D'HYDROLOGIE MÉDICALE comprenant la Géographie et les stations thermales, la pathologie thérapeutique, la chimie analytique, l'histoire naturelle, l'aménagement des sources, l'administration thermale, etc., par MM. DURAND-FARDEL, inspecteur des sources d'Hauterive à Vichy, E. LE BRET, inspecteur des eaux minérales de Barèges, J. LEFORT, pharmacien, avec la collaboration de M. JULES FRANÇOIS, ingénieur en chef des mines, pour les applications de la science de l'Ingénieur à l'hydrologie médicale. Paris, 1860, 2 forts volumes in-8 de chacun 750 pages.   20 fr.
Ouvrage couronné par l'Académie de médecine.

DICTIONNAIRE UNIVERSEL DE MATIÈRE MÉDICALE ET DE THÉRAPEUTIQUE GÉNÉRALE, contenant l'indication, la description et l'emploi de tous les médicaments connus dans les diverses parties du globe; par F.-V. MÉRAT et A.-J. DELENS, membres de l'Académie impériale de médecine. *Ouvrage complet.* Paris, 1829-1846. 7 vol. in-8, y compris le **supplément**.   20 fr.
Le *Tome VII* ou *Supplément*, Paris, 1846, 1 vol. in-8 de 800 pages, ne se vend pas séparément.

Cet ouvrage immense contient non-seulement l'histoire complète de tous les médicaments des trois règnes sans oublier les agents de la physique, tels que l'air, le calorique, l'électricité, etc., les produits chimiques, les *eaux minérales et artificielles*, décrites au nombre de 1800 (c'est-à-dire le double au moins de ce qu'en contiennent les Traités spéciaux); mais il renferme de plus l'Histoire des poisons, des miasmes, des virus, des venins considérés particulièrement sous le point de vue du traitement spécifique des accidents qu'ils déterminent; enfin celle des aliments envisagés sous le rapport de la diète et du régime dans les maladies; des articles généraux, relatifs aux classes des médicaments et des produits pharmaceutiques, aux familles naturelles et aux genres, animaux et végétaux. Une vaste synonymie embrasse tous les noms scientifiques, ossificaux, vulgaires, français et étrangers, celle même *de pays*, c'est-à-dire les noms médicamenteux particulièrement propres à telle ou telle contrée, afin que les voyageurs, cet ouvrage à la main, puissent rapporter à des noms certains les appellations les plus barbares.

DICTIONNAIRE DE MÉDECINE, DE CHIRURGIE, DE PHARMACIE ET DES SCIENCES ACCESSOIRES. *Voyez* NYSTEN, page 36.

DÉTILLY. Formulaire éclectique, comprenant un choix de formules peu connues et recueillies dans les écoles étrangères, des paradigmes indiquant tous les calculs relatifs aux formules, avec des tables de comparaison *tirées du calcul décimal*, des tables relatives aux doses des médicaments héroïques; tableaux des réactifs et des eaux minérales, un tableau des médications applicables à la méthode endermique et un choix de formules latines. Paris, 1839. 1 beau vol. in-18.   1 fr. 50

DIDAY. Exposition critique et pratique des nouvelles doctrines sur la syphilis, suivie d'un Essai sur de nouveaux moyens préservatifs des maladies vénériennes, par le docteur P. DIDAY, ex-chirurgien en chef de l'Antiquaille, secrétaire général de la Société de médecine de Lyon. Paris, 1858. 1 vol. in-18 jésus de 560 pages. 4 fr.

Cet ouvrage comprend seize lettres dont voici le sujet: 1ᵉ lettre. Du virus syphilitique. — IIᵉ lettre. Nature et conséquences de la Blennorrhagie. — IIIᵉ lettre. Thérapeutique de la Blennorrhagie. — IVᵉ lettre. De la Balanite. — Vᵉ lettre. Du Chancre et de ses rapports avec la syphilis constitutionnelle. — VIᵉ lettre. Du Bubon. — VIIᵉ lettre. Du Bubon d'emblée. — VIIIᵉ lettre. Des Végétations. — IXᵉ lettre. Syphilis constitutionnelle. Époque d'apparition. — Xᵉ lettre. Ordre et succession des symptômes de la syphilis constitutionnelle. — XIᵉ lettre. Unicité de la vérole constitutionnelle dans une existence humaine. — XIIᵉ lettre. De la syphilis congénitale. — XIIIᵉ et XIVᵉ lettres. Transmission des symptômes constitutionnels. — XVᵉ lettre. Des tumeurs testiculaires, suite de maladies vénériennes. — XVIᵉ lettre. Moyens préservatifs des maladies vénériennes.

DONNÉ. Cours de microscopie complémentaire des études médicales : Anatomie microscopique et physiologie des fluides de l'économie; par le docteur A. DONNÉ, recteur de l'académie de Montpellier, ancien chef de clinique à la Faculté de médecine de Paris, professeur de microscopie. Paris, 1844. In-8 de 500 pages. 7 fr. 50

DONNÉ. Atlas du Cours de microscopie, exécuté d'après nature au microscope-daguerréotype, par le docteur A. DONNÉ et L. FOUCAULT. Paris, 1846. In-folio de 20 planches, contenant 80 figures gravées avec le plus grand soin, avec un texte descriptif.   30 fr.

C'est pour la première fois que les auteurs, ne voulant se fier ni à leur propre main, ni à celle d'un dessinateur, ont eu la pensée d'appliquer la merveilleuse découverte du daguerréotype à la représentation des sujets scientifiques; c'est un avantage qui sera apprécié des observateurs, que celui d'avoir pu reproduire les objets tels qu'ils se trouvent disséminés dans le champ microscopique, au lieu de se borner au choix de quelques échantillons, comme on le fait généralement, car dans cet ouvrage tout est reproduit avec une fidélité rigoureuse inconnue jusqu'ici, au moyen des procédés photographiques.

DUBOIS. Histoire philosophique de l'hypochondrie et de l'hystérie, par F. Dubois (d'Amiens), secrétaire perpétuel de l'Académie impériale de médecine. Paris, 1837. In-8.   3 fr. 50

DUBOIS et BURDIN. Histoire académique du magnétisme animal, accompagnée de notes et de remarques critiques sur toutes les observations et expériences faites jusqu'à ce jour, par C. Burdin et F. Dubois (d'Amiens), membres de l'Académie impériale de médecine. Paris, 1841. In-8 de 700 pages.   8 fr.

DUBREUIL. Des anomalies artérielles considérées dans leur rapport avec la pathologie et les opérations chirurgicales, par le docteur J. Dubreuil, professeur d'anatomie à la Faculté de médecine de Montpellier. Paris, 1847. 1 vol. in-8 et atlas in-4 de 17 planches coloriées.   20 fr.

DUCHENNE. De l'électrisation localisée et de son application à la pathologie et à la thérapeutique; par le docteur Duchenne (de Boulogne), lauréat de l'Institut de France. *Seconde édition, corrigée et augmentée.* Paris, 1861, 1 fort vol. in-8 avec 158 figures intercalées dans le texte, et une planche coloriée.   14 fr.

DUCHENNE. Album de photographies pathologiques, complém ende l'ouvrage ci-dessus. Paris, 1862, in-4 de 17 planches, avec 20 pages de texte descriptif explicatif, cartonné.   25 fr.

DUCHESNE-DUPARC. Traité pratique des dermatoses ou maladies de la peau classées d'après la méthode naturelle comprenant l'exposition des meilleures méthodes de traitement, suivi d'un formulaire spécial, par le docteur L.-V. Duchesne-Duparc, professeur de clinique des maladies de la peau, ancien interne d'Alibert à l'hôpital Saint-Louis. *Deuxième édition* revue et augmentée d'une Étude sur le choix des eaux minérales dans le traitement des maladies de la peau. Paris, 1862, 1 beau volume in-12 de 500 pages.   5 fr.

DUFOUR (Léon). Recherches anatomiques et physiologiques sur les hémiptères, accompagnées de considérations relatives à l'histoire naturelle et à la classification de ces insectes. Paris, 1833, in-4, avec 19 planches gravées.   25 fr.

DUGAT. Études sur le traité de médecine d'Aboudjafar Ah'Mad, intitulé : *Zad Al Mocafir,* « la Provision du voyageur, » par G. Dugat, membre de la Société asiatique. Paris, 1853, in-8 de 64 pages.   2 fr. 50

DUGÈS. Mémoire sur la conformité organique dans l'échelle animale, par Ant. Dugès. Paris, 1832, in-4, avec 6 planches.   4 fr.

DUGÈS. Recherches sur l'ostéologie et la myologie des Batraciens à leurs différents âges, par A. Dugès. *Ouvrage couronné par l'Institut de France.* Paris, 1834; in-4, avec 20 planches gravées.   10 fr.

DUGÈS. Traité de physiologie comparée de l'homme et des animaux, par A. Dugès. Montpellier, 1838. 3 vol. in-8, figures.   10 fr.

DUPUYTREN. Mémoire sur une manière nouvelle de pratiquer l'opération de la pierre; par le baron G. Dupuytren, terminé et publié par M. L.-J. Sanson, chirurgien de l'Hôtel-Dieu, et L.-J. Bégin. Paris, 1836. 1 vol. grand in-folio, accompagné de 10 belles planches lithographiées, représentant l'anatomie chirurgicale des diverses régions intéressées dans cette opération.   10 fr.

DURAND-FARDEL, LE BRET, LEFORT. Voyez Dictionnaire des eaux minérales.

DUTROCHET. Mémoires pour servir à l'histoire anatomique et physiologique des **végétaux et des animaux,** par H. Dutrochet, membre de l'Institut. *Avec cette épigraphe :* « Je considère comme non avenu tout ce que j'ai publié précédemment sur ces matières qui ne se trouve point reproduit dans cette collection. » Paris, 1837 2 forts vol. in-8, avec atlas de 30 planches gravées.   12 fr.

<small>Dans cet ouvrage M. Dutrochet a réuni et coordonné l'ensemble de tous ses travaux: il contient non-seulement les mémoires publiés à diverses époques, revus, corrigés et appuyés de nouvelles expériences, mais encore un grand nombre de travaux inédits.</small>

DUTROULAU. Traité des maladies des Européens dans les pays chauds (régions tropicales), climatologie, maladies endémiques, par le docteur A.-F. Dutroulau, premier médecin en chef de la marine. Paris, 1861, in-8, 608 pages.   8 fr.

ÉCOLE DE SALERNE (L'). Traduction en vers français, par CH. MEAUX SAINT-MARC, avec le texte latin en regard (1870 vers), précédée d'une introduction par M. le docteur Ch. Daremberg.—**De la sobriété**, conseils pour vivre longtemps, par L. CORNARO, traduction nouvelle. Paris, 1861, 1 joli vol. in-18 jésus de LXXII–344 pages, avec 5 vignettes.   3 fr. 50

ENCYCLOPÉDIE ANATOMIQUE, comprenant l'Anatomie descriptive, l'Anatomie générale, l'Anatomie pathologique, l'histoire du Développement, par G.-T. Bischoff, J. Henle, E. Huschke, S.-T. Sœmmerring, F.-G. Theile, G. Valentin, J. Vogel, G. et E. Weber; traduit de l'allemand, par A.-J.-L. JOURDAN, membre de l'Académie impériale de médecine. Paris, 1843–1846. 8 forts vol. in-8. Prix de chaque volume (en prenant tout l'ouvrage).   7 fr. 50
Prix des deux atlas in-4   7 fr. 50
On peut se procurer chaque Traité séparément, savoir :

1° **Ostéologie et syndesmologie**, par S.-T. SOEMMERRING. — Mécanique des organes de la locomotion chez l'homme, par G. et E. WEBER. In-8, Atlas in-4 de 17 planches.   12 fr.

2° **Traité de myologie et d'angéiologie**, par F.-G. THEILE. 1 vol. in-8.   7 fr. 50

3° **Traité de névrologie**, par G. VALENTIN. 1 vol. in-8, avec figures.   8 fr.

4° **Traité de splanchnologie des organes des sens**, par E. HUSCHKE. Paris, 1845. In-8 de 850 pages, avec 5 planches gravées.   8 fr. 50

5° **Traité d'anatomie générale**, ou Histoire des tissus de la composition chimique du corps humain, par HENLE. 2 vol. in-8, avec 5 planches gravées.   15 fr.

6° **Traité du développement de l'homme** et des mammifères, suivi d'une *Histoire du développement de l'œuf du lapin*, par le docteur T.-L.-G. BISCHOFF. 1 vol. in-8, avec atlas in-4 de 16 planches.   15 fr.

7° **Anatomie pathologique générale**, par J. VOGEL. Paris, 1846. 1 vol. in-8. 7 fr. 50

Cette *Encyclopédie anatomique*, réunie au *Traité de physiologie* de J. MULLER, forme un ensemble complet des deux sciences sur lesquelles repose l'édifice entier de la médecine.

ESPANET. Traité méthodique et pratique de matière médicale et de thérapeutique, basé sur la loi des semblables. Paris, 1861, in-8 de 808 pages.   9 fr.

ESPANET. Études élémentaires d'homœopathie, complétées par des applications pratiques, à l'usage des médecins, des ecclésiastiques, des communautés religieuses, des familles, etc., par le frère Alexis ESPANET. Paris, 1856. In-18 de 380 pages.   4 fr. 50

ESQUIROL. Des maladies mentales, considérées sous les rapports médical, hygiénique et médico-légal, par E. ESQUIROL, médecin en chef de la Maison des aliénés de Charenton, Paris, 1838, 2vol. in-8, avec un atlas de 27 planches gravées. 20 fr.

« L'ouvrage que j'offre au public est le résultat de quarante ans d'études et d'observations. J'ai observé les symptômes de la Folie et j'ai essayé les meilleures méthodes de traitement; j'ai étudié les mœurs, les habitudes et les besoins des aliénés, au milieu desquels j'ai passé ma vie : m'attachant aux faits, je les ai rapprochés par leurs affinités, je les raconte tels que je les ai vus. J'ai rarement cherché à les expliquer, et je me suis arrêté devant les systèmes qui m'ont toujours paru plus séduisants par leur éclat qu'utiles par leur application. » *Extrait de la préface de l'auteur.*

FABRE. Bibliothèque du médecin praticien, *voyez* **Bibliothèque**, page 5.

† **FÉRUSSAC et DESHAYES. Histoire naturelle générale et particulière des mollusques**, tant des espèces qu'on trouve aujourd'hui vivantes que des dépouilles fossiles de celles qui n'existent plus, classés d'après les caractères essentiels que présentent ces animaux et leurs coquilles ; par M. de FÉRUSSAC et G.-P. DESHAYES. *Ouvrage complet* en 42 livraisons, chacune de 6 planches in-folio, gravées et coloriées d'après nature avec le plus grand soin. Paris, 1820–1851. 4 vol. in-folio, dont 2 volumes de chacun 400 pages de texte et 2 volumes contenant 247 planches gravées et coloriées. Prix réduit, au lieu de 1250 fr.   490 fr.
— *Le même*, 4 vol. grand in-4, avec 247 planches noires. Au lieu de 600 fr. 200 fr.
Demi-reliure, dos de maroquin. Prix des 4 vol. in-fol., 40 fr. — Cartonnés.   24 fr.
           Dito   Prix des 4 vol. gr. in-4, 24 fr. Cartonnés.   16 fr.

Les personnes auxquelles il manquerait des livraisons (jusques et y compris la 34ᵉ) pourront se les procurer séparément, savoir :

1° Les livraisons in-folio, figures coloriées, au lieu de 30 fr., à raison de   **15 fr.**

2° Les livraisons in-4, figures noires, au lieu de 15 fr., à raison de   **6 fr.**

Chacune des livraisons nouvelles (de 35 à 42) se compose : 1° de 72 pages de texte in-folio ; 2° de 6 planches gravées, imprimées en couleur et retouchées au pinceau avec le plus grand soin. Prix de chaque livraison.   **30 fr.**

Prix de chaque livraison in-4, avec les planches en noir.   **15 fr.**

M. Deshayes a publié les livraisons 29 à 42 ; elles comprennent :

1° 85 planches qui sont venues combler toutes les lacunes laissées par M. de Férussac dans l'ordre des numéros, en même temps qu'elles complètent plusieurs genres importants et font connaître les espèces de coquilles les plus récentes ;

2° Le texte (T. Iᵉʳ complet, 402 pages.—T. II, 1ʳᵉ partie. Nouvelles additions à la famille des Limaces, 24 pages.—Historique, p. 129 à 184.—T. II, 2ᵉ partie, 260 p.). Ce texte de M. Deshayes présente la description de toutes les espèces figurées dans l'ouvrage ;

3° Une table générale alphabétique de l'ouvrage ;

4° Une table de classification des 247 planches, à l'aide de laquelle tous les possesseurs de l'ouvrage pourront vérifier si leur exemplaire est complet ou ce qui lui manque.

† **FÉRUSSAC et D'ORBIGNY. Histoire naturelle générale et particulière des céphalopodes** acétabulifères vivants et fossiles, comprenant la description zoologique et anatomique de ces mollusques, des détails sur leur organisation, leurs mœurs, leurs habitudes et l'histoire des observations dont ils ont été l'objet depuis les temps les plus anciens jusqu'à nos jours, par M. de FÉRUSSAC et ALC. D'ORBIGNY. Paris, 1836-1848. 2 vol. in-folio dont un de 144 planches coloriées, cartonnés. Prix, au lieu de 500 francs.   **120 fr.**

— *Le même ouvrage*, 2 vol. grand in-4, dont un de 144 pl. color., cartonnés. **80 fr.**

Ce bel ouvrage est *complet;* il a été publié en 21 *livraisons*. Les personnes qui n'auraient pas reçu les dernières livraisons pourront se les procurer séparément, savoir : l'édition in-4, à raison de 8 fr la livraison ; l'édition in-folio, à raison de 12 fr. la livraison.

FEUCHTERSLEBEN. Hygiène de l'âme, par E. DE FEUCHTERSLEBEN, professeur à la Faculté de médecine de Vienne, sous-secrétaire d'Etat au ministère de l'instruction publique en Autriche, traduit de l'allemand, sur la *vingtième édition*, par le docteur *Schlesinger-Rahier*. DEUXIÈME ÉDITION, précédée d'une étude biographique et littéraire. Paris, 1860. 1 vol. in-18 de 260 pages.   **2 fr.**

L'auteur a voulu, par une alliance de la morale et de l'hygiène, étudier, au point de vue pratique, l'influence de l'âme sur le corps humain et ses maladies. Exposé avec ordre et clarté, et empreint de cette douce philosophie morale qui caractérise les œuvres des penseurs allemands, cet ouvrage n'a pas d'analogue en France ; il sera lu et médité par toutes les classes de la société.

FIÉVÉE. Mémoires de médecine pratique, comprenant : 1° De la fièvre typhoïde et de son traitement ; 2° De la saignée chez les vieillards comme condition de santé ; 3° Considérations étiologiques et thérapeutiques sur les maladies de l'utérus ; 4° De la goutte et de son traitement spécifique par les préparations de colchique. Par le docteur FIÉVÉE (de Jeumont). Paris, 1845, in-8.   **1 fr. 50**

FIÈVRE PUERPÉRALE (De la), de sa nature et de son traitement. Communications à l'Académie impériale de médecine, par MM. GUÉRARD, DEPAUL, BEAU, HERVEZ DE CHÉGOIN, P. DUBOIS, TROUSSEAU, BOUILLAUD, CRUVEILHIER, PIORRY, CAZEAUX, DANYAU, VELPEAU, J. GUÉRIN, etc., précédées de l'indication bibliographique des principaux écrits publiés sur la fièvre puerpérale. Paris, 1858. In-8 de 464 p. **6 fr.**

FITZ-PATRICK. Traité des avantages de l'équitation, considérée dans ses rapports avec la médecine. Paris, 1838, in-8.   **2 fr. 50**

FLOURENS. Recherches expérimentales sur les fonctions et les propriétés du système nerveux, par P. FLOURENS, professeur au Muséum d'histoire naturelle et au Collège de France, secrétaire perpétuel de l'Académie des sciences de l'Institut, etc. *Deuxième édition augmentée*. Paris, 1842, in-8.   **7 fr. 50**

FLOURENS. Cours de physiologie comparée. De l'ontologie ou étude des êtres. Leçons professées au Muséum d'histoire naturelle par P. FLOURENS, recueillies et rédigées par CH. ROUX, et revues par le professeur. Paris, 1856, in-8. **3 fr. 50**

FLOURENS. Histoire de la découverte de la circulation du sang, par P. FLOURENS, profess. au Muséum d'histoire naturelle et au Collège de France. Paris, 1854, in-12. **2 fr.**

FLOURENS. Mémoires d'anatomie et de physiologie comparées, contenant des recherches sur 1° les lois de la symétrie dans le règne animal; 2° le mécanisme de
la rumination; 3° le mécanisme de la respiration des poissons; 4° les rapports des
extrémités antérieures et postérieures de l'homme, les quadrupèdes et les oiseaux.
Paris, 1844; grand in-4, avec 8 planches gravées et coloriées   18 fr.

FLOURENS. Théorie expérimentale de la formation des os, par P. FLOURENS.
Paris, 1847, in-8, avec 7 planches gravées.   7 fr. 50

FONSSAGRIVES. Traité d'hygiène navale, ou de l'influence des conditions physiques
et morales dans lesquelles l'homme de mer est appelé à vivre, et des moyens de
conserver sa santé, par le docteur J.-B. FONSSAGRIVES, professeur à l'École de médecine navale de Brest. Paris, 1856, in-8 de 800 pages, illustré de 57 planches
intercalées dans le texte.   10 fr.
  Cet ouvrage, qui comble une importante lacune dans nos traités d'hygiène professionnelle, est divisé
en six livres. LIVRE Ier : Le navire étudié dans ses matériaux de construction, ses approvisionnements,
ses chargements et sa topographie. LIVRE II : L'homme de mer envisagé dans ses conditions de recrutement, de profession, de travaux, de mœurs, d'hygiène personnelle, etc. LIVRE III : Influences qui
dérivent de l'habitation nautique : mouvements du bâtiment, atmosphère, encombrement, moyens
d'assainissement du navire, et hygiène comparative des diverses sortes de bâtiments. LIVRE IV : Influences extérieures au navire, c'est-à-dire influences pélagiennes, climatériques et sidérales, et hygiène
des climats excessifs. LIVRE V : Bromatologie nautique : eaux potables, eau distillée, boissons alcoo-
liques, aromatiques, acidules, aliments exotiques. Parmi ces derniers, ceux qui présentent des propriétés vénéneuses permanentes ou accidentelles sont étudiés avec le plus grand soin. LIVRE VI : Influences morales, c'est-à-dire régime moral, disciplinaire et religieux de l'homme de mer.

**FONSSAGRIVES. Hygiène alimentaire des malades, des convalescents et des valé-
tudinaires**, ou du Régime envisagé comme moyen thérapeutique, par le docteur
J.-B. FONSSAGRIVES, médecin en chef de la marine, professeur de thérapeutique
générale à l'École de médecine de Brest, etc. Paris, 1861, 1 vol. in-8 de 660 p. 8 fr.

FORGET. Principes de thérapeutique générale et spéciale, ou Nouveaux éléments
de l'art de guérir, par le docteur C.-P. FORGET, professeur de clinique médicale à
la Faculté de médecine de Strasbourg, etc. Paris, 1860, in-8 de 660 pages.   8 fr.

FORGET. Traité de l'entérite folliculeuse (fièvre typhoïde). Paris, 1841, in-8 de
850 pages.   4 fr.

FORTHOMME. Traité élémentaire de physique expérimentale et appliquée, par
C. FORTHOMME, ancien élève de l'École normale supérieure, agrégé des sciences
physiques, docteur ès-sciences, professeur de physique au lycée de Nancy. Paris,
1860-1861, 2 vol. in-12, avec 16 planches comprenant 970 figures.   7 fr.

FOURNET. Recherches cliniques sur l'auscultation des organes respiratoires et
sur la première période de la phthisie pulmonaire, faites dans le service de M. le
professeur ANDRAL, par le docteur J. FOURNET, chef de clinique de la Faculté de
médecine de Paris, etc. Paris, 1839. 2 vol. in-8.   8 fr.

FRANK. Traité de médecine pratique de P.-J. FRANK, traduit du latin par
J.-M.-C. GOUDAREAU, docteur en médecine; *deuxième édition revue, augmentée* des
Observations et Réflexions pratiques contenues dans l'INTERPRETATIONES CLINICÆ,
accompagné d'une *Introduction* par M. le docteur DOUBLE, membre de l'Institut.
Paris, 1842, 2 forts volumes grand in-8 à deux colonnes.   24 fr.
  Le Traité de médecine pratique de J.-P. Frank, résultat de cinquante années d'ob-
servations et d'enseignement public dans les chaires de clinique des Universités de
Pavie, Vienne et Wilna, a été composé, pour ainsi dire, au lit du malade. Dès son
apparition, il a pris rang parmi les livres qui doivent composer la bibliothèque du
médecin praticien, à côté des œuvres de Sydenham, de Baillou, de Van Swieten, de
Stoll, de De Haen, de Cullen, de Borsieri, etc.

FRÉDAULT. Des rapports de la doctrine médicale homœopathique avec le passé de
la thérapeutique, par le docteur FRÉDAULT, ancien interne lauréat des hôpitaux civils
de Paris, 1852, in-8 de 84 pages.   1 fr. 50

FRÉGIER. Des classes dangereuses de la population dans les grandes villes et des
moyens de les rendre meilleures; ouvrage récompensé en 1838 par l'Institut de France
(Académie des sciences morales et politiques); par A. FRÉGIER, chef de bureau à
la préfecture de la Seine. Paris, 1840, 2 beaux vol. in-8.   14 fr.

FRERICHS. Traité pratique des maladies du foie, par FRERICHS, professeur de clinique médicale à l'Université de Berlin, traduit de l'allemand par les docteurs DUMESNIL ET PELLAGOT, édition revue par l'auteur. Paris, 1862, 1 vol. in-8 de XVI-774 pages avec 80 figures intercalées dans le texte.   11 fr.

FURNARI. Traité pratique des maladies des yeux, contenant : 1º l'histoire de l'ophthalmologie ; 2º l'exposition et le traitement raisonné de toutes les maladies de l'œil et de ses annexes ; 3º l'indication des moyens hygiéniques pour préserver l'œil de l'action nuisible des agents physiques et chimiques mis en usage dans les diverses professions ; les nouveaux procédés et les instruments pour la guérison du strabisme ; des instructions pour l'emploi des lunettes et l'application de l'œil artificiel ; suivi de conseils hygiéniques et thérapeutiques sur les maladies des yeux, qui affectent particulièrement les hommes d'État, les gens de lettres et tous ceux qui s'occupent de travaux de cabinet et de bureau. Paris, 1841, in-8, avec pl.   6 fr.

GALIEN. OEuvres anatomiques, physiologiques et médicales de Galien, traduites sur les textes imprimés et manuscrits ; accompagnées de sommaires, de notes, de planches, par le docteur CH. DAREMBERG, bibliothécaire à la bibliothèque Mazarine. Paris, 1854-1857. 2 vol. grand in-8 de 800 pages. Prix de chaque.   10 fr.

Cette importante publication comprend : 1º Que le bon médecin est philosophe ; 2º Exhortations à l'étude des arts ; 3º Que les mœurs de l'âme sont la conséquence des tempéraments du corps ; 4º des Habitudes ; 5º De l'utilité des parties du corps humain ; 6º des Facultés naturelles ; 7º du Mouvement des muscles ; 8º des Sectes aux étudiants ; 9º De la meilleure secte, à Thrasybule ; 10º des Lieux affectés ; 11º de la Méthode thérapeutique, à Glaucon.

GALL. Sur les fonctions du cerveau et sur celles de chacune de ses parties, avec des observations sur la possibilité de reconnaître les instincts, les penchants, les talents, ou les dispositions morales et intellectuelles des hommes et des animaux, par la configuration de leur cerveau et de leur tête. Paris, 1825, 6 vol. in-8.   42 fr.

GALL et SPURZHEIM. Anatomie et physiologie du système nerveux en général et du cerveau en particulier, par F. GALL et SPURZHEIM, 4 vol. in-folio de texte et atlas de 100 planches gravées, cartonnées.   150 fr.
Le même, 4 vol. in-4 et atlas in-folio de 100 planches gravées.   120 fr.

Il ne reste que très peu d'exemplaires de cet important ouvrage que nous offrons avec une réduction des trois quarts sur le prix de publication.

GALTIER. Traité de pharmacologie et de l'art de formuler, par C.-P. GALTIER, docteur en médecine de la Faculté de Paris, professeur de pharmacologie, de matière médicale et de toxicologie, etc. Paris, 1841, in-8.   4 fr. 50

GALTIER. Traité de matière médicale et des indications thérapeutiques des médicaments, par C.-P. GALTIER. Paris, 1841. 2 forts vol. in-8.   10 fr.

GARNIER et HAREL. Des falsifications des substances alimentaires et des moyens chimiques de les reconnaître. Paris, 1844, in-12 de 528 pages.   4 fr. 50

GAUBIL. Catalogue synonymique des Coléoptères d'Europe et d'Algérie, par M. GAUBIL, membre de la Société entomologique de France. Paris, 1849, 1 vol. in-8. 12 fr. *Ouvrage le plus complet et qui offre le plus grand nombre d'espèces nouvelles.*

GAULTIER DE CLAUBRY. De l'identité du typhus et de la fièvre typhoïde, Paris, 1844, in-8 de 500 pages.   2 fr.

GEOFFROY SAINT-HILAIRE. Histoire générale et particulière des Anomalies de l'organisation chez l'homme et les animaux, ouvrage comprenant des recherches sur les caractères, la classification, l'influence physiologique et pathologique, les rapports généraux, les lois et causes des **Monstruosités**, des variétés et vices de conformation ou *Traité de tératologie ;* par Isid. GEOFFROY SAINT-HILAIRE, D. M. P., membre de l'Institut, professeur au Muséum d'histoire naturelle. Paris, 1832-1836. 3 vol. in-8 et atlas de 20 planches lithog.   27 fr.
— Séparément les tomes 2 et 3.   16 fr.

GEORGET. Discussion médico-légale sur la folie ou Aliénation mentale, suivie de l'Examen du procès criminel d'Henriette Cornier et de plusieurs autres procès dans lesquels cette maladie a été alléguée comme moyen de défense. Paris, 1826, in-8.   2 fr. 50

GÉRANDO. De l'éducation des sourds-muets de naissance, par de GÉRANDO, membre de l'Institut, administrateur et président de l'Institution des sourds-muets. Paris, 1827. 2 forts vol. in-8.   12 fr.

GERDY. Traité des bandages, des pansements et de leurs appareils, par le docteur P.-N. GERDY, professeur de chirurgie à la Faculté de médecine de Paris, etc. Paris, 1837-1839. 2 vol. in-8 et atlas de 20 planches in-4.   18 fr.

GERDY. Essai de classification naturelle et d'analyse des phénomènes de la vie, par le docteur P.-N. GERDY. Paris, 1823, in-8.   1 fr

GERVAIS ET VAN BENEDEN. Zoologie médicale, Exposé méthodique du règne animal basé sur l'anatomie, l'embryogénie et la paléontologie, comprenant la description des espèces employées en médecine, de celles qui sont venimeuses et de celles qui sont parasites de l'homme et des animaux, par PAUL GERVAIS, doyen de la Faculté des sciences de Montpellier, et J. VAN BENEDEN, professeur de l'Université de Louvain. Paris, 1859, 2 vol. in-8, avec figures intercalées dans le texte.   15 fr.

GIRARD. Considérations physiologiques et pathologiques sur les **affections nerveuses,** dites *hystériques,* par H. GIRARD, D. M. P., inspecteur des hospices d'aliénés, etc. Paris, 1841, in-8.   2 fr.

GODDE. Manuel pratique des maladies vénériennes des hommes, des femmes et des enfants, suivi d'une pharmacopée syphilitique, par GODDE, de Liancourt, D. M. Paris, 1834, in-18.   3 fr.

GODRON. De l'espèce et des races dans les êtres organisés, et spécialement de l'unité de l'espèce humaine, par D. A. GODRON, docteur en médecine et docteur ès-sciences, professeur à la Faculté des Sciences de Nancy. Paris, 1859, 2 vol. in-8. 12 fr.

GORY et PERCHERON. Monographie des Cétoines et genres voisins, formant, dans les familles de Latreille, la division des Scarabées mélitophiles ; par H. GORY et A. PERCHERON, membres de la Société entomologique de Paris. Paris, 1832-1836. Ce bel ouvrage est complet en 15 livraisons formant un fort volume in-8, accompagné de 77 planches coloriées avec soin.   60 fr.

GRASSI. — Voyez VERNOIS et GRASSI.

GRATIOLET. Anatomie comparée du système nerveux. Voyez LEURET et GRATIOLET, page 30.

GRIESSELICH. Manuel pour servir à l'étude critique de l'homœopathie, par le docteur GRIESSELICH, traduit de l'allemand, par le docteur SCHLESINGER. Paris, 1849. 1 vol. in-12.   3 fr.

GUIBOURT. Pharmacopée raisonnée, ou Traité de pharmacie pratique et théorique, par N.-E. HENRY et J.-B. GUIBOURT ; *troisième édition,* revue et considérablement augmentée, par J.-B. GUIBOURT, professeur à l'École de pharmacie, membre de l'Académie impériale de médecine. Paris, 1847, in-8 de 800 pages à deux colonnes, avec 22 planches.   8 fr.

GUIBOURT. Manuel légal des pharmaciens et des élèves en pharmacie, ou Recueil des lois, arrêtés, règlements et instructions concernant l'enseignement, les études et l'exercice de la pharmacie, et comprenant le Programme des cours de l'École de pharmacie de Paris, par N.-J.-B.-G. GUIBOURT, professeur secrétaire de l'École de pharmacie de Paris, etc. Paris, 1852. 1 vol. in-12 de 230 pages.   2 fr.

Cet ouvrage est divisé en deux parties : la *première* pour les lois et règlements qui ont trait à l'administration des écoles de pharmacie, aux rapports des écoles avec les élèves et les pharmaciens exerçants ; là se trouve naturellement le *Programme des cours de l'École de pharmacie de Paris,* où, sous le titre de *Bibliothèque du Pharmacien,* l'indication des meilleurs ouvrages à consulter ; puis ce qui a rapport au service de santé des hôpitaux et à l'Académie impériale de médecine ; la *seconde partie* pour les lois et règlements qui se rapportent exclusivement à l'exercice de la pharmacie. Le tout accompagné de notes explicatives et de commentaires dont une longue expérience dans la pratique et dans l'enseignement a fait sentir l'utilité.

Dans une *troisième partie* se trouvent résumés les *desiderata,* ou les améliorations généralement réclamées pour une nouvelle organisation de la pharmacie.

GUIBOURT. Histoire naturelle des drogues simples, ou Cours d'histoire naturelle professé à l'Ecole de pharmacie de Paris, par J.-B. GUIBOURT, professeur à l'Ecole de pharmacie, membre de l'Académie impériale de médecine. *Quatrième édition*, corrigée et considérablement augmentée. Paris, 1849-1851. 4 forts volumes in-8, avec 800 figures intercalées dans le texte. 30 fr.

L'Histoire des minéraux a reçu une très grande extension: le tome Ier tout entier est consacré à la *Minéralogie*, et forme un traité complet de cette science considérée dans ses applications aux arts et à la pharmacie; les tomes II et III comprennent la *Botanique* ou l'Histoire des végétaux; le tome IV comprend la *Zoologie* ou l'Histoire des animaux et de leurs produits; il est terminé par une *table générale alphabétique* très étendue. Une addition importante, c'est celle de plus de 800 figures intercalées dans le texte, toutes exécutées avec le plus grand soin.

GUILLOT. Exposition anatomique de l'organisation du centre nerveux dans les quatre classes d'animaux vertébrés, par le docteur Nat. GUILLOT, médecin de l'hôpital Necker, professeur à la Faculté de médecine de Paris. (Ouvrage couronné par l'Académie royale des sciences de Bruxelles.) Paris, 1844, in-4 de 370 pages avec 18 planches, contenant 224 figures. 16 fr.

GUISLAIN. Leçons orales sur les phrénopathies, ou Traité théorique et pratique sur les maladies mentales. Cours donné à la clinique des établissements d'aliénés de Gand, par le docteur J. GUISLAIN, professeur de l'Université de Gand. 1852, 3 vol. in-8 avec figures. 21 fr.

GUNTHER. Nouveau manuel de médecine vétérinaire homœopathique, ou Traitement homœopathique des maladies du cheval, du bœuf, de la brebis, du porc, de la chèvre et du chien, à l'usage des vétérinaires, des propriétaires ruraux, des fermiers, des officiers de cavalerie et de toutes les personnes chargées du soin des animaux domestiques, par F.-A. GUNTHER. Traduit de l'allemand sur la troisième édition, par P.-J. MARTIN, médecin vétérinaire, ancien élève des écoles vétérinaires. Paris, 1846, in-8. 6 fr.

HAAS. Mémorial du médecin homœopathe, ou Répertoire alphabétique de traitements et d'expériences homœopathiques, pour servir de guide dans l'application de l'homœopathie au lit du malade, par le docteur HAAS. Traduit de l'allemand par A.-J.-L. JOURDAN. *Deuxième édit.*, revue et augmentée. Paris, 1850, in-18. 3 fr.

HAHNEMANN. Exposition de la doctrine médicale homœopathique, ou Organon de l'art de guérir, par S. HAHNEMANN; traduit de l'allemand, sur la dernière édition, par le docteur A.-J.-L. JOURDAN. *Quatrième édition*, augmentée de **Commentaires** par le docteur LÉON SIMON, et précédée d'une notice sur la vie et les travaux de S. HAHNEMANN, accompagnée de son portrait gravé sur acier. Paris, 1856. 1 vol. in-8. de 568 pages. 8 fr.

HAHNEMANN. Doctrine et traitement homœopathique des maladies chroniques, par S. HAHNEMANN; traduit de l'allemand sur la dernière édition, par A.-J.-L. JOURDAN. *Deuxième édition* entièrement refondue. Paris, 1846. 3 vol. in-8. 23 fr.

Cette seconde édition est en réalité un ouvrage nouveau. Non-seulement l'auteur a refondu l'histoire de chacun des *vingt-deux* médicaments dont se composait la première, et a presque doublé pour chacun d'eux le nombre des symptômes, mais encore il a ajouté *vingt-cinq* substances nouvelles, de sorte que le nombre total des médicaments antipsoriques se trouve porté aujourd'hui à *quarante-sept*.

HAHNEMANN. Études de médecine homœopathique, par le docteur HAHNEMANN. Opuscules servant de complément à ses œuvres. Paris, 1855. 2 séries publiées chacune en 1 vol. in-8 de 600 pages. Prix de chaque. 7 fr.

Les ouvrages qui composent la PREMIÈRE SÉRIE sont : 1° Traité de la maladie vénérienne; 2° Esprit de la doctrine homœopathique; 3° La médecine de l'expérience; 4° L'observateur en médecine; 5° Esculape dans la balance; 6° Lettres à un médecin de haut rang sur l'urgence d'une réforme en médecine; 7° Valeur des systèmes en médecine, considérés surtout eu égard à la pratique qui en découle; 8° Conseils à un aspirant au doctorat; 9° L'allopathie, un mot d'avertissement aux malades; 10° Réflexions sur les trois méthodes accréditées de traiter les maladies; 11° Les obstacles à la certitude; 12° Examen des sources de la matière médicale ordinaire; 13° Des formules en médecine; 14° Comment se peut-il que de faibles doses de médicaments aussi étendus que ceux dont se sert l'homœopathie aient encore de la force, beaucoup de force? 15° Sur la répétition d'un médicament homœopathique; 16° Quelques exemples de traitements homœopathiques ; 17° La belladone, préservatif de la scarlatine ; 18° Des effets du café.

DEUXIÈME SÉRIE. — Du choix du médecin. — Essai sur un nouveau principe pour découvrir la vertu curative des substances médicinales. —Antidotes de quelques subs-tances végétales héroïques. — Des fièvres continues et rémittentes. — Les maladies périodiques à types hebdomadaires. — De la préparation et de la dispensation des médi-caments par les médecins homœopathes. — Essai historique et médical sur l'ellébore et l'elléborisme. — Un cas de folie. — Traitement du choléra. — Une chambre d'en-fants. — De la satisfaction de nos besoins matériels. — Lettres et discours. — Études cliniques, par le docteur HARTUNG, recueil de 116 observations, fruit de vingt-cinq ans d'une grande pratique.

HARTMANN. **Thérapeutique homœopathique des maladies aiguës** et des maladies chroniques, par le docteur FR. HARTMANN ; traduit de l'allemand sur la *troisième édition*, par A.-J.-L. JOURDAN et SCHLESINGER. Paris, 1847-1850. 2 forts vol. in-8.   16 fr.

Le deuxième et dernier volume.   8 fr.

HARTMANN. **Thérapeutique homœopathique des maladies des enfants**, par le doc-teur F. HARTMANN, traduit de l'allemand par le docteur LÉON SIMON fils, membre de la Société médicale homœopathique de France. Paris, 1853. 1 vol. in-8 de 600 pages.   8 fr.

HATIN. **Petit traité de médecine opératoire** et Recueil de formules à l'usage des sages-femmes. *Deuxième édition*, augmentée. Paris, 1837, in-18, fig.   2 fr. 50

HAUFF. **Mémoire sur l'usage des pompes** dans la pratique médicale et chirurgicale, par le docteur HAUFF, professeur à l'Université de Gand. Paris, 1836. in-8.   1 fr. 50

HAUSSMANN. **Des subsistances de la France,** du blutage et du rendement des farines et de la composition du pain de munition ; par N.-V. HAUSSMANN, intendant mili-taire. Paris, 1848, in-8 de 76 pages.   2 fr.

HEIDENHAIN et EHRENBERG. **Exposition des méthodes hydriatiques de Priesnitz** dans les diverses espèces de maladies, considérées en elles-mêmes et comparées avec celles de la médecine allopathique. Paris, 1842, in-18.   3 fr. 50

HÉRING. **Médecine homœopathique domestique,** par le docteur C. HÉRING (de Phi-ladelphie), *quatrième édition française* traduite sur la sixième édition américaine récemment publiée par l'auteur lui-même, corrigée et augmentée d'un grand nombre d'additions tirées de la onzième édition allemande, et précédée d'indications géné-rales d'hygiène et de prophylaxie des maladies héréditaires, par le docteur LÉON MARCHANT. Paris, 1860, in-12 de 700 pages.   6 fr.

HERPIN. **Du pronostic et du traitement curatif de l'épilepsie**, par le docteur TH. HERPIN, docteur en médecine de la Faculté de Paris et de Genève, lauréat de la Faculté de médecine de Paris, ancien vice-président de la Faculté de médecine et du Conseil de santé de Genève, etc. *Ouvrage couronné par l'Institut de France.* Paris, 1852. 1 vol. in-8 de 650 pages.   7 fr. 50

HIPPOCRATE. **OEuvres complètes**, traduction nouvelle, *avec le texte grec en regard,* collationné sur les manuscrits et toutes les éditions ; accompagnée d'une introduc-tion, de commentaires médicaux, de variantes et de notes philologiques ; suivie d'une table des matières, par E. LITTRÉ, membre de l'Institut de France. —**Ouvrage complet,** Paris, 1839-1861. 10 forts vol. in-8, de 700 pages chacun. Prix de chaque vol..   10 fr.

Il a été tiré quelques exemplaires sur jésus vélin. Prix de chaque volume.   20 fr.

T. I. Préface (16 pag.). — Introduction (554 p.). —De l'ancienne médecine (83 p.).

T. II. Avertissement (56 pages). — Traité des airs, des eaux et des lieux (93 p.). — Le pronostic (100 pages). — Du régime dans les maladies aiguës (337 pages). — Des épidémies, livre I (190 pages).

T. III. Avertissement (46 pages). — Des épidémies, livre III (149 pages). — Des plaies de tête (211 pages). — De l'officine du médecin (76 pages). — Des fractures (224 pages).

T. IV. Des articulations (327 pages). — Le mochlique (66 pages). — Aphorismes (150 pages). — Le serment (20 pages). — La loi (20 pages).

V. Des épidémies, livres II, IV, V, VI, VII (469 pages). — Des humeurs (35 pages). — Les Prorrhétiques, livre I (71 pages). — Prénotions coaques (161 pages).

T. VI. de l'art (28 pages). — De la nature de l'homme (31 pages). — Du régime salutaire (27 pages). — Des vents (29 pages). — De l'usage des liquides (22 pages). Des maladies (68 pages). — Des affections (67 pag.). — Des lieux dans l'homme (40 pag.).

Tome VII. Des maladies, livres II, III (162 pages). — Des affections internes (140 pages). — De la nature de la femme (50 pages). — Du fœtus à 7, 8 et 9 mois. De la génération. De la nature de l'enfant (80 pages). — Des maladies, livre IV (76 pages), etc.

Tome VIII. Maladies des femmes, des jeunes filles, de la superfétation, de l'anatomie, de la dentition, des glandes, des chairs, des semaines, etc.

Tome IX. Prorrhétiques, livre II (75 pages). — Du cœur (18 pages). — De l'aliment (28 pages). — De la vision (40 pages). — De la nature des os (20 pages). — Du médecin (24 pages). — De la bienséance (24 pages). — Préceptes (28 pages) — Des crises. — Des jours critiques. — Lettres, décrets et harangues. — Appendice.

Tome X et dernier. Dernier coup d'œil et dernières remarques. — Appendices. — Table alphabétique des matières, des noms propres et des noms de lieux (400 pages).

HIPPOCRATE. Aphorismes, traduction nouvelle *avec le texte grec en regard*, collationnée sur les manuscrits et toutes les éditions, précédée d'un argument interprétatif, par E. LITTRÉ, membre de l'Institut de France. Paris, 1844, gr. in-18. 3 fr.

HIFFELSHEIM. Des applications médicales de la pile de Volta, précédées d'un exposé critique des différentes méthodes d'électrisation, par le docteur HIFFELSHEIM, lauréat de l'Institut, membre de la Société de biologie. Paris, 1861, in-8 de 152 p.   3 fr.

HIRSCHEL. Guide du médecin homœopathe au lit du malade, et Répertoire de thérapeutique homœopathique, par le docteur HIRSCHEL, traduit de l'allemand par le docteur LÉON SIMON, fils. Paris, 1858. 1 vol. in-18 jésus de 344 pages.   3 fr. 50

HOEFER. Nomenclature et classifications chimiques, suivies d'un LEXIQUE historique et synonymique comprenant les noms anciens, les formules, les noms nouveaux, le nom de l'auteur et la date de la découverte des principaux produits de la chimie. Paris, 1845. 1 vol. in-12 avec tableaux.   3 fr.

HOFFBAUER. Médecine légale relative aux aliénés, aux sourds-muets, ou les lois appliquées aux désordres de l'intelligence ; par HOFFBAUER ; traduit de l'allemand, par CHAMBEYRON, D.-M.-P., avec des notes par ESQUIROL et ITARD. Paris, 1827, in-8.   6 fr.

HUBERT-VALLEROUX. Mémoire sur le catarrhe de l'oreille et sur la surdité qui en est la suite, avec l'indication d'un nouveau mode de traitement, appuyé d'observations pratiques. *Deuxième édition* augmentée. Paris, 1845, in-8.   2 fr. 50

HUMBOLDT. De distributione geographica plantarum, secundum cœli temperiem et altitudinem montium. Parisiis, 1817, in-8, avec carte coloriée.   6 fr.

HUNTER (J.). OEuvres complètes, traduites de l'anglais sur l'édition de J. Palmer, par le docteur G. RICHELOT. Paris, 1843. 4 forts vol. in-8, avec atlas in-4 de 64 planches.   40 fr.

Cet ouvrage comprend : T. I. Vie de Hunter ; Leçons de chirurgie. — T. II. Traité des dents avec notes par Ch. Bell et J. Oudet ; Traité de la syphilis, annoté par le docteur Ph. Ricord. — T. III. Traité du sang, de l'inflammation et des plaies par les armes à feu ; phlébite, anévrysmes. — T. IV. Observations sur certaines parties de l'économie animale ; Mémoires d'anatomie, de physiologie, d'anatomie comparée et de zoologie, annotés par R. Owen.

HUNTER. Traité de la maladie vénérienne, par J. HUNTER, traduit de l'anglais par G. RICHELOT, avec de nombreuses annotations par le docteur PH. RICORD, chirurgien de l'hospice des Vénériens. *Troisième édition*, corrigée et augmentée de nouvelles notes. Paris, 1859, in-8 de 800 pages, avec 9 planches.   9 fr.

Parmi les nombreuses additions ajoutées par M. Ricord, nous citerons seulement les suivantes ; elles traitent de :

L'inoculation de la syphilis. — Différence d'identité entre la blennorrhagie et le chancre. — Des affections des testicules à la suite de la blennorrhagie. — De la blennorrhagie chez la femme. — Du traitement de la gonorrhée et de l'épididymite. — Des écoulements à l'état chronique. — Des rétrécissements de l'urèthre comme effet de la gonorrhée. — De la cautérisation. — Des bougies. — Des fausses routes de l'urèthre. — Des fistules urinaires. — De l'ulcère syphilitique primitif et du chancre. — Traitement du chancre, de son mode de pansement. — Du phimosis. — Des ulcères phagédéniques. — Des végétations syphilitiques. — Du bubon et de son traitement. — Sur les affections vénériennes de la gorge. — De la syphilis constitutionnelle. — Sur les accidents tertiaires et secondaires de la syphilis. — Des éruptions syphilitiques, de leurs formes, de leurs variétés et de leur traitement. — De la prophylaxie de la syphilis.

ITARD. Traité des maladies de l'oreille et de l'audition, par J.-M. ITARD, médecin de l'institution des Sourds-Muets de Paris. *Deuxième édition,* augmentée et publiée par les soins de l'Académie de médecine. Paris, 1842. 2 vol. in-8 avec 3 planches.   14 fr.

Indépendamment des nombreuses additions et de la révision générale, cette seconde édition a été augmentée de deux Mémoires importants, savoir: 1° Mémoire sur le mutisme produit par les lésions des fonctions intellectuelles; 2° De l'éducation d'un homme sauvage, ou des premiers développements physiques et moraux du jeune sauvage de l'Aveyron.

JAHR. Principes et règles qui doivent guider dans la pratique de l'homœopathie. Exposition raisonnée des points essentiels de la doctrine médicale de HAHNEMANN. Paris, 1857, in-8 de 528 pages.   7 fr.

JAHR. Du traitement homœopathique des maladies des organes de la digestion, comprenant un précis d'hygiène générale et suivi d'un répertoire diététique à l'usage de tous ceux qui veulent suivre le régime rationnel de la méthode Hahnemann. Paris, 1859, 1 vol. in-18 jésus de 520 pages.   6 fr.

JAHR. Du traitement homœopathique des maladies des femmes, par le docteur G.-H.-G. JAHR. Paris, 1856, 1 vol. in-12.   6 fr.

JAHR. Du traitement homœopathique des affections nerveuses et des maladies mentales. Paris, 1854, un vol. in-12 de 600 pages.   6 fr.

JAHR. Du traitement homœopathique des maladies de la peau et des lésions extérieures en général, par G.-H.-G. JAHR. Paris, 1850, 1 vol. in-8 de 608 pages. 8 fr.

Cet ouvrage est divisé en trois parties: 1° Thérapeutique des maladies de la peau; 2° Matière médicale: 3° Répertoire symptomatique.

JAHR. Du traitement homœopathique du choléra, avec l'indication des moyens de s'en préserver, pouvant servir de conseils aux familles en l'absence du médecin, par le docteur G.-H.-G. JAHR. Paris, 1848, 1 vol. in-12.   1 fr. 50

JAHR. Nouveau Manuel de médecine homœopathique, ou Résumé des principaux effets des médicaments homœopathiques, avec indication des observations cliniques, divisé en deux parties: 1" *Matière médicale;* 2° *Répertoire symptomatologique et thérapeutique,* par le docteur G.-H.-G. JAHR. *Septième édition* augmentée. Paris, 1862. 4 vol. grand in-12.   18 fr.

JAHR. Notions élémentaires d'homœopathie. Manière de la pratiquer, avec quelques-uns des effets les plus importants de dix des principaux remèdes homœopathiques, à l'usage de tous les hommes de bonne foi qui veulent se convaincre par des essais de la vérité de cette doctrine, par G.-H.-G. JAHR. *Quatrième édition,* augmentée. Paris, 1861, in-18 de 125 pages.   1 fr. 25

JAHR et CATELLAN. Nouvelle pharmacopée homœopathique, ou Histoire naturelle, Préparation et Posologie ou de l'administration des doses des médicaments homœopathiques, par le docteur G.-H.-G. JAHR et MM. CATELLAN frères, pharmaciens homœopathes. *Troisième édition* corrigée et augmentée, accompagnée de 144 planches intercalées dans le texte. Paris, 1862, in-12 de 430 pages.   7 fr.

JOBERT. Traité de chirurgie plastique, par le docteur JOBERT (de Lamballe), professeur de clinique chirurgicale à la Faculté de médecine de Paris, chirurgien de l'Hôtel-Dieu, membre de l'Institut de France, de l'Académie de médecine, Paris, 1849. 2 vol. in-8 et atlas de 18 planches in-fol. grav. et color. d'après nature.   50 fr.

Les succès obtenus par M. le docteur Jobert dans les diverses et grandes opérations chirurgicales qui réclament l'autoplastie, et particulièrement dans le traitement des fistules vésico-vaginales, donnent à cet ouvrage une très haute importance; il suffit donc d'indiquer les sujets qui y sont traités. — Des cas qui réclament l'autoplastie, des préparations auxquelles il convient de soumettre les parties intéressées dans l'opération. — Des parties qui doivent entrer dans la composition du lam-

beau et des tissus propres à le former. — Des méthodes autoplastiques. — Application pratique, autoplastie crânienne, faciale et de l'appareil de la vision. — De la rhinoplastie ou réparation du nez, de
la réparation des joues, de la bouche (stomatoplastie). — De la trachéoplastie, de la thoracoplastie. —
Autoplastie des membres supérieurs. — Autoplastie du canal intestinal et dans les hernies. — Autoplastie des organes génitaux de l'homme (testicule, fistule urinaire, périnée). — Autoplastie des organes
génito-urinaires de la femme, vice de conformation des grandes et petites lèvres, oblitération de la
vulve et du vagin. — Autoplastie de l'urèthre et de la vessie chez la femme; fistules vésico-vaginales,
chapitre important qui occupe près de 400 pages.

**JOBERT. Traités des fistules vésico-utérines, vésico-utéro-vaginales, entéro-vagi-
nales et recto-vaginales**; par le docteur JOBERT (de Lamballe), chirurgien de l'Hôtel-
Dieu. Paris, 1852, in-8 avec 10 figures intercalées dans le texte.   7 fr. 50
Ouvrage *faisant suite* et servant de *Complément* au TRAITÉ DE CHIRURGIE PLASTIQUE.

JOURDAN. Pharmacopée universelle, ou Conspectus des pharmacopées d'Amsterdam,
Anvers, Dublin, Édimbourg, Ferrare, Genève, Grèce, Hambourg, Londres, Olden-
bourg, Parme, Sleswig, Strasbourg, Turin, Würtzbourg; américaine, autrichienne,
batave, belge, danoise, espagnole, finlandaise, française, hanovrienne, hessoise,
polonaise, portugaise, prussienne, russe, sarde, saxonne, suédoise et wurtember-
geoise; des dispensaires de Brunswick, de Fulde, de la Lippe et du Palatinat; des
pharmacopées militaires de Danemark, de France, de Prusse et de Würtzbourg;
des formulaires et pharmacopées d'Ammon, Augustin, Béral, Bories, Brera, Brugna-
telli, Cadet de Gassicourt, Cottereau, Cox, Ellis, Foy, Giordano, Guibourt, Hufeland,
Magendie, Phœbus, Piderit, Pierquin, Radius, Ratier, Saunders, Schubarth, Sainte-
Marie, Soubeiran, Spielmann, Swediaur, Taddei et Van Mons; ouvrage contenant
les caractères essentiels et la synonymie de toutes les substances citées dans ces recueils,
avec l'indication, à chaque préparation, de ceux qui l'ont adoptée, des procédés
divers recommandés pour l'exécution, des variantes qu'elle présente dans les différents
formulaires, des noms officinaux sous lesquels on la désigne dans divers pays, et des
doses auxquelles on l'administre; par A.-J.-L. JOURDAN, membre de l'Académie
impériale de médecine. *Deuxième édition entièrement refondue* et considérablement
augmentée, *précédée de Tableaux présentant la concordance des divers poids médi-
cinaux de l'Europe entre eux et avec le système décimal.* Paris, 1840. 2 forts
volumes in-8 de chacun près de 800 pages, à deux colonnes.   25 fr.

JOURDAN. Dictionnaire raisonné, étymologique, synonymique et polyglotte **des
termes usités dans les sciences naturelles**; comprenant l'anatomie, l'histoire naturelle et la physiologie générales; l'astronomie, la botanique, la chimie, la géographie
physique, la géologie, la minéralogie, la physique, la zoologie, etc.; par A.-J.-L.
JOURDAN, membre de l'Académie impériale de médecine. Paris, 1834. 2 forts
vol. in-8, à deux colonnes.   6 fr.

KONINCK. Description des animaux fossiles qui se trouvent dans le terrain carboni-
fère de Belgique, par L. DE KONINCK, professeur de l'Université de Liége, 1844.
2 vol. in-4 dont un de 69 planches.   60 fr.

— Supplément, 1851, in-4 de 76 pages, avec 5 planches.   8 fr.

Cet important ouvrage comprend : 1o les Polypiers, 2o les Radiaires, 3o les Annélides, 4o les Mollusques céphalés et acéphales, 5o les Crustacés, 6o les Poissons, divisés en 85 genres et 454 espèces.
C'est un des ouvrages que l'on consultera avec le plus d'avantage pour l'étude comparée de la géologie et de la conchyliologie.

LACAUCHIE. Traité d'hydrotomie, ou des Injections d'eau continues dans les recherches anatomiques, par le docteur LACAUCHIE, ancien professeur d'anatomie à l'hôpital du Val-de-Grâce, chirurgien en chef de l'hôpital du Roule. Paris, 1853, in-8,
avec 6 planches.   4 fr.

LAFITTE. Symptomatologie homœopathique, ou tableau synoptique de toute la matière pure, à l'aide duquel se trouve immédiatement tout symptôme ou groupe de
symptômes cherché; par P.-J. LAFITTE. Paris, 1844. 1 vol. in-4 de près de
1000 pages.   35 fr.

LALLEMAND. Des pertes séminales involontaires, par F. LALLEMAND, professeur à
la Faculté de médecine de Montpellier, membre de l'Institut. Paris, 1836-1842.
3 vol. in-8, publiés en 5 parties.   25 fr.

On peut se procurer séparément le Tome II, en deux parties.   9 fr.

— Le Tome III, 1842, in-8.   7 fr.

LAMARCK. Histoire naturelle des animaux sans vertèbres, présentant les caractères généraux et particuliers de ces animaux, leur distribution, leurs classes, leurs familles, leurs genres et la citation synonymique des principales espèces qui s'y rapportent ; par J.-B.-P.-A. de LAMARCK, membre de l'Institut, professeur au Muséum d'Histoire naturelle. *Deuxième édition*, revue et augmentée des faits nouveaux dont la science s'est enrichie jusqu'à ce jour ; par M. G.-P. DESHAYES et H. MILNE EDWARDS. Paris, 1835—1845. 11 forts vol. in-8.   88 fr.

Cet ouvrage est distribué ainsi : T. I, *Introduction, Infusoires ;* T. II, *Polypiers ;* T. III, *Radiaires, Tuniciers, Vers, Organisation des insectes ;* T. IV, *Insectes ;* T. V, *Arachnides, Crustacés, Annelides, Cirrhipèdes ;* T. VI, VII, VIII, IX, X, XI, *Histoire des Mollusques.*

Dans cette nouvelle édition M. DESHAYES s'est chargé de revoir et de compléter l'*Introduction,* l'*Histoire des Mollusques* et des *Coquilles ;* M. MILNE EDWARDS, les *Infusoires,* les *Polypiers,* les *Zoophytes,* l'organisation des *Insectes,* les *Arachnides,* les *Crustacés,* les *Annélides,* les *Cirrhipèdes ;* M. F. DUJARDIN, les *Radiaires,* les *Échinodermes* et les *Tuniciers ;* M. NORDMANN (de Berlin), les *Vers,* etc.

Cette deuxième édition est un ouvrage nouveau, devenu de première nécessité pour toute personne qui veut étudier les animaux inférieurs.

LAMOTTE. Catalogue des plantes vasculaires de l'Europe centrale, comprenant la France, la Suisse, l'Allemagne, par MARTIAL LAMOTTE. Paris, 1847, in-8 de 104 pages, petit-texte à deux colonnes.   2 fr. 50

Ce catalogue facilitera les échanges entre les botanistes et leur évitera les longues listes de plantes de leurs désiderata et des plantes qu'ils peuvent offrir. — Il servira de catalogue d'herbier, de table pour des ouvrages sur les plantes de France et d'Allemagne ; il sera d'une grande utilité pour recevoir des notes de géographie botanique, pour signaler les espèces qui composent les fleurs des localités circonscrites, pour désigner les plantes utiles et industrielles, les plantes médicinales, les espèces ornementales, pour comparer la végétation arborescente à celle qui est herbacée, les rapports numériques des genres, des espèces, etc.

LANDOUZY. De la pellagre sporadique, par H. LANDOUZY, professeur de clinique interne et directeur de l'école de médecine de Reims. Paris, 1860, grand in-8 de 175 pages.   3 fr. 50

LANGLEBERT. Guide pratique, scientifique et administratif de l'étudiant en médecine, ou Conseils aux élèves sur la direction qu'ils doivent donner à leurs études ; suivi des règlements universitaires, relatifs à l'enseignement de la médecine dans les facultés, les écoles préparatoires, et des conditions d'admission dans le service de santé de l'armée et de la marine ; 2e *édition, corrigée et entièrement refondue ;* par le docteur ED. LANGLEBERT. Paris, 1852. Un beau vol. in-18 de 340 pag. 2 fr. 50

Dans la *première partie,* M. Langlebert prend l'élève à partir inclusivement du baccalauréat ès sciences, et il le conduit par la longue série des études et des examens jusqu'au doctorat ; il lui indique les cours officiels ou particuliers qu'il doit fréquenter, les livres qu'il doit lire ou consulter ; de plus, à chacune de ces indications, M. Langlebert ajoute une appréciation des hommes et des choses qu'elle comporte. Il y a de l'indépendance dans ses appréciations ; on y sent une vive sympathie pour l'élève, et le désir de lui aplanir les difficultés qu'il rencontre en pénétrant dans nos Écoles.

La *deuxième partie* est consacrée à l'exposition des règlements et ordonnances relatives à l'étude de la médecine actuellement en vigueur ; il fait connaître le personnel et l'enseignement des Facultés de Montpellier et de Strasbourg et des écoles préparatoires, etc., etc.

LEBERT. Physiologie pathologique, ou Recherches cliniques, expérimentales et microscopiques sur l'inflammation, la tuberculisation, les tumeurs, la formation du cal, etc., par le docteur H. LEBERT, professeur à l'Université de Breslau. Paris, 1845. 2 vol. in-8, avec atlas de 22 planches gravées.   23 fr.

LEBERT. Traité pratique des maladies scrofuleuses et tuberculeuses, par le docteur H. LEBERT. *Ouvrage couronné par l'Académie impériale de médecine.* Paris, 1849. 1 vol. in-8 de 820 pages.   9 fr.

LEBERT. Traité pratique des maladies cancéreuses et des affections curables confondues avec le cancer, par le docteur H. LEBERT. Paris, 1851. 1 vol. in-8 de 892 pages.   9 fr.

LEBERT. Traité d'anatomie pathologique générale et spéciale, ou Description et iconographie pathologique des affections morbides, tant liquides que solides, observées dans le corps humain, par le docteur H. LEBERT, professeur de clinique médicale à l'Université de Breslau, membre des Sociétés anatomique, de biologie, de chirurgie et médicale d'observation de Paris. *Ouvrage complet.* Paris, 1855-1861. 2 vol. in-fol. de texte, et 2 vol. in-fol. comprenant 200 planches dessinées d'après nature, gravées et coloriées.   615 fr.

Le tome Ier, texte, 760 pages, et tome Ier, planches 1 à 94 (livraisons 1 à XX).

Le tome II comprend, texte 734 pages, et le tome II, planches 95 à 200 (livraisons XXI à XLI).

On peut toujours souscrire en retirant régulièrement plusieurs livraisons.

Chaque livraison est composée de 30 à 40 pages de texte, sur beau papier vélin, et de 5 planches in-folio gravées et coloriées. Prix de la livraison :   15 fr.

Cet ouvrage est le fruit de plus de douze années d'observations dans les nombreux hôpitaux de Paris. Aidé du bienveillant concours des médecins et des chirurgiens de ces établissements, trouvant aussi des matériaux précieux et une source féconde dans les communications et les discussions des Sociétés anatomique, de biologie, de chirurgie et médicale d'observation. M. Lebert réunissait tous les éléments pour entreprendre un travail aussi considérable. Placé maintenant à la tête du service médical d'un grand hôpital à Breslau, dans les salles duquel il a constamment cent malades, l'auteur continue à recueillir des faits pour cet ouvrage, vérifie et contrôle les résultats de son observation dans les hôpitaux de Paris par celle des faits nouveaux à mesure qu'ils se produisent sous ses yeux.

Cet ouvrage se compose de deux parties.

Après avoir dans une INTRODUCTION rapide présenté l'histoire de l'anatomie pathologique depuis le XVIe siècle jusqu'à nos jours, M. Lebert embrasse dans la *première partie* l'ANATOMIE PATHOLOGIQUE GÉNÉRALE. Il passe successivement en revue l'Hypérémie et l'inflammation, l'Ulcération et la Gangrène, l'Hémorrhagie, l'Atrophie, l'Hypertrophie en général et l'Hypertrophie glandulaire en particulier, les TUMEURS (qu'il divise en productions Hypertrophiques, Homœomorphes hétérotopiques, Hétéromorphes et Parasitiques), enfin les modifications congénitales de conformation. Cette première partie comprend les pages 1 à 426 du tome Ier, et les planches 1 à 61.

La *deuxième partie*, sous le nom d'ANATOMIE PATHOLOGIQUE SPÉCIALE, traite des lésions considérées dans chaque organe en particulier. M. Lebert étudie successivement dans le livre I (pages 427 à 581, et planches 62 à 78) les maladies du Cœur, des Vaisseaux sanguins et lymphatiques.

Dans le livre II, les maladies du Larynx et de la Trachée, des Bronches, de la Plèvre, de la Glande thyroïde et du Thymus (pages 582 à 755 et planches 79 à 94). Telles sont les matières décrites dans le Ier volume du texte et figurées dans le tome Ier de l'atlas.

Avec le tome II commence le livre III, qui comprend (pages 1 à 132 et planches 95 à 104) les maladies du système nerveux, de l'Encéphale et de ses membranes, de la Moelle épinière et de ses enveloppes, des Nerfs, etc.

Le livre IV (pages 133 à 327 et planches 105 à 135) est consacré aux maladies du tube digestif et de ses annexes (maladie du Foie et de la Rate, du Pancréas, du Péritoine, altérations qui frappent le Tissu cellulaire rétro-péritonéal, Hémorrhoïdes).

Le livre V (pages 328 à 381 et planches 136 à 142) traite des maladies des Voies urinaires (maladies des Reins, des Capsules surrénales, de la Vessie, Altérations de l'Urèthre).

Le livre VI (page 382 à 484 et planches 145 à 164), sous le titre de Maladies des organes génitaux, comprend deux sections : 1° Altérations anatomiques des organes génitaux de l'homme (Altérations du pénis et du scrotum, Maladies de la prostate, des glandes de Méry et des vésicules séminales, altérations du Testicule et de ses enveloppes); 2° Maladies des organes génitaux de la femme (maladies de la vulve et du vagin, etc.).

Le livre VII (pages 485 à 604 et planches 165 à 182) traite des maladies des Os et des Articulations.

Le livre VIII (pages 605 à 658, et planches 183 à 196), anatomie pathologique de la peau.

Livre IX (pages 662 à 696 et planches 197 à 200). Changements moléculaires que les maladies produisent dans les tissus et les organes du corps humain. — TABLE GÉNÉRALE ALPHABÉTIQUE, 38 pages.

Après l'examen des planches de M. Lebert, un des professeurs les plus compétents et les plus illustres de la Faculté de Paris écrivait : « J'ai admiré l'exactitude, la beauté, la nouveauté des planches qui composent la majeure partie de cet ouvrage : j'ai été frappé de l'immensité des recherches originales et toutes propres à l'auteur qu'il a dû exiger. *Cet ouvrage n'a pas d'analogue en France ni dans aucun pays.* »

LEBLANC et TROUSSEAU. Anatomie chirurgicale des principaux animaux domestiques, ou Recueil de 30 planches représentant : 1° l'anatomie des régions du cheval, du bœuf, du mouton, etc., sur lesquelles on pratique les opérations les plus graves: 2° les divers états des dents du cheval, du bœuf, du mouton, du chien, indiquant l'âge de ces animaux ; 3° les instruments de chirurgie vétérinaire ; 4° un texte explicatif; par U. LEBLANC, médecin vétérinaire, ancien répétiteur à l'École vétérinaire d'Alfort, et A. TROUSSEAU, professeur à la Faculté de Paris. Paris, 1828, grand in-fol. composé de 30 planches gravées et coloriées avec soin.   42 fr.

Cet atlas est dessiné par Chazal, sur des pièces anatomiques originales, et gravé par Ambr. Tardieu.

LECANU. Cours de pharmacie, Leçons professées à l'École de pharmacie, par L.-R. LECANU, professeur à l'École de pharmacie, membre de l'Académie impériale de médecine et du Conseil de salubrité. Paris, 1842. 2 vol. in-8.   14 fr.

LECANU. Éléments de géologie, par L.-R. LECANU, docteur en médecine, professeur titulaire à l'École supérieure de pharmacie de Paris. *Seconde édition revue et corrigée.* Paris, 1857. 1 vol. in-18 jésus. 3 fr.

LECOQ. Éléments de géographie physique et de météorologie, ou Résumé des notions acquises sur les grandes lois de la nature, servant d'introduction à l'étude de la géologie ; par H. LECOQ, professeur d'Histoire naturelle à Clermont-Ferrand. Paris, 1836. 1 fort vol. in-8, avec 4 planches gravées. 9 fr.

LECOQ. Éléments de géologie et d'hydrographie, ou, Résumé des notions acquises sur les grandes lois de la nature, faisant suite et servant de complément aux Éléments de géographie physique et de météorologie, par H. LECOQ. Paris, 1838. 2 forts volumes in-8, avec VIII planches gravées. 15 fr.

LECOQ. Études sur la géographie botanique de l'Europe, et en particulier sur la végétation du plateau central de la France, par H. LECOQ, professeur d'Histoire naturelle de la ville de Clermont-Ferrand. Paris, 1854-1858. 9 beaux vol. grand in-8, avec 3 planches coloriées. *Ouvrage complet.* 72 fr.

LECOQ et JUILLET. Dictionnaire raisonné des termes de botanique et des familles naturelles, contenant l'étymologie et la description détaillée de tous les organes, leur synonymie et la définition des adjectifs qui servent à les décrire ; suivi d'un vocabulaire des termes grecs et latins le plus généralement employés dans la glossologie botanique ; par H. LECOQ et J. JUILLET. Paris, 1831. 1 vol. in-8. 9 fr.

LEFÈVRE. Recherches sur les causes de la colique sèche observée sur les navires de guerre français, particulièrement dans les régions équatoriales et sur les moyens d'en prévenir le développement, par M. A. LEFÈVRE, directeur du service de santé de la marine au port de Brest. Paris, 1859, in-8 de 312 pages. 4 fr. 50

LE GENDRE. Anatomie chirurgicale homalographique, ou Description et figures des principales régions du corps humain représentées de grandeur naturelle et d'après des sections plans faites sur des cadavres congelés, par le docteur E.-Q. LE GENDRE, prosecteur de l'amphithéâtre des hôpitaux, lauréat de l'Institut de France. Paris, 1858, 1 vol. in-fol. de 25 planches dessinées et lithographiées par l'auteur, avec un texte descriptif et raisonné. 20 fr.

LE GENDRE. De la chute de l'utérus. Paris, 1860, in-8, avec 8 planches dessinées d'après nature. 3 fr. 50

LÉLUT. L'Amulette de Pascal, pour servir à l'histoire des hallucinations, par le docteur F. LÉLUT, membre de l'Institut. Paris, 1846, in-8. 6 fr.

Cet ouvrage fixera tout à la fois l'attention des médecins et des philosophes ; l'auteur suit Pascal dans toutes les phases de sa vie, la précocité de son génie, sa première maladie, sa nature nerveuse et mélancolique, ses croyances aux miracles et à la diablerie, l'histoire de l'accident du pont de Neuilly, et les hallucinations qui en sont la suite. Pascal compose les *Provinciales*, les *Pensées* ; ses relations dans le monde, sa dernière maladie, sa mort et son autopsie. M. Lélut a rattaché à l'*Amulette de Pascal* l'histoire des hallucinations de plusieurs hommes célèbres, telles que la vision de l'abbé de Brienne, le globe de feu de Benvenuto Cellini, l'abîme imaginaire de l'abbé J.-J. Boileau, etc.

LÉLUT. Du démon de Socrate, spécimen d'une application de la science psychologique à celle de l'histoire, par le docteur L.-F. LÉLUT, membre de l'Institut, médecin de l'hospice de la Salpêtrière. *Nouvelle édition* revue, corrigée et augmentée d'une préface. Paris, 1856, in-18 de 348 pages. 3 fr. 50

LÉLUT. Qu'est-ce que la phrénologie ? ou Essai sur la signification et la valeur des Systèmes de psychologie en général, et de celui de GALL en particulier, par F. LÉLUT, médecin de l'hospice de la Salpêtrière. Paris, 1836, in-8. 7 fr.

LÉLUT. De l'organe phrénologique de la destruction chez les animaux, ou Examen de cette question : Les animaux carnassiers ou féroces ont-ils, à l'endroit des tempes, le cerveau et par suite le crâne plus large proportionnellement à sa longueur que ne l'ont les animaux d'une nature opposée ? par F. LÉLUT. Paris, 1838, in-8, fig. 2 fr. 50

LEMOINE. Du sommeil, au point de vue physiologique et psychologique, par ALBERT LEMOINE, professeur de philosophie au lycée Bonaparte. *Ouvrage couronné par l'Institut de France (Académie des sciences morales et politiques).* Paris, 1855, in-12 de 410 pages. 3 fr. 50

LEREBOULLET. Mémoire sur la structure intime du foie et sur la nature de l'altération connue sous le nom de *foie gras*. Paris, 1853, in-4, avec 4 planches coloriées.   7 fr.

LEROY. Exposé des divers procédés employés jusqu'à ce jour pour guérir de la pierre sans avoir recours à l'opération de la taille ; par J. LEROY (d'Étiolles), docteur en chirurgie de la Faculté de Paris. Paris, 1825, in-8 avec 5 planches. 4 fr.

LEROY. Histoire de la lithotritie, précédée de réflexions sur la dissolution des calculs urinaires, par J. LEROY (d'Étiolles). Paris, 1839, in-8, fig.   3 fr. 50

LEROY. Médecine maternelle, ou l'Art d'élever et de conserver les enfants, par Alphonse LEROY, professeur de la Faculté de médecine de Paris. Seconde édition. Paris, 1830, in-8.   6 fr.

LESSON. Species des mammifères bimanes et quadrumanes, suivi d'un Mémoire sur les Oryctéropes. Paris, 1840, in-8.   3 fr.

LESSON. Nouveau tableau du règne animal. Mammifères. Paris, 1842, in-8.   3 fr.

LEURET et GRATIOLET. Anatomie comparée du système nerveux considéré dans ses rapports avec l'intelligence, par FR. LEURET, médecin de l'hospice de Bicêtre, et P. GRATIOLET, aide naturaliste au Muséum d'histoire naturelle, Paris, 1839-1857. OUVRAGE COMPLET. 2 vol. in-8 et atlas de 32 planches in-fol., dessinées d'après nature et gravées avec le plus grand soin. Figures noires.   48 fr.
Le même, figures coloriées.   96 fr.

Tome I, par LEURET. comprend la description de l'encéphale et de la moelle rachidienne, le volume, le poids, la structure de ces organes chez les animaux vertébrés, l'histoire du système ganglionnaire des animaux articulés et des mollusques, et l'exposé de la relation qui existe entre la perfection progressive de ces centres nerveux et l'état des facultés instinctives, intellectuelles et morales.

Tome II, par GRATIOLET, comprend l'anatomie du cerveau de l'homme et des singes, des recherches nouvelles sur le développement du crâne et du cerveau, et une analyse comparée des fonctions de l'intelligence humaine.

— Séparément le tome II. Paris, 1857, in-8 de 692 pages, avec atlas de 16 planches dessinées d'après nature, gravées. Figures noires.   24 fr.

Figures coloriées.   48 fr.

LEURET. Du traitement moral de la folie, par F. LEURET, médecin en chef de l'hospice de Bicêtre. Paris, 1840, in-8.   6 fr.

LÉVY. Traité d'hygiène publique et privée, par le docteur Michel LÉVY, directeur de l'Ecole impériale de médecine militaire de perfectionnement du Val-de-Grâce, membre de l'Académie impériale de médecine. *Quatrième édition,* revue et augmentée. Paris, 1862. 2 vol. in-8. Ensemble, 1500 pages.   17 fr.

L'ouvrage de M. Lévy est non-seulement l'expression la plus complète, la plus avancée de la science hygiénique, mais encore un livre marqué au coin de l'observation, comprenant le plus grand nombre de faits positifs sur les moyens de conserver la santé et de prolonger la vie, rempli d'idées et d'aperçus judicieux, écrit avec cette verve et cette élégante pureté de style qui depuis longtemps ont placé l'auteur parmi les écrivains les plus distingués de la médecine actuelle. Cet ouvrage est en rapport avec les progrès accomplis dans les autres branches de la médecine. La *Quatrième édition* a reçu de nombreuses additions.

LÉVY. Rapport sur le traitement de la gale, adressé au ministre de la guerre par le Conseil de santé des armées, M. LÉVY, *rapporteur.* Paris, 1852, in-8.   1 fr. 25

LIEBIG. Manuel pour l'analyse des substances organiques, par G. LIEBIG, professeur de chimie à l'Université de Munich ; traduit de l'allemand par A.-J.-L. JOURDAN, suivi de l'Examen critique des procédés et des résultats de l'analyse élémentaire des corps organisés, par F.-V. RASPAIL. Paris, 1838, in-8, figures.   3 fr. 50

Cet ouvrage, déjà si important pour les laboratoires de chimie, et que recommande à un si haut degré la haute réputation d'exactitude de l'auteur, acquiert un nouveau degré d'intérêt par les additions de M. Raspail.

LIND. Essais sur les maladies des Européens dans les pays chauds, et les moyens d'en prévenir les suites. Traduit de l'anglais par THION DE LA CHAUME. Paris, 1785. 2 vol. in-12.   6 fr.

LOISELEUR-DESLONCHAMPS. Flora gallica, seu Enumeratio plantarum in Gallia sponte nascentium, secundum Linnæanum systema digestarum, addita familiarum naturalium synopsi ; auctore J.-L.-A. LOISELEUR-DESLONCHAMPS. Editio secunda, aucta et emendata, cum tabulis 31. Paris, 1828. 2 vol. in-8.   10 fr.

LONDE. Nouveaux éléments d'hygiène, par le docteur Charles LONDE, membre de l'Académie impériale de médecine. *Troisième édition.* Paris, 1847. 2 vol. in-8. 14 fr.

Cette troisième édition diffère beaucoup de celles qui l'ont précédée. On y trouvera des changements considérables sous le rapport des doctrines et sous celui des faits, beaucoup d'additions, notamment dans la partie consacrée aux préceptes d'hygiène applicables aux facultés intellectuelles et morales, à celles de l'appareil locomoteur, des organes digestifs et des principes alimentaires, à l'hygiène de l'appareil respiratoire, etc.

LORAIN. De l'albuminurie, par Paul LORAIN, professeur agrégé de la Faculté de médecine, médecin des hôpitaux, membre de la Société de biologie. Paris, 1860, in-8.   2 fr. 50

LOUIS. Recherches anatomiques, pathologiques et thérapeutiques sur les maladies connues sous les noms de FIÈVRE TYPHOÏDE, Putride, Adynamique, Ataxique, Bilieuse, Muqueuse, Entérite folliculeuse, Gastro-Entérite, Dothiénentérite, etc., considérée dans ses rapports avec les autres affections aiguës ; par P.-Ch. LOUIS, membre de l'Académie impériale de médecine. *Deuxième édition augmentée.* Paris, 1841. 2 vol. in-8.   13 fr.

LOUIS. Examen de l'examen de M. Broussais, relativement à la phthisie et aux affections typhoïdes ; par P.-Ch. LOUIS. Paris, 1834, in-8.   3 fr. 50

LOUIS. Recherches sur les effets de la saignée dans quelques maladies inflammatoires, et sur l'action de l'émétique et des vésicatoires dans la pneumonie ; par P.-CH. LOUIS. Paris, 1836, in-8.   2 fr. 50

LOUIS. Recherches anatomiques, pathologiques et thérapeutiques sur la phthisie, par P.-CH. LOUIS. 2° édit. considérablement augmentée. Paris, 1843, in-8.   8 fr.

LOUIS. Éloges lus dans les séances publiques de l'Académie royale de chirurgie de 1750 à 1792, par A. Louis, recueillis et publiés pour la première fois, au nom de l'Académie impériale de médecine, et d'après les manuscrits originaux, avec une introduction, des notes et des éclaircissements, par FRÉD. DUBOIS (d'Amiens), secrétaire perpétuel de l'Académie impériale de médecine. Paris, 1859, 1 vol. in-8 de 548 pages.   7 fr. 50

Cet ouvrage contient : Introduction historique par M. Dubois, 76 pages; Éloges de J.-L. Petit, Bassuel, Malaval, Verdier, Rœderer, Molinelli, Bertrandi, Faubert, Lecat, Ledran, Pibrac, Benomont, Morand, Van Swieten, Quesnay, Haller, Flurent, Willius, Lamartinière, Houstet, de la Faye, Bordenave, David, Faure, Caqué, Fagner, Camper, Hevin, Pipelet, et l'éloge de Louis, par Sue. Embrassant tout un demi-siècle et renfermant outre les détails historiques et biographiques, des appréciations et des jugements sur les faits, cette collection forme une véritable histoire de la chirurgie française au XVIIIe siècle.

LUCAS. Traité physiologique et philosophique de l'hérédité naturelle dans les états de santé et de maladie du système nerveux, avec l'application méthodique des lois de la procréation au traitement général des affections dont elle est le principe. — Ouvrage où la question est considérée dans ses rapports avec les lois primordiales, les théories de la génération, les causes déterminantes de la sexualité, les modifications acquises de la nature originelle des êtres et les diverses formes de névropathie et d'aliénation mentale, par le docteur Pr. LUCAS. Paris, 1847-1850. 2 forts volumes in-8.   16 fr.

Le tome II et dernier. Paris, 1850, in-8 de 936 pages.   8 fr. 50

LUDOVIC HIRSCHFELD ET LÉVEILLÉ. Névrologie ou Description et Iconographie du système nerveux et des Organes des sens de l'homme, avec leurs modes de préparations, par M. le docteur Ludovic HIRSCHFELD, professeur d'anatomie à l'École pratique de la Faculté de Paris, et M. J.-B. LÉVEILLÉ, dessinateur. Paris, 1853. *Ouvrage complet,* 1 beau vol. in-4, composé de 400 pages de texte et de 92 planches in-4, dessinées d'après nature et lithographiées par M. Léveillé. (Il a été publié en 10 livraisons, chacune de 9 planches.) — Prix de l'ouvrage complet, figures noires.   30 fr.
Le même, figures coloriées.   100 fr.

Demi-reliure, dos de maroquin non rogné, tranche supérieure dorée.   6 fr.
Démi-reliure, dos de maroquin non rogné, en 2 vol. En plus.   12 fr.

Les médecins et les étudiants trouveront, dans cet ouvrage, les moyens de se former aux dissections difficiles par l'exposition du meilleur mode de préparation. Il sera pour eux un guide qui leur économisera un temps précieux perdu presque toujours en tâtonnements ; ils auront dans les figures des modèles assez détaillés pour les diverses parties qu'ils désireront reproduire sur la nature humaine ; enfin il leur aplanira bien des obstacles dans l'étude si difficile et si importante du système nerveux.

LYONET. Recherches sur l'anatomie et les métamorphoses de différentes espèces d'insectes; par L.-L. LYONET, publiées par W. de HAAN, Paris, 1832. 2 vol. in-4, accompagnés de 54 planches gravées.   25 fr.

MAGENDIE. Phénomènes physiques de la vie, Leçons professées au Collège de France, par M. MAGENDIE, membre de l'Institut. Paris, 1842. 4 vol. in-8.   10 fr.

MAILLOT. Traité des fièvres ou irritations cérébro-spinales intermittentes, d'après des observations recueillies en France, en Corse et en Afrique; par F.-C. MAILLOT, membre du Conseil de santé des armées, ancien médecin en chef de l'hôpital de Bône. Paris, 1836, in-8.   6 fr. 50

MALGAIGNE. Traité des fractures et des luxations, par J.-F. MALGAIGNE, professeur à la Faculté de médecine de Paris, chirurgien de l'hôpital de la Charité, membre de l'Académie impériale de médecine. Paris, 1847-1855. 2 beaux vol. in-8, et atlas de 30 planches in-folio.   33 fr.

Le tome II, *Traité des luxations*, Paris, 1855, in-8 de 1100 pages avec atlas de 14 planches in-folio et le texte explicatif des planches des 2 volumes.   16 fr. 50

Au milieu de tant de travaux éminents sur plusieurs points de la chirurgie, il y avait lieu de s'étonner que les fractures et les luxations n'eussent pas fixé l'attention des chirurgiens; il y avait pourtant urgence de sortir du cadre étroit des traités généraux: tel est le but du nouvel ouvrage de M. Malgaigne, et son livre présente ce caractère, qu'au point de vue historique il a cherché à présenter l'ensemble de toutes les doctrines, de toutes les idées, depuis l'origine de l'art jusqu'à nos jours, en recourant autant qu'il l'a pu aux sources originales. Au point de vue dogmatique, il n'a rien affirmé qui ne fût appuyé par des faits, soit de sa propre expérience, soit de l'expérience des autres. Là où l'observation clinique faisait défaut, il a cherché à y suppléer par des expériences, soit sur le cadavre de l'homme, soit sur les animaux vivants; mais par-dessus tout il a tenu à jeter sur une foule de questions controversées le jour décisif de l'anatomie pathologique, et c'est là l'objet de son bel atlas.

MALGAIGNE. Traité d'anatomie chirurgicale et de chirurgie expérimentale, par J.-F. MALGAIGNE, professeur de médecine opératoire à la Faculté de médecine de Paris, chirurgien de l'hôpital de la Charité, membre de l'Académie de médecine. *Deuxième édition revue et considérablement augmentée*. Paris, 1859, 2 forts vol. in-8.   18 fr.

MALLE. Clinique chirurgicale de l'hôpital militaire d'instruction de Strasbourg, par le docteur P. MALLE, professeur de cet hôpital. Paris, 1838. 1 vol. in-8 de 700 pages. 6 fr.

MANDL. Anatomie microscopique, par le docteur L. MANDL, professeur de microscopie. Paris, 1838-1857, *ouvrage complet*. 2 vol. in-folio, avec 92 planches. 276 fr.

Le tome Ier, l'HISTOLOGIE, est divisé en deux séries: *Tissus et organes*. -- *Liquides organiques*. Est complet en XXVI livraisons, accompagnées de 52 planches lithographiées. Prix de chaque livraison, composée chacune de 5 feuilles de texte et 2 planches lithographiées.   6 fr.

Le tome IIe, comprenant l'HISTOGÉNÈSE ou Recherches sur le Développement, l'accroissement et la reproduction des éléments microscopiques, des tissus et des liquides organiques dans l'œuf, l'embryon et les animaux adultes. *Complet* en XX livraisons, accompagnées de 40 planches. Prix de chaque livraison.   6 fr.

MANDL et EHRENBERG. Traité pratique du microscope et de son emploi dans l'étude des corps organisés, par le docteur L. MANDL, suivi de **Recherches sur l'organisation des animaux infusoires** par C.-G. EHRENBERG, professeur à l'Université de Berlin. Paris, 1839, in-8, avec 14 planches.   8 fr.

MANEC. Anatomie analytique, Tableau représentant l'axe cérébro-spinal chez l'homme, avec l'origine et les premières divisions des nerfs qui en partent, par M. MANEC, chirurgien des hôpitaux de Paris. Une feuille très grand in-folio.   2 fr.

MARC. De la folie considérée dans ses rapports avec les questions médico-judiciaires, par C.-C.-H. MARC, médecin assermenté près les tribunaux. Paris, 1840. 2 vol. in-8.   15 fr.

MARCÉ. Traité de la folie des femmes enceintes, des nouvelles accouchées et des nourrices, et considérations médico-légales qui se rattachent à ce sujet, par le docteur L.-V. MARCÉ, professeur agrégé de la Faculté de médecine de Paris. Paris, 1858, 1 vol. in-8 de 400 pages.   6 fr.

MARCÉ. Des altérations de la sensibilité, par le docteur L.-V. MARCÉ, professeur agrégé de la Faculté de médecine de Paris, etc. Paris, 1860, in-8.   2 fr. 50

MARROIN. Histoire médicale de la flotte française de la mer Noire pendant la guerre de Crimée, par le docteur A. MARROIN, médecin en chef de cette flotte, médecin en chef de la marine. Paris, 1861, in-8 de 220 pages.   3 fr. 50

MARTIN-SAINT-ANGE. Étude de l'appareil reproducteur dans les cinq classes d'animaux vertébrés, aux points de vue anatomique, physiologique et zoologique, mémoire couronné par l'Institut (Académie des sciences). Paris, 1854, grand in-4 de 234 pages, plus 17 planches gravées dont une coloriée.   25 fr.

MARTIN-SAINT-ANGE. Mémoires sur l'organisation des Cirrhipèdes et sur leurs rapports naturels avec les animaux articulés, Paris, 1835, in-8, avec planches. 2 fr. 50

MASSE. Traité pratique d'anatomie descriptive, suivant l'ordre de l'Atlas d'anatomie, par le docteur J.-N. MASSE, professeur d'anatomie. Paris, 1858, 1 vol. in-12 de 700 pages, cartonné à l'anglaise.   7 fr.
L'accueil fait au *Petit atlas d'anatomie descriptive*, tant en France que dans les diverses Écoles de médecine de l'Europe, a prouvé à l'auteur que son livre répondait à un besoin, et cependant ces planches ne sont accompagnées que d'un texte explicatif insuffisant pour l'étude. C'est pourquoi M. Masse, cédant aux demandes qui lui en ont été faites, publie le *Traité pratique d'anatomie descriptive*, suivant l'ordre des planches de l'atlas. C'est un complément indispensable qui servira dans l'amphithéâtre et dans le cabinet à l'interprétation des figures.

MATHIEU (E.). Études cliniques sur les maladies des femmes appliquées aux affections nerveuses et utérines, et précédées d'essais philosophiques et anthropologiques sur la physiologie et la pathologie. Paris, 1850. 1 vol. in-8 de 834 pages.   8 fr.

MATHYSEN (A.). Traité du bandage plâtré. Paris, 1859, in-8 avec figures intercalées dans le texte.   1 fr. 25

MAYER. Des rapports conjugaux, considérés sous le triple point de vue de la population, de la santé et de la morale publique, par le docteur ALEX. MAYER, médecin de l'inspection générale de salubrité et de l'hospice impérial des Quinze-Vingts. *Quatrième édition* entièrement refondue. Paris, 1860, in-18 jésus de 422 pages. 3 fr.

MÉMOIRES DE L'ACADÉMIE IMPÉRIALE DE MÉDECINE. Tome I, Paris, 1828. — Tome II, 1832. — Tome III, 1833. — Tome IV, 1835. — Tome V, 1836. — Tome VI, 1837. — Tome VII, 1838. — Tome VIII, 1840. — Tome IX, 1841. — Tome X, 1843. — Tome XI, 1845. — Tome XII, 1846. — Tome XIII, 1848. — Tome XIV, 1849. — Tome XV, 1850. — Tome XVI, 1852. — Tome XVII, 1853. — Tome XVIII, 1854. — Tome XIX, 1855. — Tome XX, 1856. — Tome XXI, 1857. — Tome XXII, 1858. — Tome XXIII, 1859. — Tome XXIV, 1860. — Tome XXV, 1861. — 25 forts volumes in-4, avec planches. Prix de la collection complète des 25 *volumes pris ensemble*, au lieu de 500 fr. réduit à :   300 fr.
          Le prix de chaque volume pris séparément est de :   20 fr.
Cette nouvelle Collection peut être considérée comme la suite et le complément des *Mémoires de la Société royale de médecine et de l'Académie royale de chirurgie*. Ces deux sociétés célèbres sont représentées dans la nouvelle Académie par ce que la science a de médecins et de chirurgiens distingués, soit à Paris, dans les départements ou à l'étranger. Par cette publication, l'Académie a répondu à l'attente de tous les médecins jaloux de suivre les progrès de la science.
          Le Ier volume se compose des articles suivants : Ordonnances et règlements de l'Académie, mémoire de MM. Pariset, Double, Itard, Esquirol, Villermé, Léveillé, Larrey, Dupuytren, Dugès, Vauquelin, Laugier, Virey, Chomel, Orfila, Boullay, Lemaire.
          Le tome II contient des mémoires de MM. Pariset, Breschet, Lisfranc, Ricord, Itard, Husson, Duval, Duchesne, P. Dubois, Dubois (d'Amiens), Melier, Hervez de Chégoin, Priou, Toulmouche.
          Le tome III contient des mémoires de MM. Breschet, Pariset, Marc, Velpeau, Planche, Pravaz, Chevallier, Lisfranc, Bonnstre, Cullerier, Soubeiran, Paul Dubois, Reveillé-Parise, Roux, Chomel, Dugès, Dizé, Henry, Villeneuve, Dupuy, Fodéré, Ollivier, André, Goyrand, Sanson, Fleury.
          Le tome IV contient des mémoires de MM. Pariset, Bourgeois, Hamont, Girard, Mirault, Lauth,

Reynaud, Salmade, Roux, Lepelletier, Pravaz, Ségalas, Civiale, Bouley, Bourdois, Delamotte, Ravin, Silvy, Larrey, P. Dubois, Kæmpfen, Blanchard.

Le tome V contient des mémoires de MM. Pariset, Gérardin, Goyrand, Pinel, Kérandren, Macartney, Amussat, Stoltz, Martin-Solon, Malgaigne, Henry, Boutron-Charlard, Leroy (d'Etiolles), Breschet, Itard, Dubois (d'Amiens), Bousquet, etc.

Le tome VI contient : Rapport sur les épidémies qui ont régné en France de 1830 à 1836, par M. Piorry; Mémoire sur la phthisie laryngée, par MM. Trousseau et Belloc; Influence de l'anatomie pathologique sur les progrès de la médecine, par Risueno d'Amador; Mémoire sur le même sujet, par C. Saucerotte; Recherches sur le sagou, par M. Planche; De la morve et du farcin chez l'homme, par M. P. Rayer.

Le tome VII contient : Éloges de Scarpa et Desgenettes, par M. Pariset; des mémoires par MM. Husson, Mérat, Piorry, Gaultier de Claubry, Moutault, Bouvier, Malgaigne, Dupuy, Duval, Goutier Saint-Martin, Leuret, Mirault, Malle, Froriep, etc.

Le tome VIII contient : Éloge de Laennec, par M. Pariset; Éloge de Itard, par M. Bousquet; des mémoires de MM. Prus, Thortenson, Souberbielle, Cornuel, Baillarger, J. Pelletan, J. Sédillot, Lecanu, Jobert.

Le tome IX contient : Éloge de Tessier, par M. Pariset; des mémoires de MM. Bricheteau, Bégin, Orfila, Jobert, A. Colson, Deguise, Guetani-Bey, Brierre de Boismont, Cerise, Raciborski, Leuret, Foville, Aubert-Gaillard.

Le tome X contient : Éloges de Huzard, Marc et Lodibert, par M. Pariset; des mémoires par MM. Arnol et Martin, Robert, Bégin, Poitroux, Royer-Collard, Mélier, A. Devergie, Rufz, Foville, Parrot, Rollet, Gibert, Michéa, R. Prus, etc.

Le tome XI contient : Éloge de M. Double, par M. Bousquet; Éloges de Bourdois de la Motte et Esquirol, par M. Pariset; mémoires de MM. Dubois (d'Amiens), Ségalas, Prus, Valleix, Gintrac, Ch. Baron, Brierre de Boismont, Payau, Delafond. H. Larrey.

Le tome XII contient : Éloge de Larrey, par M. Pariset; Éloge de Chervin, par M. Dubois (d'Amiens); mémoires par MM. de Castelneau et Ducrest, Bally, Michéa, Baillarger, Jobert (de Lamballe), Kérandren, H. Larrey, Jolly, Mélier, etc.

Le tome XIII contient : les Éloges de Jenner, par M. Bousquet; de Pariset, par M. Fr. Dubois (d'Amiens); des mémoires de MM. Malgaigne, Fauconneau-Dufresne, A. Robert, J. Roux, Fleury, Brierre de Boismont, Trousseau, Mélier, Baillarger.

Le tome XIV contient l'Éloge de Broussais, par Fr. Dubois; des mémoires de MM. Gaultier de Claubry, Bally, Royer-Collard, Murville, Joret, Arnal, Huguier, Lebert, etc.

Le tome XV (1850) contient l'Éloge d'Antoine Dubois, par Fr. Dubois; des mémoires de MM. Gaultier de Claubry, Patissier, Guisard, Second, Piedvache, Sée, Huguier.

Le tome XVI (1852) contient des mémoires de MM. Dubois (d'Amiens), Gibert, Gaultier de Claubry, Bouchardat, Henot, H. Larrey, Gosselin, Hutin, Broca.

Le tome XVII (1853) contient des mémoires de MM. Dubois (d'Amiens), Michel Lévy et Gaultier de Claubry, J. Guérin, A. Richet, Bouvier, Lereboullet, Depaul, etc.

Le tome XVIII (1854) contient des mémoires de MM. Dubois, Gibert, Cap, Gaultier de Claubry, J. Moreau, Aug. Millet, Patissier, Collineau, Bousquet.

Le tome XIX (1855) contient des mémoires de MM. Dubois, Gibert, Gaultier de Claubry, Notta, Peixoto, Aubergier, Carrière, E. Marchand, Delioux, Bach, Hutin et Bluche.

Le tome XX (1856) contient des mémoires de MM. Fr. Dubois, Depaul, Guérard, Barth, Imbert-Gourbeyre, Rochard, Chapel, Dutroulau, Pinel, Puel, etc.

Le tome XXI (1857) contient : des mémoires, par F. Dubois, A. Guérard, Barth, Bayle, P. Silbert, d'Aix, Michel, Polerin du Motel, Hecquet.

Le tome XXII (1858) contient : Mémoires, par MM. Dubois, A. Trousseau, A. Guérard, Max Simon, Mordret, Dutroulau, Reynal, Gubler, Blondlot, Borie, Zurkowski.

Le tome XXIII (1859) contient : Mémoires par MM. Fr. Dubois, A. Trousseau, Guérard, Laugier, A. Devergie, Bauchet, Gaillard, J. Rochard, Sappey, Huguier (avec 15 planches).

Le tome XXIV (1860) contient : Mémoires par Fr. Dubois, A. Trousseau, A. Guérard, Marcé, H. Roger, Duchaussoy, Ch. Robin, Moutard-Martin, Depaul, Jules Roux, avec 6 pl.

Le tome XXV (1861) contient : Éloge d'A. Richard, par F. Dubois. — Rapport sur les épidémies qui ont régné en France pendant l'année 1859, par M. Jolly. — Rapport sur le service médical des eaux minérales de la France pendant l'année 1858, par A. Tardieu. — Des Paralysies puerpérales, par Imbert-Gourbeyre (79 p.). — Modifications de la muqueuse utérine pendant et après la grossesse, par Ch. Robin (108 p.). — Du Diagnostic et du traitement de la mélancolie, par Semaleigne (109 p.) — Morve farcineuse chronique terminée par la guérison, par Hipp. Bourdon (22 p.).

MENVILLE. **Histoire philosophique et médicale de la femme** considérée dans toutes les époques principales de la vie, avec ses diverses fonctions, avec les changements qui surviennent dans son physique et son moral, avec l'hygiène applicable à son sexe et toutes les maladies qui peuvent l'atteindre aux différents âges. *Seconde édition*, revue, corrigée et augmentée. Paris, 1858, 3 vol. in-8 de 600 pages.   10 fr.

MÉRAT. **Du Tænia**, ou Ver solitaire, et de sa cure radicale par l'écorce de racine de grenadier, précédé de la description du Tænia et du Bothriocéphale; avec l'indication des anciens traitements employés contre ces vers, par F.-V. MÉRAT, membre de l'Académie de médecine. Paris, 1832, in-8.   3 fr.

MÉRAT et DELENS. *Voyez* **Dictionnaire de matière médicale, p. 15.**

MILCENT. De la scrofule, de ses formes, des affections diverses qui la caractérisent, de ses causes, de sa nature et de son traitement, par le docteur A. MILCENT, ancien interne des hôpitaux civils. Paris, 1846, in-8.   6 fr.

MILLON. Éléments de chimie organique, comprenant les applications de cette science à la physiologie animale, par le docteur E. MILLON, professeur de chimie à l'hôpital militaire du Val-de-Grâce. Paris, 1845-1848, 2 volumes in-8.   6 fr.

MILLON. Recherches chimiques sur le mercure et sur les constitutions salines. Paris, 1846, in-8.   2 fr. 50

MILLON et REISET. *Voyez* **Annuaire de chimie,** p. 3.

MONFALCON et POLINIÈRE. Traité de la salubrité dans les grandes villes, par MM. les docteurs J.-B. MONFALCON et DE POLINIÈRE, médecins des hôpitaux, membres du conseil de salubrité du Rhône. Paris, 1846, in-8 de 560 pages.   7 fr. 50
Cet ouvrage, qui embrasse toutes les questions qui se rattachent à la santé publique, est destiné aux médecins, aux membres des conseils de salubrité, aux préfets, aux maires, aux membres des conseils généraux, etc.

MONFALCON et TERME. Histoire des enfants trouvés, par MM. TERME, président de l'administration des hôpitaux de Lyon, etc., et J.-B. MONFALCON, membre du conseil de salubrité, etc. Paris, 1840. 1 vol. in-8.   7 fr. 50

MONTAGNE. Sylloge generum specierumque cryptogamarum quas in variis operibus descriptas iconibusque illustratas, nunc ad diagnosim reductas, nonnullasque novas interjectas, ordine systematico disposuit J.-F.-C. MONTAGNE, Academiæ scientiarum Instituti imperialis Gallici. Parisiis, 1856, in-8 de 500 pages.   12 fr.

MOQUIN-TANDON. Histoire naturelle des Mollusques terrestres et fluviatiles de France, contenant des études générales sur leur anatomie et leur physiologie, et la description particulière des genres, des espèces, des variétés, par MOQUIN-TANDON, professeur d'histoire naturelle médicale à la Faculté de médecine de Paris, membre de l'Institut. *Ouvrage complet.* Paris, 1855. 2 vol. grand in-8 de 450 pages, accompagnés d'un atlas de 54 planches dessinées d'après nature et gravées. L'ouvrage complet, avec figures noires.   42 fr.

    L'ouvrage complet, avec figures coloriées.   66 fr.

    Cartonnage de 3 vol. grand in-8.   4 fr. 50
Le tome 1er comprend les études sur l'anatomie et la physiologie des mollusques. — Le tome II comprend la description particulière des genres, des espèces et des variétés.
M. Moquin-Tandon a joint à son ouvrage un livre spécial sur les *anomalies* qui affectent les Mollusques, un autre sur l'*utilité* de ces animaux, et un troisième sur leur *recherche,* leur *choix,* leur *préparation* et leur *conservation,* enfin une *Bibliographie malacologique,* ou Catalogue de 1250 ouvrages sur les Mollusques terrestres et fluviatiles européens et exotiques. C'est, sans contredit, le recensement le plus étendu que l'on possède.
L'ouvrage de M. Moquin-Tandon est utile non-seulement aux savants, aux professeurs, mais encore aux collecteurs de coquilles, aux simples amateurs.

MOQUIN-TANDON. Monographie de la famille des Hirudinées, *Deuxième édition,* considérablement augmentée. Paris, 1846, in-8 de 450 pages, avec atlas de 14 planches gravées et coloriées.   15 fr.
Cet ouvrage intéresse tout à la fois les médecins, les pharmaciens et les naturalistes. Il est ainsi divisé : *Histoire,* anatomie et physiologie des Hirudinées. — *Description des organes et des fonctions,* systèmes cutané, locomoteur, sensitif, digestif, sécrétoire, circulatoire, respiratoire, système reproducteur, symétrie des organes, durée de la vie et accroissement, habitations, stations. — *Emploi des sangsues en médecine.* Pêche, conservation, multiplication, maladies des sangsues. Transport et commerce des sangsues. Application et réapplication des sangsues. — *Description de la famille,* des genres et des espèces d'hirudinées, hirudinées albioniennes, bdelliennes, siphoniennes, planériennes.

MOQUIN-TANDON. Éléments de botanique médicale, contenant la description détaillée des végétaux utiles à la médecine et des espèces nuisibles à l'homme, vénéneuses ou parasites, précédés de considérations générales sur l'organisation et la classification des végétaux, par MOQUIN-TANDON, professeur d'histoire naturelle médicale à la Faculté de médecine de Paris, membre de l'Institut. Paris, 1861, 1 vol. in-18 jésus, avec 128 figures intercalées dans le texte.   6 fr.

MOQUIN-TANDON. Éléments de zoologie médicale, comprenant la description détaillée des animaux utiles en médecine et des espèces nuisibles à l'homme, particulièrement des venimeuses et des parasites, précédés de considérations générales sur l'organisation et la classification des animaux et d'un résumé sur l'histoire naturelle de l'homme, etc. Paris, 1860, 1 v. in-18 avec 122 fig. intercalées dans le texte. 5 fr.

MOQUIN-TANDON. Éléments de tératologie végétale, ou Histoire des Anomalies de l'organisation dans les végétaux. Paris, 1841, in-8.   6 fr. 50

MOREJON. Étude médico-psychologique sur l'histoire de don Quichotte, traduite et annotée par J.-M. GUARDIA. Paris, 1858, in-8. 1 fr.

MOREL. Traité des dégénérescences physiques, intellectuelles et morales de l'espèce humaine et des causes qui produisent ces variétés maladives, par le docteur B.-A. MOREL, médecin en chef de l'Asile des aliénés de Saint-Yon (Seine-Inférieure), ancien médecin en chef de l'Asile de Maréville (Meurthe), lauréat de l'Institut (Académie des sciences). Paris, 1857, 1 vol. in-8 de 700 pages avec un atlas de XII planches lithographiées in-4. 12 fr.

MOREL. Précis d'histologie humaine, par C. MOREL, professeur agrégé à la Faculté de médecine de Strasbourg. Paris, 1860. 1 vol. in-8 de 136 pages, avec un atlas de 28 planches lithographiées d'après nature par le docteur A. VILLEMIN. 10 fr.

MULDER. De la bière, sa composition chimique, sa fabrication, son emploi comme boisson, etc., par G.-J. MULDER, professeur à l'université d'Utrecht, traduit du hollandais avec le concours de l'auteur, par M. A. DELONDRE. Paris, 1861, in-18 jésus de VIII-444 pages.

MULLER. Manuel de physiologie, par J. MULLER, professeur d'anatomie et de physiologie de l'Université de Berlin, etc.; traduit de l'allemand sur la dernière édition, avec des additions, par A.-J.-L. JOURDAN, membre de l'Académie impériale de médecine. *Deuxième édition revue et annotée* par E. LITTRÉ, membre de l'Institut, de l'Académie de médecine, de la Société de biologie, etc. Paris, 1851. 2 beaux vol. grand in-8, de chacun 800 pages, avec 320 figures intercalées dans le texte. 20 fr.

Les additions importantes faites à cette édition par M. Littré, et dans lesquelles il expose et analyse les derniers travaux publiés en physiologie, feront rechercher particulièrement cette *deuxième édition*, qui devient le *seul livre de physiologie complet* représentant bien l'état actuel de la science.

MULLER. Physiologie du système nerveux, ou recherches et expériences sur les diverses classes d'appareils nerveux, les mouvements, la voix, la parole, les sens et et les facultés intellectuelles, par J. MULLER, traduit de l'allemand par A.-J.-L. JOURDAN. Paris, 1840, 2 vol. in-8 avec fig. intercalées dans le texte et 4 pl. 12 fr.

MUNDE. Hydrothérapeutique, ou l'Art de prévenir et de guérir les maladies du corps humain sans le secours des médicaments, par le régime, l'eau, la sueur, l'air, l'exercice et un genre de vie rationnel; par le Dr Ch. MUNDE. Paris, 1842. 1 vol. gr. in-18. 4 fr. 50

MURE. Doctrine de l'école de Rio-Janeiro et Pathogénésie brésilienne, contenant une exposition méthodique de l'homœopathie, la loi fondamentale du dynamisme vital, la théorie des doses et des maladies chroniques, les machines pharmaceutiques, l'algèbre symptomatologique, etc. Paris, 1849, in-12 de 400 pages avec fig. 7 fr. 50

NAEGELE. Des principaux vices de conformation du bassin, et spécialement du rétrécissement oblique, par F.-Ch. NAEGELE, professeur d'accouchements à l'Université de Heidelberg; traduit de l'allemand, avec des additions nombreuses par A.-C. DANYAU, professeur et chirurgien de l'hospice de la Maternité. Paris, 1840. 1 vol. grand in-8, avec 16 planches. 8 fr.

NYSTEN. Dictionnaire de médecine, de chirurgie, de pharmacie, des Sciences accessoires et de l'Art vétérinaire, de P.-H. NYSTEN; *onzième édition*, entièrement refondue par E. LITTRÉ, membre de l'Institut de France, et Ch. ROBIN, professeur agrégé à la Faculté de médecine de Paris; ouvrage augmenté de la synonymie *grecque, latine, anglaise, allemande, espagnole* et *italienne*, suivie d'un Glossaire de ces diverses langues; illustré de plus de 500 figures intercalées dans le texte. Paris, 1858. 1 beau volume grand in-8 de 1672 pages à deux colonnes. 18 fr.
Demi-reliure maroquin, plats en toile. 3 fr.
Demi-reliure maroquin à nerfs, plats en toile, très soignée. 4 fr.

Les progrès incessants de la science rendaient nécessaires, pour cette *onzième édition*, de nombreuses additions, une révision générale de l'ouvrage, et plus d'unité dans l'ensemble des mots consacrés aux théories nouvelles et aux faits nouveaux que l'emploi du microscope, les progrès de l'anatomie générale, normale et pathologique, de la physiologie, de la pathologie, de l'art vétérinaire, etc., ont créés. C'est M. Littré, connu par sa vaste érudition et par son savoir étendu dans la littérature médicale, nationale et étrangère, qui s'est chargé de cette tâche importante, avec la collaboration de M. le docteur Ch. Robin, que de récents travaux ont placé si haut dans la science. Une addition importante, qui sera justement appréciée, c'est la Synonymie *grecque, latine, anglaise, allemande, italienne, espagnole*, qui est ajoutée à cette *onzième édition*, et qui, avec les vocabulaires, en fait un Dictionnaire polyglotte.

NEUCOURT. Histoire des maladies chroniques. Pratique d'un médecin de province, ou Recherches et observations sur la gastrite et la gastro-entérite chroniques, les coliques gastro-intestinales et la diarrhée chronique chez les enfants, la métrite chronique et la métrorrhagie, les névralgies lombaire, sacrée du plexus brachial, faciale, du cuir chevelu et cervicale, sur le vertige nerveux. Paris, 1861, in-8 de 624 pages.   7 fr. 50

† **ORIBASE OEuvres,** texte grec, en grande partie inédit, collationné sur les manuscrits, traduit pour la première fois en français, avec une introduction, des notes, des tables et des planches, par les docteurs BUSSEMAKER et DAREMBERG. Paris, 1851 à 1862, tomes I à IV, in-8 de 700 pages chacun. Prix du vol.   12 fr.
Le tome V est sous presse.

OUDET. Recherches anatomiques, physiologiques et microscopiques sur les dents et sur leurs maladies comprenant : 1° Mémoire sur l'altération des dents désignée sous le nom de carie ; 2° sur l'odontogénie ; 3° sur les dents à couronnes ; 4° de l'accroissement continu des dents incisives chez les rongeurs, par le docteur J.-E. OUDET, membre de l'Académie impériale de médecine, etc. Paris, 1862, in-8 avec une planche.   4 fr.

OULMONT. Des oblitérations de la veine cave supérieure, par le docteur OULMONT, médecin des hôpitaux. Paris, 1855, in-8 avec une planche lithogr.   2 fr.

OZANAM. Études sur le venin des Arachnides et son emploi en thérapeutique, suivi d'une dissertation sur le tarentisme sporadique et épidémique. Paris, 1856, grand in-8.   2 fr. 50

PALLAS. Réflexions sur l'intermittence considérée chez l'homme dans l'état de santé et dans l'état de maladie. Paris, 1830, in-8.   2 fr.

PARCHAPPE. Recherches sur l'encéphale, sa structure, ses fonctions et ses maladies, Paris, 1836-1842, 2 parties in-8.   7 fr.
      La 1re partie comprend: *Du volume de la tête et de l'encéphale chez l'homme;* la 2e partie : *Des altérations de l'encéphale dans l'aliénation mentale.*

PARÉ. OEuvres complètes d'Ambroise Paré, revues et collationnées sur toutes les éditions, avec les variantes; ornées de 217 pl. et du portrait de l'auteur; accompagnées de notes historiques et critiques, et précédées d'une introduction sur l'origine et le progrès de la chirurgie en Occident du VIe au XVIe siècle et sur la vie et les ouvrages d'Ambroise Paré, par J.-F. MALGAIGNE, chirurgien de l'hôpital de la Charité, professeur à la Faculté de médecine de Paris, etc. Paris, 1840, 3 vol. grand in-8 à deux colonnes, avec figures intercalées dans le texte. *Ouvrage complet.*   36 fr.

PARENT-DUCHATELET. De la prostitution dans la ville de Paris, considérée sous le rapport de l'hygiène publique, de la morale et de l'administration ; ouvrage appuyé de documents statistiques puisés dans les archives de la préfecture de police, par A.-J.-B. PARENT-DUCHATELET, membre du Conseil de salubrité de la ville de Paris. *Troisième édition revue, corrigée et complétée par des documents nouveaux et des notes,* par MM. A. TRÉBUCHET et POIRAT-DUVAL, chefs de bureau à la préfecture de police, suivie d'un *Précis* HYGIÉNIQUE, STATISTIQUE ET ADMINISTRATIF SUR LA PROSTITUTION DANS LES PRINCIPALES VILLES DE L'EUROPE. Paris, 1857, 2 forts volumes in-8 de chacun 750 pages avec cartes et tableaux.   18 fr.
  Le *Précis hygiénique, statistique et administratif sur la Prostitution dans les principales villes de l'Europe* comprend pour la FRANCE : Bordeaux, Brest, Lyon, Marseille, Nantes, Strasbourg, l'Algérie; pour l'ÉTRANGER : l'Angleterre et l'Écosse, Berlin, Berne, Bruxelles, Christiania, Copenhague, l'Espagne, Hambourg, la Hollande, Rome, Turin.

PARISET. Histoire des membres de l'Académie royale de médecine, ou Recueil des Éloges lus dans les séances publiques, par E. PARISET, secrétaire perpétuel de l'Académie nationale de médecine, etc.; *édition complète,* précédée de l'éloge de Pariset, publiée sous les auspices de l'Académie, par F. Dubois (d'Amiens), secrétaire perpétuel de l'Académie de médecine. Paris, 1850. 2 beaux vol. in-12.   7 fr.
  Cet ouvrage comprend : — Discours d'ouverture de l'Académie impériale de médecine. — Éloges de Corvisart, — Cadet de Gassicourt, — Berthollet, — Pinel, — Beauchêne, — Bourru, — Percy. — Vauquelin, — G. Cuvier, — Portal, — Chaussier, — Dupuytren, — Scarpa, — Desgenettes, — Laënnec, — Tessier, — Huzard, — Marc, — Lodibert, — Bourdois de la Motte, — Esquirol, — Larrey, — Chevreul, — Lerminier, — A. Dubois, — Alibert, — Robiquet, — Double, — Geoffroy Saint-Hilaire, — Ollivier (d'Angers), — Breschet, — Lisfranc, — A. Paré, — Broussais, — Bichat.

PARISET. Mémoire sur les causes de la peste et sur les moyens de la détruire, par E. PARISET. Paris, 1837, in-18.   3 fr.

PARISET. Éloge de Dupuytren. Paris, 1836, in-8, avec portrait.   1 fr. 50

PARSEVAL (LUD.). Observations pratiques de SAMUEL HAHNEMANN, et Classification de ses recherches sur **les propriétés caractéristiques des médicaments.** Paris, 1857-1860, in-8 de 400 pages.   6 fr.

PATIN (GUI). Lettres. Nouvelle édition augmentée de lettres inédites, précédée d'une notice biographique, accompagnée de remarques scientifiques, historiques, philosophiques et littéraires, par REVEILLÉ-PARISE, membre de l'Académie impér. de médecine. Paris, 1846, 3 vol. in-8, avec le *portrait* et le fac-simile de GUI PATIN. 21 fr.
Les lettres de Gui Patin sont de ces livres qui ne vieillissent jamais, et quand on les a lues on en conçoit aussitôt la raison. Ces lettres sont, en effet, l'expression la plus pittoresque, la plus vraie, la plus énergique, non-seulement de l'époque où elles ont été écrites, mais du cœur humain, des sentiments et des passions qui l'agitent. Tout à la fois savantes, érudites, spirituelles, profondes, enjouées, elles parlent de tout, mouvements des sciences, hommes et choses, passions sociales et individuelles, révolutions politiques, etc. C'est donc un livre qui s'adresse aux savants, aux médecins, aux érudits, aux gens de lettres, aux moralistes, etc.

PATISSIER. Traité des maladies des artisans et de celles qui résultent des diverses professions, d'après Ramazzini; ouvrage dans lequel on indique les précautions que doivent prendre, sous le rapport de la salubrité publique et particulière, les administrateurs, manufacturiers, fabricants, chefs d'ateliers, artistes, et toutes les personnes qui exercent des professions insalubres; par Ph. PATISSIER, membre de l'Académie impériale de médecine, etc. Paris, 1822, in-8.   7 fr.

PATISSIER. Rapport sur le service médical des établissements thermaux en France, fait au nom d'une commission de l'Académie impériale de médecine, par Ph. PATISSIER, membre de l'Académie de médecine. Paris, 1852, in-4 de 205 pages. 4 fr. 50

PAULET. Flore et Faune de Virgile, ou Histoire naturelle des plantes et des animaux (*reptiles, insectes*), les plus intéressants à connaître et dont ce poëte a fait mention. Paris, 1834, in-8 avec 4 planches gravées et coloriées.   6 fr.

PAULET et LEVEILLÉ. Iconographie des champignons, de PAULET. Recueil de 217 planches dessinées d'après nature, gravées et coloriées, accompagné d'un texte nouveau présentant la description des espèces figurées, leur synonymie, l'indication de leurs propriétés utiles ou vénéneuses, l'époque et les lieux où elles croissent, par J.-H. LEVEILLÉ, docteur en médecine. Paris, 1855, 1 vol. in-folio de 135 pages, avec 217 planches coloriées, cartonné.   170 fr.
Séparément le texte, par M. Leveillé, petit in-folio de 135 pages.   20 fr.
Séparément les dernières planches in-folio coloriées, au prix de 1 fr. chaque.

PEISSE. La médecine et les médecins, philosophie, doctrines, institutions, critiques, mœurs et biographies médicales, par Louis PEISSE. Paris, 1857. 2 vol. in-18 jésus.   7 fr.
Cet ouvrage comprend : Esprit, marche et développement des sciences médicales. — Découvertes et découvreurs. — Sciences exactes et sciences non exactes. — Vulgarisation de la médecine. — La méthode numérique. — Le microscope et les microscopistes. — Méthodologie et doctrines. — Comme on pense et ce qu'on fait en médecine à Montpellier.—L'encyclopédisme et le spécialisme en médecine.— Mission sociale de la médecine et du médecin. — Philosophie des sciences naturelles. — La philosophie et les philosophes par-devant les médecins. — L'aliénation mentale et les aliénistes. — Phrénologie : bonnes et mauvaises têtes, grands hommes et grands scélérats. — De l'esprit des bêtes. — Le feuilleton. — L'Académie de médecine. — L'éloquence et l'art à l'Académie de médecine. — Charlatanisme et charlatans. — Influence du théâtre sur la santé. — Médecins poëtes. — Biographie.

PELLETAN. Mémoire statistique sur la **Pleuropneumonie aiguë,** par J. PELLETAN, médecin des hôpitaux civils de Paris. Paris, 1840, in-4.   3 fr.

PENARD. Guide pratique de l'accoucheur et de la sage-femme, par le docteur LUCIEN PENARD, chirurgien principal de la marine, professeur d'accouchement à l'École de médecine de Rochefort. Paris, 1861, xxiv-504 p. avec 87 fig. 3 fr. 50.

PERCHERON. Bibliographie entomologique, comprenant l'indication par ordre alphabétique des matières et des noms d'auteur : 1° des Ouvrages entomologiques publiés en France et à l'étranger depuis les temps les plus reculés jusqu'à nos jours ; 2° des Monographies et Mémoires contenus dans les Recueils, Journaux et Collections académiques français et étrangers. Paris, 1837. 2 vol. in-8.   6 fr.

PERRÈVE. Traité des rétrécissements organiques de l'urèthre. Emploi méthodique des dilatateurs mécaniques dans le traitement de ces maladies, par Victor PERRÈVE, docteur en médecine de la Faculté de Paris, ancien élève des hôpitaux. Ouvrage placé au premier rang pour le prix d'Argenteuil, sur le rapport d'une commission de l'Académie de médecine. Paris, 1847. 1 vol. in-8 de 340 pages, accompagné de 3 pl. et de 32 figures intercalées dans le texte.   5 fr.

PERRUSSEL. Guide du médecin dans le choix d'une méthode pour guérir les maladies aiguës et chroniques, comprenant des études cliniques et thérapeutiques sur le cancer, par le docteur F. PERRUSSEL. Suivi d'un mémoire sur la valeur caractéristique des symptômes, par le docteur de BOENNINGHAUSEN. Paris, 1860, in-18 jésus de 500 pages   4 fr. 50

PHARMACOPÉE DE LONDRES, publiée par ordre du gouvernement, *latin-français.* Paris, 1837, in-18.   3 fr.

PHILIPEAUX. Traité pratique de la cautérisation, d'après l'enseignement clinique de M. le professeur A. Bonnet (de Lyon), par le docteur R. PHILIPEAUX, ancien interne des hôpitaux civils de Lyon. Paris, 1856, in-8 de 630 pages, avec 67 fig. 8 fr.

PHILLIPS. De la ténotomie sous-cutanée, ou des opérations qui se pratiquent pour la guérison des pieds bots, du torticolis, de la contracture de la main et des doigts, des fausses ankyloses angulaires du genou, du strabisme, de la myopie, du bégaiement, etc., par le docteur CH. PHILLIPS. Paris, 1841, in-8 avec 12 planches.   3 fr.

PICTET. Traité de paléontologie, ou Histoire naturelle des animaux fossiles considérés dans leurs rapports zoologiques et géologiques, par F.-J. PICTET, professeur de zoologie et d'anatomie comparée à l'Académie de Genève, etc. *Deuxième édition,* corrigée et considérablement augmentée. Paris, 1853-1857. OUVRAGE COMPLET. 4 forts volumes in-8, avec un bel atlas de 110 planches grand in-4.   80 fr.

Cet ouvrage est divisé en trois parties : la *première* comprenant la considération sur la manière dont les fossiles ont été déposés, leurs apparences diverses, l'exposition des méthodes qui doivent diriger dans la détermination et la classification des fossiles ; la *seconde* et la *troisième,* l'histoire spéciale des animaux fossiles ; les caractères de tous les genres y sont indiqués avec soin, les principales espèces y sont énumérées, etc. Les quatre volumes comprennent :

Tome premier. I, Mammifères.— II, Oiseaux.— III, Reptiles.

Tome second. — IV, Poissons. — V, Insectes. — VI, Myriapodes. — VII, Arachnides. — VIII, Crustacés. — IX, Annélides. — X, Céphalopodes.

Tome troisième. — XI, Mollusques (Gastéropodes, Acéphales).

Tome quatrième. — Mollusques. — XII, Echinodermes. — XIII, Zoophytes. — Résumé et table.

PIORRY. Traité de diagnostic et de séméiologie, par le professeur PIORRY. Paris, 1840. 3 vol. in-8.   21 fr.

PLAIES D'ARMES A FEU (Des). Communications à l'Académie impériale de médecine, par MM. les docteurs Baudens, Roux, Malgaigne, Amussat, Blandin, Piorry, Velpeau, Huguier, Jobert (de Lamballe), Bégin, Rochoux, Devergie, etc. Paris, 1849, in-8 de 250 pages.   3 fr. 50

PLÉE. Glossologie botanique, ou Vocabulaire donnant la définition des mots techniques usités dans l'enseignement. Appendice indispensable des livres élémentaires et des traités de botanique, par F. PLÉE, auteur des *Types des familles des plantes de France.* Paris, 1854. 1 vol. in-12.   1 fr. 25

POGGIALE. Traité d'analyse chimique par la méthode des volumes, comprenant l'analyse des Gaz, la Chlorométrie, la Sulfhydrométrie, l'Acidimétrie, l'Alcalimétrie, l'Analyse des métaux, la Saccharimétrie, etc., par le docteur POGGIALE, professeur de chimie à l'Ecole impériale de médecine et de pharmacie militaires (Val-de-Grâce), membre de l'Académie impériale de médecine. Paris, 1858, 1 vol. in-8 de 610 pages, illustré de 171 figures intercalées dans le texte.   9 fr.

POILROUX. Manuel de médecine légale criminelle à l'usage des médecins et des magistrats chargés de poursuivre ou d'instruire les procédures criminelles. *Seconde édition.* Paris, 1837. In-8.   4 fr.

PORTAL. Observations sur la nature et le traitement de l'hydropisie, par A. PORTAL, membre de l'Institut, de l'Académie de médecine. Paris, 1824. 2 vol. in-8.   11 fr.

PORTAL. Observations sur la nature et le traitement de l'épilepsie, par A. PORTAL. Paris, 1827. 1 vol. in-8.   6 fr.

POUCHET. Théorie positive de l'ovulation spontanée et de la fécondation dans l'espèce humaine et les mammifères, basée sur l'observation de toute la série animale, par le docteur F.-A. POUCHET, professeur de zoologie au Musée d'histoire naturelle de Rouen. *Ouvrage qui a obtenu le grand prix de physiologie à l'Institut de France.* Paris, 1847. 1 vol. in-8 de 600 pages, avec atlas in-4 de 20 planches renfermant 250 figures dessinées d'après nature, gravées et coloriées.   36 fr.

Dans son rapport à l'Académie, en 1845, la commission s'exprimait ainsi en résumant son opinion sur cet ouvrage : *Le travail de M. Pouchet se distingue par l'importance des résultats, par le soin scrupuleux de l'exactitude, par l'étendue des vues, par une méthode excellente.* L'auteur a eu le courage de repasser tout au critérium de l'expérimentation, et c'est après avoir successivement confronté les divers phénomènes qu'offre la série animale, et après avoir, en quelque sorte, tout soumis à l'épreuve du scalpel et du microscope, qu'il a formulé ses LOIS PHYSIOLOGIQUES FONDAMENTALES.

POUCHET. Hétérogénie ou Traité de la génération spontanée, basé sur de nouvelles expériences, par F.-A. POUCHET. Paris, 1859, 1 vol. in-8 de 672 pages, avec 3 planches gravées.   9 fr.

POUCHET. Recherches et expériences sur les animaux ressuscitants, faites au Muséum d'histoire naturelle de Rouen, par F.-A. POUCHET. Paris, 1859. 1 vol. in-8 de 94 pages, avec figures intercalées dans le texte.   2 fr.

POUCHET. Histoire des sciences naturelles au moyen âge, ou Albert le Grand et son époque considérés comme point de départ de l'école expérimentale, par F.-A. POUCHET. Paris, 1853. 1 beau vol. in-8.   9 fr.

PRICHARD. Histoire naturelle de l'homme, comprenant des Recherches sur l'influence des agents physiques et moraux considérés comme cause des variétés qui distinguent entre elles les différentes Races humaines; par J.-C. PRICHARD, membre de la Société royale de Londres, correspondant de l'Institut de France; traduit de l'anglais, par F.-D. ROULIN, sous-bibliothécaire de l'Institut. Paris, 1843. 2 vol. in-8 accompagnés de 40 pl. gravées et coloriées, et de 90 figures intercalées dans le texte. 20 fr.

Cet ouvrage s'adresse non-seulement aux savants, mais à toutes les personnes qui veulent étudier l'anthropologie. C'est dans ce but que l'auteur a indiqué avec soin en traits rapides et distincts : 1° tous les caractères physiques, c'est-à-dire les variétés de couleurs, de physionomie, de proportions corporelles, etc., des différentes races humaines; 2° les particularités morales et intellectuelles qui servent à distinguer les races les unes des autres; 3° les causes de ces phénomènes de variété. Pour accomplir un aussi vaste plan, il fallait, comme le docteur J.-C. Prichard, être initié à la connaissance des langues, afin de consulter les relations des voyageurs, et de pouvoir décrire les différentes nations dispersées sur la surface du globe.

PROST-LACUZON. Formulaire pathogénétique usuel, ou Guide homœopathique pour traiter soi-même les maladies. *Deuxième édition,* corrigée et augmentée. Paris, 1861, in-18 de 583 pages.   6 fr.

PRUS. Recherches nouvelles sur la nature et le traitement du cancer de l'estomac, par le docteur RENÉ PRUS. Paris, 1828, in-8.   2 fr.

RACLE. Traité de diagnostic médical, ou Guide clinique pour l'étude des signes caractéristiques des maladies, par le docteur V.-A. RACLE, médecin des hôpitaux, ancien chef de clinique médicale à l'hôpital de la Charité, professeur de diagnostic, etc. *Deuxième édition,* revue, augmentée et contenant le résumé des travaux les plus récents. Paris, 1859. 1 vol. in-18 de 615 pages.   5 fr.

RACLE. De l'alcoolisme, par le docteur RACLE. Paris, 1860, in-8.   2 fr. 50

RACLE. *Voyez* VALLEIX, *Guide du médecin praticien.*

RANG et SOULEYET. Histoire naturelle des mollusques ptéropodes, par MM. SANDER RANG et SOULEYET, naturalistes voyageurs de la marine. Paris, 1852. 1 vol. grand in-4, avec 15 planches coloriées.   25 fr.

— Le même ouvrage, 1 vol. in-folio cartonné.   40 fr.

Ce bel ouvrage traite une des questions les moins connues de l'Histoire des mollusques. Il avait été commencé par Rang ; une partie des planches avaient été dessinées et lithographiées sous sa direction ; par ses études spéciales, M. Souleyet pouvait mieux que personne mener cet important travail à bonne fin.

RAPOU. De la fièvre typhoïde et de son traitement homœopathique, par le docteur A. RAPOU, médecin à Lyon. Paris, 1851, in-8.   3 fr.

Rapport à l'Académie impériale de médecine SUR LA PESTE ET LES QUARANTAINES, fait au nom d'une commission, par le docteur PRUS, accompagné de pièces et documents, et suivi de la discussion au sein de l'Académie. Paris, 1846. 1 vol. in-8 de 1050 pages.   4 fr.

RASPAIL. Nouveau système de chimie organique, fondé sur de nouvelles méthodes d'observation, précédé d'un Traité complet sur l'art d'observer et de manipuler en grand et en petit dans le laboratoire et sur le porte-objet du microscope, par L.-V. RASPAIL. *Deuxième édition entièrement refondue,* accompagnée d'un atlas in-4 de 20 planches, contenant 400 figures dessinées d'après nature, gravées avec le plus grand soin. Paris, 1838. 3 forts vol. in-8 et atlas in-4.   30 fr.

RASPAIL. Nouveau système de physiologie végétale et botanique, fondé sur les méthodes d'observation développées dans le Nouveau système de chimie organique, par F.-V. RASPAIL, accompagné de 60 planches, contenant près de 1000 figures d'analyse, dessinées d'après nature et gravées avec le plus grand soin. Paris, 1837. 2 forts volumes in-8, et atlas de 60 planches.   30 fr.

— Le même ouvrage, avec planches coloriées.   50 fr.

RATIER. Nouvelle médecine domestique, contenant : 1° Traité d'hygiène générale ; 2° Traité des erreurs populaires ; 3° Manuel des premiers secours dans le cas d'accidents pressants ; 4° Traité de médecine pratique générale et spéciale ; 5° Formulaire pour la préparation et l'administration des médicaments ; 6° Vocabulaire des termes techniques de médecine. Paris, 1825. 2 vol. in-8.   10 fr.

RAU. Nouvel organe de la médication spécifique, ou Exposition de l'état actuel de la méthode homœopathique, par le docteur J.-L. RAU ; suivi de nouvelles expériences sur les doses dans la pratique de l'homœopathie, par le docteur G. GROSS. Traduit de l'allemand par D.-R. Paris, 1845, in-8.   5 fr.

RAYER. Traité théorique et pratique des maladies de la peau, par P. RAYER, *deuxième édition entièrement refondue.* Paris, 1835. 3 forts vol. in-8, accompagnés d'un bel atlas de 26 planches grand in-4, gravées et coloriées avec le plus grand soin, représentant, en 400 figures, les différentes maladies de la peau et leurs variétés.

Prix du texte seul, 3 vol. in-8.   23 fr.

L'atlas seul, avec explication raisonnée, grand in-4 cartonné.   70 fr.

L'ouvrage complet, 3 vol. in-8 et atlas in-4, cartonné.   88 fr.

L'auteur a réuni, dans un *atlas pratique* entièrement neuf, la généralité des maladies de la peau ; il les a groupées dans un ordre systématique pour en faciliter le diagnostic ; et leurs diverses formes y ont été représentées avec une fidélité, une exactitude et une perfection qu'on n'avait pas encore atteintes.

RAYER. Traité des maladies des reins, et des altérations de la sécrétion urinaire, étudiées en elles-mêmes et dans leurs rapports avec les maladies des uretères, de la vessie, de la prostate, de l'urèthre, etc., par P. RAYER, médecin de l'hôpital de la Charité, membre de l'Institut et de l'Académie impériale de médecine, etc. Paris, 1839-1841. 3 forts vol. in-8.   24 fr.

RAYER. Atlas du traité des maladies des reins, comprenant l'*Anatomie pathologique* des reins, de la vessie, de la prostate, des uretères, de l'urèthre, etc., ouvrage magnifique contenant 300 figures en 60 planches grand in-folio, dessinées d'après nature, gravées, imprimées en couleur et retouchées au pinceau avec le plus grand soin, avec un texte descriptif. Ce bel ouvrage *est complet ;* il se compose d'un volume grand in-folio de 60 planches. Prix :   192 fr.

CET OUVRAGE EST AINSI DIVISÉ :

1. — Néphrite simple, Néphrite rhumatismale, Néphrite par poison morbide. — Pl. 1, 2, 3. 4, 5.
2. — Néphrite albumineuse (maladie de Bright). — Pl. 6, 7, 8, 9, 10.
3. — Pyélite (inflammation du bassinet et des calices). — Pl. 11, 12, 13, 14, 15.
4. — Pyélo-néphrite, Périnéphrite, Fistules rénales. — Pl. 16, 17, 18, 19, 20.
5. — Hydronéphrose, Kystes urinaires. — Pl. 21, 22, 23, 24, 25.
6. — Kystes séreux, Kystes acéphalocystiques, Vers. — Pl. 26, 27, 28, 29, 30.
7. — Anémie, Hypérémie, Atrophie, Hypertrophie des reins et de la vessie. — Pl. 31, 32, 33, 34, 35.
8. — Hypertrophie, Vices de conformation des reins et des uretères. — Pl. 36, 37, 38, 39, 40.
9. — Tubercules, Mélanose des reins. — Pl. 41, 42, 43, 44, 45.
10. — Cancer des reins, Maladies des veines rénales. — Pl. 46, 47, 48, 49, 50.
11. — Maladies des tissus élémentaires des reins et de leurs conduits excréteurs. — Pl. 51, 52, 53, 54, 55.
12. — Maladies des capsules surrénales. — Pl. 56, 57, 58, 59, 60.

RAYER. De la morve et du farcin chez l'homme, par P. RAYER, médecin de l'hôpital de la Charité. Paris, 1837, in-4, figures coloriées.   6 fr.

REMAK. Galvanothérapie, ou de l'application du courant galvanique constant au traitement des maladies nerveuses et musculaires, par ROB. REMAK, professeur extraordinaire à la Faculté de médecine de l'université de Berlin. Traduit par le docteur Alphonse MORPAIN, avec les additions de l'auteur. Paris, 1860. 1 vol. in-8 de 467 pages.   7 fr.

RENOUARD. Histoire de la médecine depuis son origine jusqu'au XIXᵉ siècle, par le docteur P.-V. RENOUARD, membre de plusieurs sociétés savantes. Paris, 1846, 2 vol. in-8. 12 fr.
Cet ouvrage est divisé en *huit périodes* qui comprennent : I. PÉRIODE PRIMITIVE ou d'instinct, finissant à la ruine de Troie, l'an 1184 avant J.-C.; II. PÉRIODE SACRÉE ou mystique, finissant à la dispersion de la Société pythagoricienne, 500 ans avant J.-C.; III. PÉRIODE PHILOSOPHIQUE, finissant à la fondation de la bibliothèque d'Alexandrie, 320 ans avant J.-C.; IV. PÉRIODE ANATOMIQUE, finissant à la mort de Galien, l'an 200 de l'ère chrétienne ; V. PÉRIODE GRECQUE, finissant à l'incendie de la bibliothèque d'Alexandrie, l'an 640 ; VI. PÉRIODE ARABIQUE, finissant à la renaissance des lettres en Europe, l'an 1400 ; VII. PÉRIODE ÉRUDITE, comprenant le xvᵉ et le xviᵉ siècle ; VIII. PÉRIODE RÉFORMATRICE, comprenant les xviiᵉ et xviiiᵉ siècles.

RENOUARD. Lettres philosophiques et historiques sur la médecine au XIXᵉ siècle, par le Dʳ P.-V. RENOUARD. *Troisième édition*, corrigée et considérablement augmentée. Paris, 1861, in-8 de 240 pages. 3 fr. 50

REVEILLE-PARISE. Traité de la vieillesse, hygiénique, médical et philosophique, ou Recherches sur l'état physiologique, les facultés morales, les maladies de l'âge avancé, et sur les moyens les plus sûrs, les mieux expérimentés, de soutenir et de prolonger l'activité vitale à cette époque de l'existence ; par le docteur J.-H. REVEILLÉ-PARISE, membre de l'Académie de médecine, etc. Paris, 1853. 1 volume in-8 de 500 pag. 7 fr.
« Peu de gens savent être vieux. » (LA ROCHEFOUCAULD.)

REVEILLE-PARISE. Étude de l'homme dans l'état de santé et de maladie, par le docteur J.-H. REVEILLÉ-PARISE. *Deuxième édition.* Paris, 1845. 2 vol. in-8. 15 fr.

REVEILLÉ-PARISE. Guide pratique des goutteux et des rhumatisants, ou Recherches sur les meilleures méthodes de traitement curatives et préservatrices des maladies dont ils sont atteints. *Troisième édition.* Paris, 1847, in-8. 5 fr.

REYBARD. Mémoires sur le traitement des anus artificiels, des plaies des intestins et des plaies pénétrantes de poitrine. Paris, 1827, in-8 avec 3 planches. 2 fr. 50

REYBARD. Procédé nouveau pour guérir par l'incision les **rétrécissements du canal de l'urèthre.** Paris, 1833, in-8, fig. 1 fr. 50

RIBES. Traité d'hygiène thérapeutique, ou Application des moyens de l'hygiène au traitement des maladies, par FR. RIBES, professeur d'hygiène à la Faculté de médecine de Montpellier. Paris, 1860. 1 vol. in-8 de 828 pages. 10 fr.

RICORD. Traité complet des maladies vénériennes. Clinique iconographique de l'hôpital des Vénériens : recueil d'observations, suivies de considérations pratiques sur les maladies qui ont été traitées dans cet hôpital, par le docteur Philippe RICORD, chirurgien de l'hôpital du Midi (hôpital des Vénériens de Paris). Paris, 1851, in-4, comprenant 66 planches coloriées, avec un portrait de l'auteur. 133 fr.
Demi-reliure, dos de maroquin, très soignée. 6 fr.

RICORD. De la syphilisation et de la contagion des accidents secondaires de la syphilis, communications à l'Académie de médecine par MM. Ricord, Bégin, Malgaigne, Velpeau, Depaul, Gibert, Lagneau, Larrey, Michel Lévy, Gerdy, Roux, avec les communications de MM. Auzias-Turenne et C. Sperino, à l'Académie des sciences de Paris et à l'Académie de médecine de Turin. Paris, 1853, in-8 de 384 pag. 5 fr.

RIEMBAULT. Hygiène des mineurs travaillant à la houille, par le docteur RIEMBAULT, médecin de l'Hôtel-Dieu de Saint-Étienne. Paris, 1861, in-8 de 320 p. 4 fr. 50

ROBERT. Nouveau traité théorique et pratique des maladies vénériennes, d'après les documents puisés dans la clinique de M. Ricord, à l'hôpital du Midi de Paris, et dans les services hospitaliers de Marseille, avec un appendice sur la syphilisation et un formulaire spécial, par le docteur Melchior ROBERT, chirurgien des hôpitaux de Marseille, professeur à l'école préparatoire de médecine de Marseille. Paris, 1861, in-8 de 788 pages. 9 fr.

ROBIN. Du microscope et des injections dans leurs applications à l'anatomie et à la pathologie, suivi d'une Classification des sciences fondamentales, de celle de la biologie et de l'anatomie en particulier, par le docteur CH. ROBIN, professeur agrégé de la Faculté de médecine de Paris. Paris, 1849. 1 vol. in-8 de 450 pages, avec 23 fig. intercalées dans le texte et 4 planches gravées. 7 fr.

ROBIN. Tableaux d'anatomie comprenant l'exposé de toutes les parties à étudier dans l'organisme de l'homme et dans celui des animaux, par le docteur CH. ROBIN. Paris, 1851, in-4, 10 tableaux. 3 fr. 50

ROBIN. Histoire naturelle des végétaux parasites qui croissent sur l'homme et sur les animaux vivants, par le docteur CH. ROBIN. Paris, 1853. 1 vol. in-8 de 700 pages, accompagné d'un bel atlas de 15 planches, dessinées d'après nature, gravées, en partie coloriées. 16 fr.

L'auteur a pu examiner son sujet non-seulement en naturaliste, mais en anatomiste, en physiologiste et en médecin. Les végétaux parasites étant tous des végétaux cellulaires, souvent de ceux qui appartiennent aux plus simples, M. Robin a pensé qu'il était indispensable, avant d'en exposer l'histoire, de faire connaître la structure des cellules végétales et même les autres éléments anatomiques, tels que fibres et vaisseaux ou tubes qui dérivent des cellules par métamorphose. Tel est le sujet des *Prolégomènes* de cet ouvrage.

La description ou l'histoire naturelle de chaque espèce de Parasites renferme : 1o Sa diagnose; — 2o Son anatomie; — 3o L'étude du milieu dans lequel elle vit, des conditions extérieures qui en permettent l'accroissement, etc.; — 4o L'étude des phénomènes de nutrition, développement et reproduction qu'elle présente dans ces conditions, ou physiologie de l'espèce; — 4o L'examen de l'action que le parasite exerce sur l'animal même qui le porte et lui sert de milieu ambiant. — On est ainsi conduit à étudier les altérations morbides et les symptômes dont le parasite est la cause, puis l'exposé des moyens à employer pour faire disparaître cette cause, pour détruire ou enlever le végétal, et empêcher qu'il ne se développe de nouveau.

Les planches qui composent l'atlas ont toutes été dessinées d'après nature, et ne laissent rien à désirer pour l'exécution.

ROBIN et VERDEIL. Traité de chimie anatomique et physiologique normale et pathologique, ou des Principes immédiats normaux et morbides qui constituent le corps de l'homme et des mammifères, par CH. ROBIN, docteur en médecine et docteur ès sciences, professeur agrégé à la Faculté de médecine de Paris, et F. VERDEIL, docteur en médecine, chef des travaux chimiques à l'Institut agricole, professeur de chimie. Paris, 1853. 3 forts volumes in-8, accompagnés d'un atlas de 45 planches dessinées d'après nature, gravées, en partie coloriées. 36 fr.

Le but de cet ouvrage est de mettre les anatomistes et les médecins à portée de connaître exactement la constitution intime ou moléculaire de la substance organisée en ses trois états fondamentaux, liquide demi-solide et solide. Son sujet est l'examen, fait au point de vue organique, de chacune des espèces de corps ou principes immédiats qui, par leur union moléculaire à molécule, constituent cette substance.

Ce que font dans cet ouvrage MM. Robin et Verdeil est donc bien de l'anatomie, c'est-à-dire de l'étude de l'organisation, puisqu'ils examinent quelle est la constitution de la matière même du corps. Seulement, au lieu d'être des appareils, organes, systèmes, tissus ou humeurs et éléments anatomiques, parties complexes, composées par d'autres, ce sont les parties mêmes qui les constituent qu'ils étudient; ce sont *principes immédiats* ou parties qui les composent par union moléculaire éciproque, et qu'on en peut extraire de la manière la plus immédiate sans décomposition chimique.

Le bel atlas qui accompagne le *Traité de chimie anatomique et physiologique* renferme les figures de 1 200 formes cristallines environ, choisies parmi les plus ordinaires et les plus caractéristiques de toutes celles que les auteurs ont observées. Toutes ont été faites d'après nature, au fur et à mesure de leur préparation. M. Robin a choisi les exemples représentés parmi 1 700 à 1 800 figures que renferme son album; car il a dû négliger celles de même espèce qui ne différaient que par un volume plus petit ou des différences de formes trop peu considérables.

ROCHE, SANSON et LENOIR. Nouveaux éléments de pathologie médico-chirurgicale, ou Traité théorique et pratique de médecine et de chirurgie, par L.-CH. ROCHE, membre de l'Académie de médecine; J.-L. SANSON, chirurgien de l'Hôtel-Dieu de Paris, professeur de clinique chirurgicale à la Faculté de médecine de Paris; A. LENOIR, chirurgien de l'hôpital Necker, professeur agrégé de la Faculté de médecine. *Quatrième édition*, considérablement augmentée. Paris, 1844, 5 vol. in-8 de 700 pages chacun. 36 fr.

ROESCH. De l'abus des boissons spiritueuses, considéré sous le point de vue de la police médicale et de la médecine légale. Paris, 1839. in-8. 3 fr. 50

ROUBAUD. Traité de l'impuissance et de la stérilité chez l'homme et chez la femme, comprenant l'exposition des moyens recommandés pour y remédier, par le docteur FÉLIX ROUBAUD. Paris, 1855, 2 vol. in-8 de 450 pages. 10 fr.

ROUBAUD. Des Hôpitaux, au point de vue de leur origine et de leur utilité, des conditions hygiéniques qu'ils doivent présenter, et de leur administration, par le docteur F. ROUBAUD. Paris, 1853, in-12 3 fr.

ROUX. De l'ostéomyélite et des amputations secondaires à la suite des coups de feu, d'après des observations recueillies à l'hôpital de la marine de Saint-Mandrier (Toulon, 1859), sur des blessés de l'armée d'Italie, mémoire lu à l'Académie impériale de médecine (séance du 24 avril 1860), et accompagné de 6 planches par le docteur JULES ROUX, premier chirurgien en chef de la marine à Toulon, professeur de clinique chirurgicale, membre correspondant de l'Académie impériale de médecine, etc. Paris, 1860, in-4 de 115 pages, avec 6 planches 5 fr.

SAINTE-MARIE. Dissertation sur les médecins poëtes. Paris, 1835, in-8.   2 fr.

SAINT-HILAIRE. Plantes usuelles des Brésiliens, par A. SAINT-HILAIRE, professeur à la Faculté des sciences de Paris, membre de l'Institut de France. Paris, 1824-1828, in-4 avec 70 planches. Cartonné.   36 fr.

SALVERTE. Des sciences occultes, ou essai sur la magie, les prodiges et les miracles, par Eusèbe SALVERTE. *Troisième édition*, précédée d'une Introduction par Émile LITTRÉ, de l'Institut. Paris, 1856, 1 vol. grand in-8 de 550 pages.   7 fr. 50

SANSON. Des hémorrhagies traumatiques, par L.-J. SANSON, professeur de clinique chirurgicale à la Faculté de médecine de Paris, chirurgien de l'hôpital de la Pitié, Paris, 1836, in-8, figures coloriées.   4 fr.

SANSON. De la réunion immédiate des plaies, de ses avantages et de ses inconvénients, par L.-J. SANSON. Paris, 1834, in-8.   2 fr.

SAPPEY. Recherches sur la conformation extérieure et la structure de l'urèthre de l'homme, par Ph.-C. SAPPEY, professeur agrégé à la Faculté de médecine de Paris. Paris, 1854, in-8.   2 fr. 50

SAUREL. Traité de chirurgie navale, par le docteur L. SAUREL, ex-chirurgien de deuxième classe de la marine, professeur agrégé à la Faculté de médecine de Montpellier, suivi d'un Résumé de leçons sur le **service chirurgical de la flotte,** par le docteur J. ROCHARD, chirurgien en chef de la marine, professeur à l'École de médecine navale du port de Brest. Paris, 1861, in-8 de 600 pages, avec figures intercalées dans le texte.   8 fr.

SCANZONI. Traité pratique des maladies des organes sexuels de la femme, par le docteur F.-W. DE SCANZONI, professeur d'accouchements et de gynécologie à l'Université de Wurzbourg, traduit de l'allemand sous les yeux de l'auteur, avec des notes, par les docteurs H. DOR et A. SOCIN. Paris, 1858, 1 vol. grand in-8 de 560 pages, avec figures.   8 fr.

SÉDILLOT. De l'infection purulente, ou Pyoémie, par le docteur Ch. SÉDILLOT, directeur de l'École de médecine militaire de Strasbourg, professeur de clinique chirurgicale à la Faculté de médecine, etc. Paris, 1849. 1 vol. in-8, avec 3 planches coloriées.   7 fr. 50

SEGOND. Histoire et systématisation générale de la biologie, principalement destinées à servir d'introduction aux études médicales, par le docteur L.-A. SEGOND, professeur agrégé de la Faculté de médecine de Paris, etc. Paris, 1851, in-12 de 200 pages.   2 fr. 50

SEGUIN. Traitement moral, hygiène et éducation des idiots et autres enfants arriérés ou retardés dans leur développement, agités de mouvements involontaires, débiles, muets non-sourds, bègues, etc., par *Ed. Séguin*, ex-instituteur des enfants idiots de l'hospice de Bicêtre, etc. Paris, 1846. 1 vol. in-12 de 750 pages.   6 fr.

SEILER. De la galvanisation par influence appliquée au traitement des déviations de la colonne vertébrale, des maladies de la poitrine, des abaissements de l'utérus, etc., par le docteur J. SEILER (de Genève). Paris, 1860, in-8 de 160 pages, avec 5 fig. intercalées dans le texte   3 fr.

SERRES. Recherches d'anatomie transcendante et pathologique; théorie des formations, et des déformations organiques, appliquée à l'anatomie de la duplicité monstrueuse s par E. SERRES, membre de l'Institut de France. Paris, 1832, in-4, accompagné d'un atlas de 20 planches in-folio.   20 fr.

SIMON. Leçons de médecine homœopathique, par le docteur Léon SIMON. Paris, 1835, 1 fort vol. in-8.   8 fr.

SIMON (LÉON). Du traitement homœopathique des maladies vénériennes, par le docteur LÉON SIMON fils. Paris, 1860, 1 vol. in-18 jésus, de 600 pages.   6 fr.

SIMON (MAX). Hygiène du corps et de l'âme, ou Conseils sur la direction physique et morale de la vie, adressés aux ouvriers des villes et des campagnes, par le docteur Max SIMON. Paris, 1853, 1 vol. in-18 de 130 pages.   1 fr.

SWAN. La Névrologie, ou Description anatomique des nerfs du corps humain, traduit de l'anglais, avec des additions par E. CHASSAIGNAC, D. M., accompagné de 25 belles planches, gravées à Londres. Paris, 1838, in-4, cart.   24 fr.

SICHEL. Iconographie ophthalmologique, ou Description et figures coloriées des maladies de l'organe de la vue, comprenant l'anatomie pathologique, la pathologie et la thérapeutique médico-chirurgicales, par le docteur J. SICHEL, professeur d'ophthalmologie, médecin-oculiste des maisons d'éducation de la Légion d'honneur, etc. 1852-1859. OUVRAGE COMPLET, 2 vol. grand in-4 dont 1 volume de 840 pages de texte, et 1 volume de 80 planches dessinées d'après nature, gravées et coloriées avec le plus grand soin, accompagnées d'un texte descriptif. 172 fr. 50
Demi-reliure des deux volumes, dos de maroquin, tranche supérieure dorée. 15 fr.

Cet ouvrage est complet en 25 livraisons, dont 20 composées chacune de 28 pages de texte in-4 et de 4 planches dessinées d'après nature, gravées, imprimées en couleur, retouchées au pinceau, et 30 livraisons (17 bis, 18 bis et 20 bis de texte complémentaires), Prix de chaque livraison. 7 fr. 5
On peut se procurer séparément les dernières livraisons.

Le texte se compose d'une exposition théorique et pratique de la science, dans laquelle viennent se grouper les observations cliniques, mises en concordance entre elles, et dont l'ensemble formera un *Traité clinique des maladies de l'organe de la vue*, commenté et complété par une nombreuse série de figures.

Les planches sont aussi parfaites qu'il est possible ; elles offrent une fidèle image de la nature; partout les formes, les dimensions, les teintes ont été consciencieusement observées; elles présentent la vérité pathologique dans ses nuances les plus fines, dans ses détails les plus minutieux ; gravées par des artistes habiles, imprimées en couleur et souvent avec repère, c'est-à-dire avec une double planche, afin de mieux rendre les diverses variétés des injections vasculaires des membranes externes; toutes les planches sont retouchées au pinceau avec le plus grand soin.

L'auteur a voulu qu'avec cet ouvrage le médecin, comparant les figures et la description, puisse reconnaître et guérir la maladie représentée lorsqu'il la rencontrera dans la pratique.

TARDIEU. Dictionnaire d'hygiène publique et de salubrité, ou Répertoire de toutes les Questions relatives à la santé publique, considérées dans leurs rapports avec les Subsistances, les Épidémies, les Professions, les Établissements et institutions d'Hygiène et de Salubrité, complété par le texte des Lois, Décrets, Arrêtés, Ordonnances et Instructions qui s'y rattachent, par le docteur Ambroise TARDIEU, professeur de médecine légale à la Faculté de médecine de Paris, médecin des hôpitaux, membre du Comité consultatif d'hygiène publique. *Deuxième édit. considérablem. augmentée.* Paris, 1862. 4 forts vol. gr. in-8. (*Ouvrage couronné par l'Institut de France.*) 32 fr.

TARDIEU. Étude médico-légale sur les attentats aux mœurs, par le docteur A. TARDIEU, professeur agrégé de médecine légale à la Faculté de médecine, etc. *Troisième édition.* Paris, 1859. In-8 de 188 pages, avec 3 planches gravées. 3 fr. 50

TARDIEU. Études hygiéniques sur la profession de **mouleur en cuivre**, pour servir à l'histoire des professions exposées aux poussières inorganiques, par le docteur Ambroise TARDIEU. Paris, 1855, in-12. 1 fr. 25

TARDIEU. De la morve et du farcin chronique chez l'homme, par le docteur AMBR. TARDIEU. Paris, 1843, in-4. 5 fr.

† **TEMMINCK et LAUGIER. Nouveau recueil de planches coloriées d'oiseaux**, pour servir de suite et de complément aux planches enluminées de Buffon, par MM. TEMMINCK, directeur du Musée de Leyde, et MEIFFREN-LAUGIER, de Paris.

Ouvrage complet en 102 livraisons. Paris, 1822-1838. 5 vol. grand in-folio avec 600 pl. dessinées d'après nature, par Prêtre et Huet, gravées et coloriées. 1000 fr.
Le même avec 600 planches grand in-4 figures coloriées. 750 fr.
Demi-reliure, dos de maroquin. Prix des 5 vol. grand in-folio. 90 fr.
— dito — Prix des 5 vol. grand in-4. 60 fr.

Aquéreur de cette grande et belle publication, l'une des plus importantes et l'un des ouvrages les plus parfaits pour l'étude si intéressante de l'ornithologie, nous venons offrir le *Nouveau recueil de planches coloriées d'oiseaux* en souscription en baissant le prix d'un tiers.
Chaque livraison composée de 6 planches gravées et coloriées avec le plus grand soin, et le texte descriptif correspondant. L'ouvrage est *complet* en 102 livraisons.
Prix de la livraison in-folio, figures coloriées, au lieu de 15 fr. 10 fr.
— grand in-4, fig. coloriées, au lieu de 10 fr. 50 7 fr. 50 c.
La dernière livraison contient des tables scientifiques et méthodiques. Les personnes qui n'ont point retiré les dernières livraisons pourront se les procurer aux prix indiqués ci-dessus.

† **TEMMINCK. Monographies de mammologie**, ou Description de quelques genres de mammifères, et dont les espèces ont été observées dans les différents musées de l'Europe, par C.-J. TEMMINCK. *Paris et Leyde*, 1827-1841, 2 vol. in-4 avec 70 pl. 50 fr.

Cet important ouvrage comprend dix-sept monographies, savoir: 1o genre Phalanger ; 2o genre Sarrigue ; 3o genres Dasyure, Thylacines et Phascogales; 4o genre Chat ; 5o ordre des Chéiroptères; 6o Molosse; 7o Rongeurs; 8o genre Rhinolophe; 9o genre Nyctoclepte ; 10o genre Nyctophile ; 11o genre Chéiroptères frugivores ; 12o genre Singe; 13o genre Chéiroptères vespertilionides; 14o genre Taphien, queue en fourreau, queue cachée, queue bivalve; 15 genres Arcticle et Paradoxure; 16o genre Pédiculaire ; 17 genre Mégère.

TARNIER. Des cas dans lesquels l'extraction du fœtus est nécessaire et des procédés opératoires relatifs à cette extraction, par le docteur S.-TARNIER, professeur agrégé à la Faculté de médecine. Paris, 1860, in-8 de 228 pages avec figures.   3 fr. 50.

TARNIER. De la fièvre puerpérale observée à l'hospice de la Maternité, par le docteur STÉPHANE TARNIER. Paris, 1858, in-8 de 216 pages.   -   3 fr. 50

TENORE. Essai sur la géographie physique et botanique du royaume de Naples. Naples, 1827. 1 vol. in-8.   4 fr. 50

TESTE. Le magnétisme animal expliqué, ou Leçons analytiques sur la nature essentielle du magnétisme, sur ses effets, son histoire, ses applications, les diverses manières de le pratiquer, etc., par le docteur A. TESTE. Paris, 1845, in-8.   7 fr.

TESTE. Manuel pratique de magnétisme animal. Exposition méthodique des procédés employés pour produire les phénomènes magnétiques et leur application à l'étude et au traitement des maladies. 4e édit. augm. Paris, 1853, in-12.   4 fr.

TESTE. Systématisation pratique de la matière médicale homœopathique, par le docteur A. TESTE, membre de la Société de médecine homœopathique. Paris, 1853. 1 vol. in-8 de 600 pages.   8 fr.

TESTE. Traité homœopathique des maladies aiguës et chroniques des enfants, par le docteur A. TESTE. 2e édit., revue et augm. Paris, 1856, in-18 de 420 p. 4 fr. 50

THIERRY. Quels sont les cas où l'on doit préférer la lithotomie à la lithotritie et réciproquement. Paris, 1842, in-8.   2 fr.

THOMSON. Traité médico-chirurgical de l'inflammation ; traduit de l'anglais avec des notes, par JOURDAN et BOISSEAU. Paris, 1827. 1 fort vol. in-8.   4 fr.

TIEDEMANN et GMELIN. Recherches expérimentales, physiologiques et chimiques sur la digestion considérée dans les quatre classes d'animaux vertébrés; traduites de l'allemand. Paris, 1827, 2 vol. in-8, avec grand nombre de tableaux.   10 fr.

TIEDEMANN. Traité complet de physiologie, traduit de l'allemand par A.-J.-L. JOURDAN. Paris, 1831. 2 vol. in-8.   7 fr.

TOMMASSINI. Précis de la nouvelle doctrine médicale italienne, ou introduction aux leçons de clinique de l'Université de Bologne. Paris, 1822, in-8.   2 fr. 50

TORTI (F.). Therapentice specialis ad febres periodicas perniciosas ; nova editio, ed. et cur. TOMBEUR et O. BRIXHE. D. M. Parisiis, 1821. 2 vol. in-8, fig.   16 fr.

TREBUCHET. Jurisprudence de la Médecine, de la Chirurgie et de la Pharmacie en France, comprenant la médecine légale, la police médicale, la responsabilité des médecins, chirurgiens, pharmaciens, etc., l'exposé et la discussion des lois, ordonnances, règlements et instructions concernant l'art de guérir, appuyée des jugements des cours et tribunaux, par A. TRÉBUCHET, avocat, ex-chef du bureau de la police médicale à la Préfecture de police. Paris, 1834. 1 fort vol. in-8.   9 fr.

TRÉLAT. Recherches historiques sur la folie, par U. TRÉLAT, médecin de l'hospice de la Salpêtrière. Paris, 1839, in-8.   3 fr.

TRIPIER. Manuel d'électrothérapie. Exposé pratique des applications de l'électricité à la médecine et à la chirurgie, par le docteur AUG. TRIPIER. Paris, 1861, 1 joli vol. in-18 jésus avec 100 figures intercalées dans le texte.   6 fr.

TRIQUET. Traité pratique des maladies de l'oreille, par le docteur E. H. TRIQUET, chirurg. et fondat. du Dispensaire pour les malad. de l'oreille, ancien interne lauréat des hôpit. de Paris, etc. Paris, 1857. 1 vol. in-8, avec fig. interc. dans le texte. 7 fr. 50
Cet ouvrage est la reproduction des leçons que M. Triquet professe chaque année à l'École pratique de médecine. Ces leçons reçoivent chaque jour leur sanction à la Clinique de son dispensaire, en présence des élèves et des jeunes médecins qui désirent se familiariser avec l'étude pratique des maladies de l'oreille.

TROUSSEAU. Clinique médicale de l'Hôtel-Dieu de Paris, par A. TROUSSEAU, professeur de clinique interne à la Faculté de médecine de Paris, médecin de l'Hôtel-Dieu, membre de l'Académie de médecine. Paris, 1861-1862. 2 vol. in-8 de 800 pages. En vente, le tome Ier.   10 fr.

TROUSSEAU et BELLOC. Traité pratique de la phthisie laryngée, de la laryngite chronique et des maladies de la voix, par A. TROUSSEAU, professeur à la Faculté de médecine de Paris, et H. BELLOC, D. M. P.; ouvrage couronné par l'Académie de médecine. Paris, 1837. 1 vol. in-8, accompagné de 9 planches gravées.   7 fr.
—Le même, figures coloriées.   10 fr.

TURCK. Méthode pratique de laryngoscopie, par le docteur TURCK, médecin en chef de l'hôpital général de Vienne. Edition française publiée avec le concours de l'auteur, accompagnée d'une planche lithographiée et de 29 figures intercalées dans le texte. Paris, 1861, in-8 de 80 pages.   3 fr. 50

VALLEIX. Guide du médecin praticien, ou Résumé général de pathologie interne et de thérapeutique appliquées, par le docteur F.-L.-I.-VALLEIX, médecin de l'hôpital de la Pitié. *Quatrième édition,* revue, corrigée et augmentée par les docteurs V.-A. RACLE et P. LORAIN, médecins des hôpitaux de Paris. Paris, 1859-1861. 5 beaux volumes grand in-8 de chacun 800 pages.   45 fr.
Séparément les derniers volumes de la *première édition.* Prix de chaque.   2 fr.

VALLEIX. Clinique des maladies des enfants nouveau-nés, par F.-L.-I. VALLEIX. Paris, 1838 1 vol. in-8 avec 2 planches gravées et coloriées représentant le céphalématome *sous-péricrânien* et son mode de formation.   8 fr. 50

VALLEIX. Traité des névralgies, ou affections douloureuses des nerfs, par L.-F. VALLEIX. *(Ouvrage auquel l'Académie de médecine accorda le prix Itard, de trois mille francs, comme l'un des plus utiles à la pratique).* Paris, 1841, in-8.   8 fr.

VELPEAU. Nouveaux éléments de médecine opératoire, accompagnés d'un atlas de 22 planches in-4, gravées, représentant les principaux procédés opératoires et un grand nombre d'instruments de chirurgie, par A.-A. VELPEAU, membre de l'Institut, chirurgien de l'hôpital de la Charité, professeur de clinique chirurgicale à la Faculté de médecine de Paris. *Deuxième édition entièrement refondue,* et augmentée d'un traité de petite chirurgie, avec 191 planches intercalées dans le texte. Paris, 1839. 4 forts vol. in-8 de chacun 800 pages et atlas in-4.   40 fr.
— Avec les planches de l'atlas coloriées.   60 fr.

VELPEAU. Recherches anatomiques, physiologiques et pathologiques **sur les cavités closes** naturelles ou accidentelles de l'économie animale, par A.-A. VELPEAU. Paris, 1843, in-8 de 208 pages.   3 fr. 50

VELPEAU. Traité complet d'anatomie chirurgicale, générale et topographique du corps humain, ou Anatomie considérée dans ses rapports avec la pathologie chirurgicale et la médecine opératoire. *Troisième édition,* augmentée en particulier de tout ce qui concerne les travaux modernes sur les aponévroses, par A.-A. VELPEAU. Paris, 1837. 2 forts vol. in-8, avec atlas de 17 planches in-4 gravées.   20 fr.

VELPEAU. Manuel pratique des maladies des yeux, d'après les leçons de M. Velpeau, professeur de clinique chirurgicale à l'hôpital de la Charité, par M. le docteur G. JEANSELME. Paris, 1840. 1 fort vol. grand in-18 de 700 pages.   6 fr.

VELPEAU. Expériences sur le traitement du cancer, instituées par le sieur Vries à l'hôpital de la Charité, sous la surveillance de MM. Manec et Velpeau. Compte rendu à l'Académie impériale de médecine. Paris, 1859, in-8.   1 fr.

VELPEAU. Exposition d'un cas remarquable de maladie cancéreuse avec oblitération de l'aorte. Paris, 1825, in-8.   2 fr. 50

VELPEAU. De l'opération du trépan dans les plaies de la tête. Paris, 1834, in-8. 4 fr.

VELPEAU. Embryologie ou Ovologie humaine, contenant l'histoire descriptive et iconographique de l'œuf humain, par A.-A. VELPEAU, accompagné de 15 planches dessinées d'après nature et lithographiées avec soin. Paris, 1833. 1 vol. in-fol.   12 fr.

VERNOIS. Traité pratique d'hygiène industrielle et administrative, comprenant l'étude des établissements insalubres, dangereux et incommodes, par le docteur Maxime VERNOIS, membre de l'Académie impériale de médecine du Conseil d'hygiène publique et de salubrité de la Seine, médecin de l'hôpital Necker. Paris, 1860. 2 forts vol. in-8 de chacun 700 pages.   16 fr.

VERNOIS et BECQUEREL. Analyse du lait des principaux types de vaches, chèvres, brebis, buflesses, présentés au concours agricole de 1855, par MM. les docteurs Max. VERNOIS et A. BECQUEREL, médecins des hôpitaux. Paris, 1857, in-8 de 35 p. 1 fr.

VERNOIS et GRASSI. Mémoires sur les appareils de ventilation et de chauffage établis à l'hôpital Necker, d'après le système Van Hecke. Paris, 1859, in-8.   1 fr. 50

VERNOIS. De la main des ouvriers et des artisans au point de vue de l'hygiène et de la médecine légale, par M. MAX. VERNOIS. Paris, 1862, in-8, avec 4 planches chromo-lithographiées.   3 fr. 50

VIDAL (de Cassis). Essai sur un traitement méthodique de quelques maladies de la matrice, injections vaginales et intra-vaginales. Paris, 1840, in-8.   1 fr. 50

VIDAL. De la cure radicale du varicocèle par l'enroulement des veines du cordon spermatique. *Deuxième édition,* revue et augmentée. Paris, 1850, in-8.   2 fr.

VIDAL. Des hernies ombilicales et épigastriques Paris, 1848, in-8 de 133 p. 2 fr. 50

VIDAL. Traité de pathologie externe et de médecine opératoire, avec des Résumés d'anatomie des tissus et des régions, par A. VIDAL (de Cassis), chirurgien de l'hôpital du Midi, professeur agrégé à la Faculté de médecine de Paris, etc. *Cinquième édition,* revue, corrigée, avec des additions et des notes, par le docteur FANO, professeur agrégé de la Faculté de médecine de Paris, ex-prosecteur de la même Faculté. Paris, 1861. 5 vol. in-8 de chacun 850 pag. avec 761 fig. intercalées dans le texte. 40 fr.

Le Traité de pathologie externe de M. Vidal (de Cassis), dès son apparition, a pris rang parmi les livres classiques ; il est devenu entre les mains des élèves un guide pour l'étude, et les maîtres le considèrent comme le *Compendium du chirurgien praticien,* parce qu'à un grand talent d'exposition dans la description des maladies, l'auteur joint une puissante force de logique dans la discussion et dans l'appréciation des méthodes et procédés opératoires. La *cinquième édition* a reçu des augmentations tellement importantes, qu'elle doit être considérée comme un ouvrage neuf; et ce qui ajoute à *l'utilité pratique* du *Traité de pathologie externe,* c'est le grand nombre de figures intercalées dans le texte. Ce livre est le seul ouvrage complet où soit représenté l'état actuel de la chirurgie.

VIDAL. Des inoculations syphilitiques. Lettres médicales par le docteur VIDAL (de Cassis). Paris, 1849, in-8.   1 fr. 25.

VIDAL. Du cancer du rectum et des opérations qu'il peut réclamer; parallèle des méthodes de Littre et de Callisen pour l'anus artificiel. Paris, 1842, in-8.   2 fr. 50

VIMONT. Traité de phrénologie humaine et comparée, par le docteur J. VIMONT, membre des Sociétés phrénologiques de Paris et de Londres. Paris, 1835, 2 vol. in-4, accompagnés d'un magnifique atlas in-folio de 134 planches contenant plus de 700 figures d'une parfaite exécution. Prix réduit, au lieu de 450 fr.   150 fr.

VIRCHOW. Pathologie cellulaire basée sur l'étude physiologique et pathologique des tissus, par R. VIRCHOW, professeur d'anatomie pathologique, de pathologie générale et de thérapeutique à la Faculté de Berlin, médecin de la Charité, membre correspondant de l'Institut. Traduit de l'allemand sur la deuxième édition, par le docteur P. PICARD, édition revue et corrigée par l'auteur. Paris, 1861, 1 vol. in-8 de XXXII-416 pages, avec 144 figures intercalées dans le texte.   8 fr.

VIREY. Philosophie de l'histoire naturelle, ou Phénomènes de l'organisation des animaux et des végétaux, par J.-J. VIREY, Paris, 1835, in-8.   7 fr.

VIREY. De la physiologie dans ses rapports avec la philosophie. Paris, 1844, in-8. 7 fr.

VOILLEMIER. Clinique chirurgicale, par L. VOILLEMIER, chirurgien de l'hôpital Lariboisière, professeur agrégé à la Faculté de médecine. Paris, 1861, in-8 de XII-472 pages, avec 2 planches lithographiées.   6 fr.

VOISIN. Des causes morales et physiques des maladies mentales, et de quelques autres affections nerveuses, telles que l'hystérie, la nymphomanie et le satyriasis; par F. VOISIN. Paris, 1826, in-8.   7 fr.

VOISIN. De l'hématocèle rétro-utérine et des épanchements sanguins non enkystés de la cavité péritonéale du petit bassin, considérés comme accidents de la menstruation, par le docteur Auguste VOISIN, ancien interne des hôpitaux. Paris, 1860, in-8 de 368 pages, avec une planche.   4 fr. 50

WEBER. Codex des médicaments homœopathiques, ou Pharmacopée pratique et raisonnée à l'usage des médecins et des pharmaciens, par George-P.-F. WEBER, pharmacien homœopathe. Paris, 1854, un beau vol. in-12 de 440 pages.   6 fr.

WEDDELL (H.-A.). Histoire naturelle des quinquinas. Paris, 1849. 1 vol. in-folio accompagné d'une carte et de 32 planches gravées, dont 3 sont coloriées.   60 fr.

VOILLEZ. Dictionnaire de diagnostic médical, comprenant le diagnostic raisonné de chaque maladie, leurs signes, les méthodes d'exploration et l'étude du diagnostic par organe et par région, par E.-J. VOILLEZ, médecin des hôpitaux de Paris. Paris, 1861, in-8 de 932, pages.   11 fr.

WURTZ. Sur l'insalubrité des résidus provenant des distilleries, et sur les moyens proposés pour y remédier. Rapport présenté aux comités d'hygiène publique et des arts et manufactures. Paris, 1859, in-8.   1 fr. 25

ZIMMERMANN. La solitude considérée par rapport aux causes qui en font naître le goût, de ses inconvénients et de ses avantages pour les passions, l'imagination, l'esprit et le cœur, par J.-G. ZIMMERMANN; nouvelle traduction de l'allemand, par A.-J.-L. JOURDAN; *nouvelle édition augmentée d'une notice sur l'auteur.* Paris, 1840. 1 fort vol. in-8.   3 fr. 50

BULLETIN BIBLIOGRAPHIQUE

DES SCIENCES

PHYSIQUES, NATURELLES

ET

MÉDICALES

PUBLIÉ

Par J.-B. BAILLIÈRE et FILS.

Notre but est de donner un Catalogue de tous les Livres publiés en France et des Livres les plus importants publiés à l'étranger sur les sciences physiques, naturelles et médicales, pour l'utilité des savants qui voudront se tenir au courant de tout ce qui paraît dans la spécialité de leurs études, et des libraires, qui trouveront réunis des renseignements souvent difficiles à rassembler.

Nous diviserons notre Bulletin en deux parties :

La PREMIÈRE PARTIE comprendra les publications nouvelles, sous les deux titres de *Livres* et *Publications périodiques*.

Pour les Livres, nous ferons connaître, d'après l'ouvrage lui-même, autant que possible, et quand nous ne le pourrons pas, d'après la Bibliographie de la France ou les Bibliographies étrangères, le titre, le format, le nombre de pages et de planches, le nom de l'éditeur, le prix en francs. Nous dirons où en est la publication des ouvrages par souscription, et à quelle époque elle a commencé. Nous donnerons, sans prix, le titre de quelques extraits des journaux, des mémoires des Sociétés savantes, importants par le nom de leur auteur, ou intéressants par leur sujet, qu'on ne peut trouver dans le commerce, mais que nos indications permettront toujours d'aller chercher dans les collections. Les traductions françaises de livres étrangers rentrent naturellement dans notre cadre ; quant aux traductions étrangères de livres français, nous citerons les plus importantes. Nous espérons ajouter de l'intérêt à notre Recueil, en rappelant quelquefois, à l'occasion d'un livre nouveau, les publications antérieures *du même auteur*, ou les principaux ouvrages qui ont paru précédemment *sur le même sujet*.

Pour les Publications périodiques, nous dirons à quelle époque elles ont commencé, à quelle année, à quel tome elles en sont, quel en est le prix, quels en sont les rédacteurs ; et pour quelques-unes des plus importantes, nous indiquerons les principales matières de l'année écoulée.

Dans la SECONDE PARTIE, nous donnerons une liste d'ouvrages anciens ou modernes, publiés en France ou à l'étranger, sur un sujet donné : les épidémies, l'histoire de la médecine, les accouchements, les maladies des femmes et des enfants, la médecine légale, l'anatomie pathologique, par exemple, sans toutefois avoir la prétention de publier une bibliographie complète sur la matière. Ce sera l'indication et la description des livres qui se trouvent dans nos magasins, et dont nous ferons connaître la condition et le prix.

Le *Bulletin bibliographique* paraît tous les trois mois par cahier de 2 à 3 feuilles in-8 (32 à 48 pages). Le prix de l'abonnement annuel est de 3 francs pour toute la France ; il varie pour l'étranger, d'après les conventions postales.

Paris. — Imprimerie de L. MARTINET, rue Mignon, 2

LIBRAIRIE GERMER BAILLIÈRE.

CATALOGUE

DES

LIVRES DE FONDS

ANATOMIE, PHYSIOLOGIE,
SCIENCES PHYSIQUES ET NATURELLES, PATHOLOGIE MÉDICALE,
PATHOLOGIE CHIRURGICALE, ART VÉTÉRINAIRE.

NOVEMBRE 1860.

PARIS

RUE DE L'ÉCOLE-DE-MÉDECI , 17.

LONDRES,
H. BAILLIÈRE, 219, Regent-Street.

NEW-YORK,
BAILLIÈRE BROTHERS, 449, Broadway.

MADRID, C. BAILLY-BAILLIÈRE, CALLE DEL PRINCIPE, 11

Ouvrages sous presse, pour paraître prochainement.

SANDRAS ET BOURGUIGNON. *Traité pratique des maladies nerveuses.* 1861, 2ᵉ édition entièrement refondue. 2ᵉ volume.

FOY. *Mémorial de thérapeutique* à l'usage des médecins praticiens, contenant la médecine, la chirurgie et les accouchements. 1 fort vol. in-8.

VELPEAU et **BÉRAUD.** *Manuel d'anatomie topographique chirurgicale.* 1 fort vol. in-18.

MALGAIGNE. *Manuel de médecine opératoire,* fondée sur l'anatomie normale et l'anatomie pathologique. 7ᵉ édition, corrigée et augmentée.

CASPER. *Traité pratique de médecine légale,* rédigé d'après des observations personnelles, par Jean-Louis CASPER, professeur de médecine légale de la Faculté de médecine de Berlin ; traduit de l'allemand sous les yeux de l'auteur, par M. Gustave Baillière, 2 vol. in-8.

BOUCHARDAT. *Formulaire vétérinaire,* contenant le mode d'action, l'emploi et les doses des médicaments simples et composés prescrits aux animaux domestiques par les médecins vétérinaires français et étrangers. 1 vol. in-18. 2ᵉ édition, augmentée et corrigée.

DELAFOND et **BOURGUIGNON.** *Pathologie et entomologie comparées de la psore des animaux domestiques et de l'homme* (ouvrage couronné par l'Institut). 1 fort vol. in-4, avec fig.

BRIERRE DE BOISMONT. *Des hallucinations,* ou Histoire raisonnée des apparitions, des visions, des songes, de l'extase, du magnétisme et du somnambulisme. 1 vol. in-8, 3ᵉ édition, entièrement refondue.

BÉRAUD (B. J.). *Atlas d'anatomie chirurgicale,* avec texte explicatif. Cet atlas, composé de 100 planches in-8, dessinées d'après nature par M. Bion, doit servir de complément à tou es traités d'anatomie chirurgicale. 1 fort vol. in-8.

MAUNOURY SALMON. *Manuel de l'art des accouchements,* précédé d'une description abrégée des fonctions et des organes du corps humain, et suivi d'un exposé sommaire des opérations de petite chirurgie les plus usitées, à l'usage des élèves sages-femmes qui suivent les cours départementaux. 1861, 2ᵉ édition, corrigée et aug. tée. 1 vol. in-8, avec 32 figures.

Paris. — Imprimerie de L. MARTINET, rue Mignon, 2.

www.ingramcontent.com/pod-product-compliance
Lightning Source LLC
Chambersburg PA
CBHW051237050726
47594CB00001B/207